全国交通中等职业技术学校通用教材

Gongcheng Shitu

工 程 识 图

（公路施工与养护专业用）

杨翠花 主编
高连生 主审

人民交通出版社

内 容 提 要

本书主要内容包括制图基础、正投影、轴测投影、剖面图和断面图、标高投影、公路工程图的识读、桥梁工程图的识读及涵洞工程图的识读，共计八章。

为方便教学，与本书配套的《工程识图习题集》及《工程识图习题集答案》同时出版，供选用。

本书既可作为全国交通中等职业技术学校公路专业的通用教材，也可用于相关工种的职业资格培训和各类在职培训，同时又适用于公路类职业中专、职业高中的教学，更适合在职技术工人的自学。

图书在版编目（CIP）数据

工程识图/杨翠花主编．—北京：人民交通出版社，2001.3

ISBN 7－114－03837－2

Ⅰ.工… Ⅱ.杨… Ⅲ.道路工程—识图法—专业学校—教材 Ⅳ.U41

中国版本图书馆 CIP 数据核字（2001）第 08517 号

全国交通中等职业技术学校通用教材

工 程 识 图

（公路施工与养护专业用）

杨翠花 主 编

高连生 主 审

责任印制：杨柏力 版式设计：刘晓方 责任校对：张 莹

人民交通出版社出版

（100011 北京市朝阳区安定门外外馆斜街 3 号）

销售电话：（010）59757969，59757973

北京中交盛世书刊有限公司总经销

各地新华书店经销

北京交通印务实业公司印刷

开本：787×1092 1/16 印张：10.75 字数：259 千

2001 年 5 月 第 1 版

2009 年 8 月 第 11 次印刷

印数：26001—29000 册 定价：19.00 元

ISBN 7－114－03837－2

U·02781

交通职业教育教学指导委员会公路(技工)学科委员会和交通技工教育研究会公路专业委员会名单

前　言

原交通部教育司在1987年成立了交通技工学校教材编审委员会。公路专业编审组和技工教育研究会公路专业委员会共同编写了筑路机械、公路施工和公路养护三个专业的内部使用教材,初步解决了各学校缺专业教材的难题。

近年来,全国的汽车工业迅速发展,公路建设日益加快,筑路机械更新换代,以及先进的施工方法、养护手段不断出现等,对公路施工现代化建设的人才提出了更高的要求,原来编写的内部教材已不适应现有的培养目标。

1999年3月改选的公路专业委员会与公路学科委员会在卢荣林理事长的支持和柯爱琴、周以德两位主任的主持下,共同组织制定了新一轮的筑路机械驾驶与修理和公路施工与养护两个专业的教学计划与教学大纲。经过四川、河南、杭州等多次会议的修改,确定了教学改革和教材改革的模式:文字通俗易懂,以图代文、图文并茂,体现技工学校的特色,突出技能教学,使之坚持知识、能力、素质等方面的协调发展,拓宽教材的使用面,增加教学的适应性。教材的编写工作于1999年10月启动,2000年12月交稿。这是全国公路类培养技工的第一套正式出版的教材。其特点为:

1. 教材通俗易懂,改变了旧教材偏多、偏深、偏难的模式,理论融于实践,便于学生自学。

2. 教材内容适应现代化施工和养护的基本要求,既概括了当前先进的施工方法和养护手段,又列举了先进的筑路机械新机型,以及新技术、新工艺等,并专设一门"筑路机械新技术"课程,使学生能掌握更多的新知识,满足学用结合。教材全部采用部颁最新工程技术标准和规范,符合先进性、科学性、实用性的要求。

3. 拓宽了教材的适应性,教材内容理论与实践相结合,既可作为全国交通中等职业技术学校公路专业通用教材,也可用于相关工种的职业资格培训和各类在职培训,又适用于公路类职业中专的教学、更适合在职技术工人自学。

4. 教材与作业、题库配套。教材强化了系列配套功能,各课程均编写了"习题集和答案",汇成题库和题解,供学生做作业和练习,也可供命题时参考。

本教材内容与以往的工程制图有所不同,作了一些调整,深度适当。在保证工程制图基础知识、基础理论和基本绘图技能学习和训练的前提下,按照教学大纲的要求介绍了专业图的常规画法和一些习惯画法,重点培养学生的空间想像能力,在此基础上提高识图水平。书中有些章节教师在教学中可根据自己的情况选学。

本教材由河南省交通技工学校杨翠花主编,北京公路技工学校高连生主审。编写分工为:第一、二章由杨翠花编写;第三章由河南省交通技工学校孙新枝编写;第四、五章由唐山市公路技校赵百杰编写;第六、七、八章由广西公路技校陈家春编写。

本教材由赵俊民担任责任编委。

本轮教材在编写过程中,共有18个省(市)的公路类技校60多名有高、中级技术职称的专业技术人员参与了教材的编、审工作,并得到一些学校领导的大力支持和帮助,在此表示感谢。

由于我们的业务水平和教学经验有限，书中不妥之处难免，恳切希望使用本书的教师和读者批评指正。

交通职业教育教学指导委员会公路(技工)学科委员会

交通技工教育研究会公路专业委员会

2000 年 12 月

目　录

第一章　制图基础

本章主要介绍制图工具的使用及保养方法、基本规格、几何作图、制图的步骤与方法等内容。

第一节　制图工具

绘制工程图必须借助一些制图工具。要想加快绘图速度，保证工程图的质量，就要熟悉制图工具的性能，正确熟练地掌握使用方法，并能对制图工具进行挑选和妥善保管。

制图工具的种类很多，现将常用的工具介绍如下。

一、图　板

图板的作用：图板是固定图纸，用来绘图的一种工具，如图 1-1 所示。

图板的要求：图板板面要平整光滑，图板两端必须平直。

图板的规格：图板的大小有 0 号、1 号、2 号等各种不同规格。

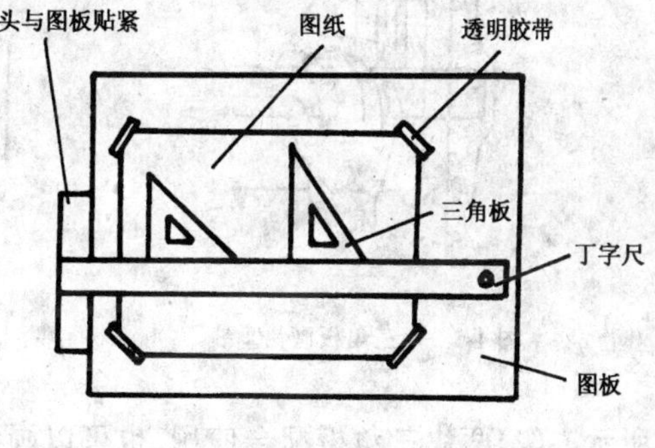

图 1-1　图板

注意事项：(1)图板是由胶合板制成，因此，图板不能受潮、曝晒或烘烤，以防变形。(2)为保持板面平整，固定图纸时，应使用透明胶带纸，不能使用图钉或医疗上使用的胶布。(3)不画图时，应将图板放在不宜被坚硬东西碰撞的地方，以防板面受损。

二、丁 字 尺

丁字尺的作用：丁字尺是用来与图板配合画水平线，与三角板配合画铅垂线的。

丁字尺的要求：丁字尺由尺头和尺身构成，如图 1-2 所示。要求尺头与尺身必须垂直，尺头内侧及工作边必须保持平直，刻度准确。

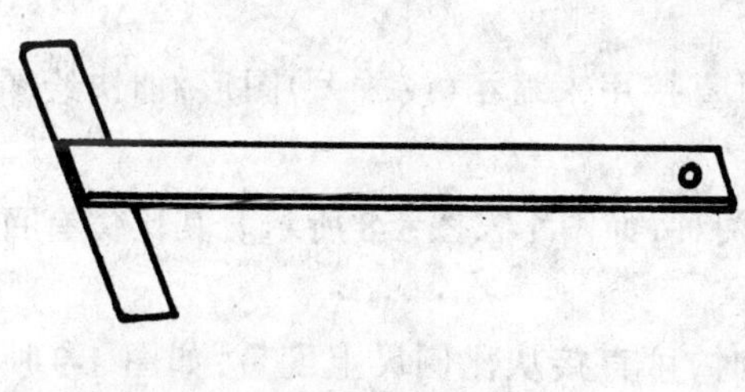
图 1-2　丁字尺

使用方法：(1)用丁字尺画图时，要始终保持尺头与图板左边贴紧。(2)画水平线时铅笔应沿着尺身工作边从左向右画，如水平线较多，则应由上向下逐条画出。(3)丁字尺每次移动都要注意尺头是否紧靠图板，画线时应防止尺身移动。如图 1-3 所示为移动丁字尺的手势；如图 1-4 所示为用丁字尺画水平线的手势。

注意事项：(1)为保证图线的准确性，不许用丁字尺的下边画线，也不许把尺头靠在图板的上边、下边或右边来画铅垂线或水平线。(2)丁字尺是用胶合板或有机玻璃制成的,必须防止受潮、曝晒、烘烤或弯曲,以免变形,不用时应挂起来。

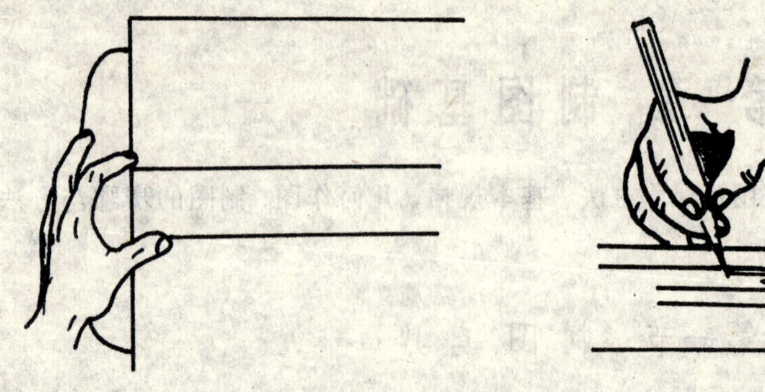

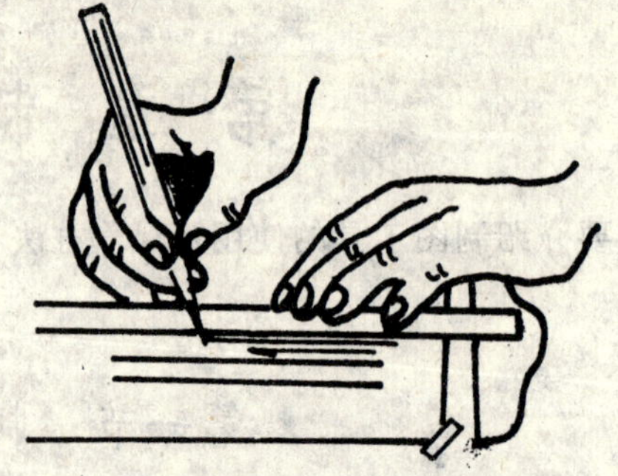

图 1-3　丁字尺移动的手势　　图 1-4　用丁字尺画水平线

三、三　角　板

三角板的作用:(1)它与丁字尺配合,主要用来画铅垂线和特殊角度的斜线,如图 1-5、图 1-6 所示。(2)两块三角板配合使用,也可以画出平行线或垂直直线(详见几何作图)。

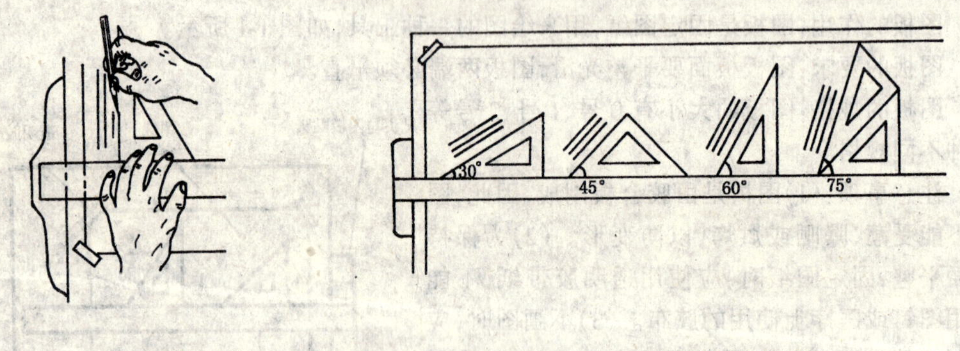

图 1-5　用三角板画铅垂线　　图 1-6　用三角板画特殊角的斜线

使用方法:(1)使用三角板画铅垂线时,应使丁字尺的尺头紧靠图板左边硬木边条,三角板的一直角边紧靠在丁字尺的工作边上,再用左手轻轻按住丁字尺和三角板,右手拿铅笔,自下而上画,若铅垂线多时,则由左向右逐条画出,见图 1-5。(2)三角板一般用有机玻璃制成,需防止曝晒和碰撞。

四、比　例　尺

比例尺的作用:比例尺是刻有不同比例的直尺,可直接用来缩小(或放大)图形,加快绘图速度。

比例尺的形状:常用的有三棱比例尺和比例直尺两种,如图 1-7、图 1-8 所示。其比例有百分比例和千分比例。

使用方法:(1)当比例尺面上刻有所需要的比例时,可直接从比例尺上度量,如图 1-9 所示。(2)当比例尺面上没有所需要的比例时,要通过比例变换,选用适当的刻度换算成所需新的刻度再使用,如 1:500 可变成 1:250 再进行使用,如图 1-10 所示。

注意事项:(1)图形上所注的尺寸是指物体实际的大小,与图形的比例无关。(2)比例尺一般用木料或塑料制成,因此,不能将棱线碰缺而损坏尺面上的刻度,也不能将比例尺作直尺使用。

图 1-7 三棱比例尺

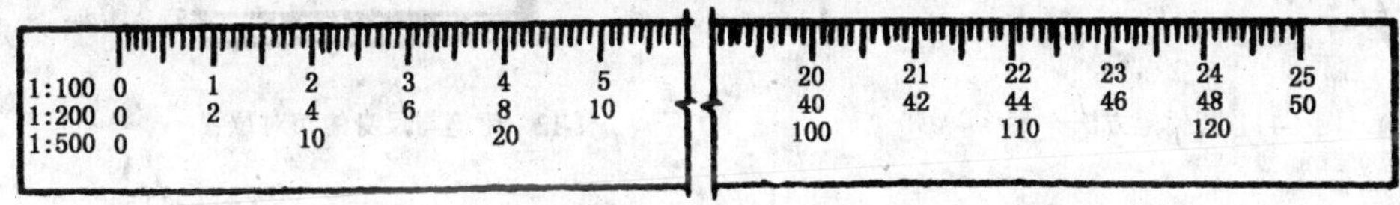

图 1-8 比例直尺

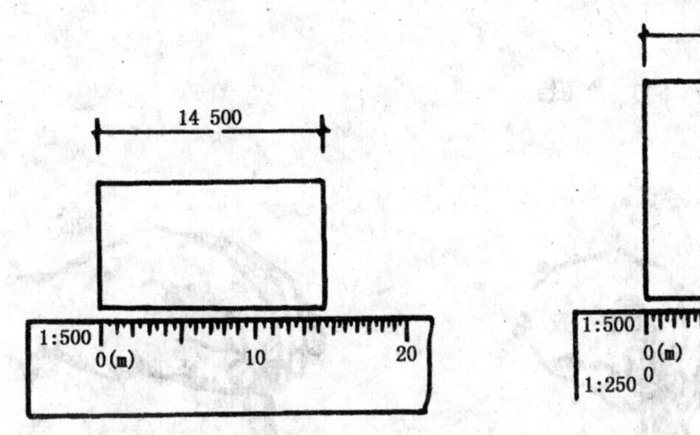

图 1-9 比例尺的应用

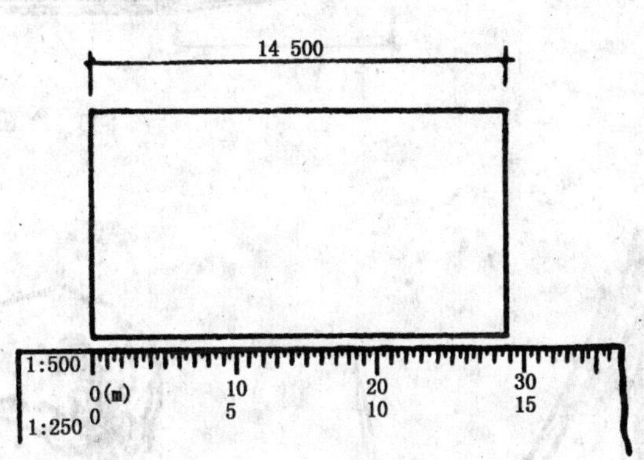

图 1-10 比例换算

五、铅　　笔

铅笔的型号:绘图使用的铅笔根据铅芯硬度不同用 H 或 B 标明,B 表示软而浓,H 表示硬而淡,HB 表示软硬适中。其型号有 H、2H、……、6H,B、2B、……、6B 和 HB,H 前面数字越大表示铅芯越硬越淡,B 前数字越大表示铅芯越软越浓,HB 属中等硬度。一般画底稿时用 H ~ 2H,描粗时用 HB ~ 2B,写字时用 HB。

使用方法:(1)使用铅笔绘图时,握笔要稳、运笔要自如、用力要均匀,握笔的姿势如图 1-11 所示。同时要使铅笔尖与尺身工作边之间保持一定的空隙,以保证线条位置的准确,如图 1-12 所示。(2)画长线条时可适当转动铅笔,使图线粗细均匀。

注意事项:(1)铅笔应从没有标志的一端开始使用,以便保留标志便于辨认。铅笔的削法如图 1-13 所示,使用过程中要经常修磨,一般用"0"号砂纸修磨,以保证图线的质量。(2)绘图时应防止铅笔从图板上滑掉,摔断铅芯。

六、圆　　规

圆规的作用:圆规是用来画圆及圆弧的仪器。绘图用的圆规与数学上用的不一样,它是在一腿上附有插脚,换上不同的插脚,可作不同的用途,如图 1-14 所示。

使用方法:圆规的用法如图 1-15 所示。(1)画圆时,圆规应稍向外倾斜。(2)画较大的圆

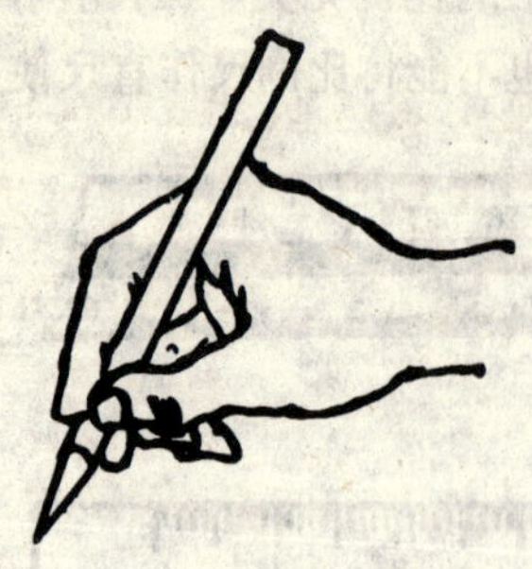
图 1-11　握铅笔方法

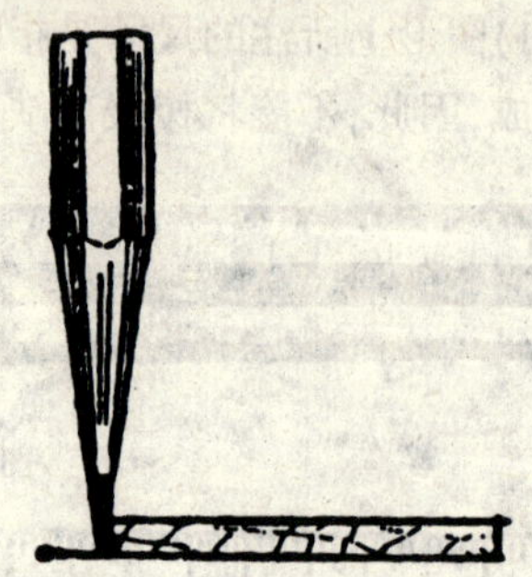
1-12　铅笔与尺身的相对位置

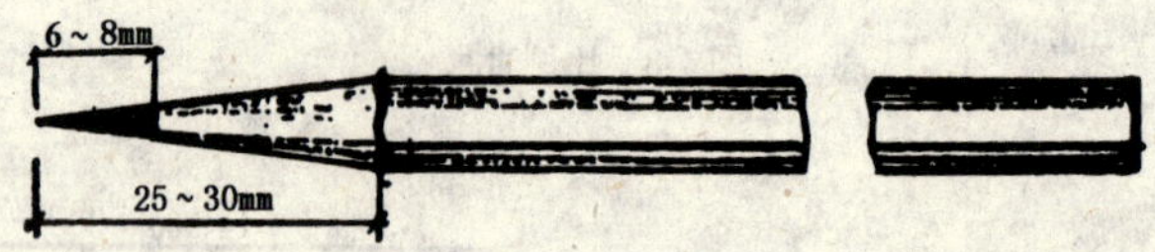

图 1-13　绘图铅笔

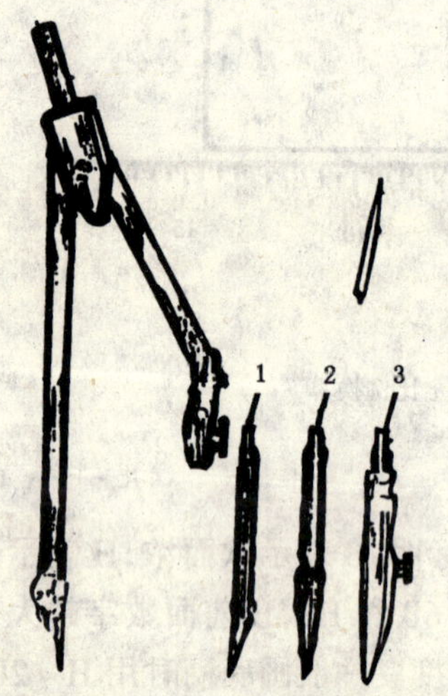

图 1-14　圆规及附件
1-钢针插脚;2-铅笔插脚;3-墨水笔插脚

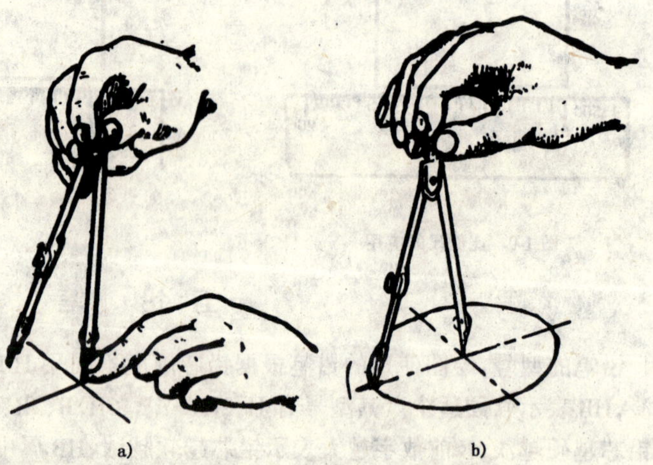

1-15　圆规用法

弧时,应使圆规两脚与纸面垂直。(3)画更大的圆弧时要接上延长杆,如图 1-16 所示。

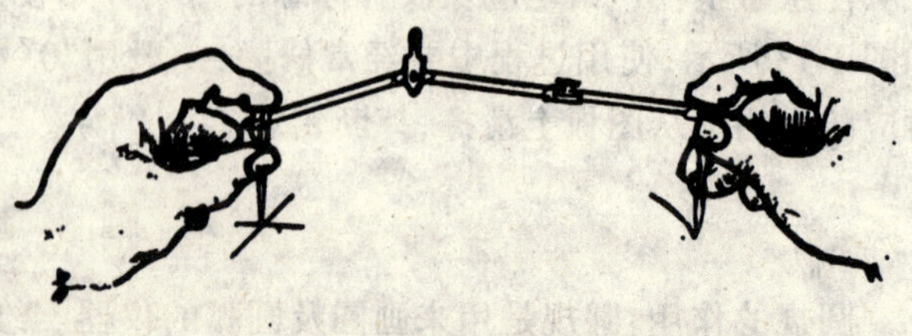
图 1-16　接上延长杆画大圆

注意事项:(1)圆规铅芯宜磨成凿形,并使斜面向外,其硬度应比所画同种直线的铅笔软一号,以保证图线深浅一致。(2)圆规由低碳钢制成,使用时应保持清洁,防止碰坏。

七、分　　规

分规的作用:分规主要是截量长度、等分线段的工具。其两针脚细如针尖,因此截量长度、等分线段时误差小。

使用方法:如图 1-17、图 1-18 所示。

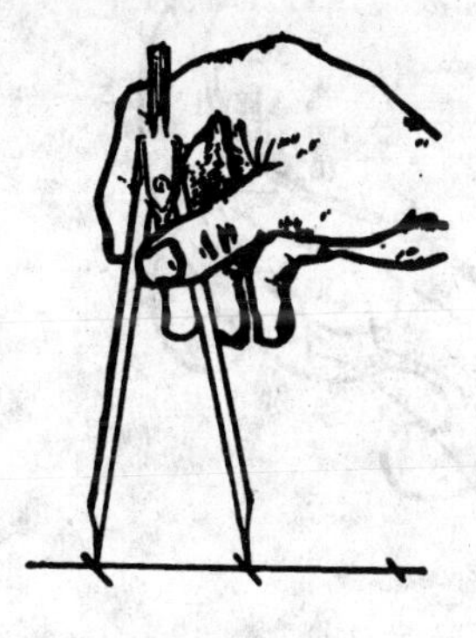

图 1-17　分规用法(一)

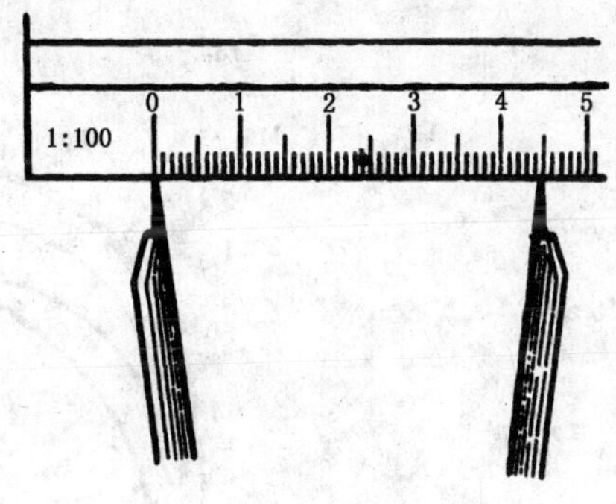

图 1-18　分规用法(二)

八、点　圆　规

点圆规的作用:点圆规是用来画直径小于 5mm 小圆的工具。

使用方法:(1)使用时用大拇指和中指提起套管,用食指按下针尖对准圆心,然后放下套管,使笔尖与纸面接触;再用大拇指轻轻转动套管,即可画出小圆,如图 1-19 所示。(2)画完后,要先提起套管才能拿走点圆规。

注意事项:点规圆也是用低碳钢制成的,不用时应放松弹片,以保护弹性。

九、擦　线　板

擦线板的作用:(1)用来擦去画错的图线,保护有用的图线不被擦掉。(2)用它画一些有用的图形符号,如图 1-20 所示。

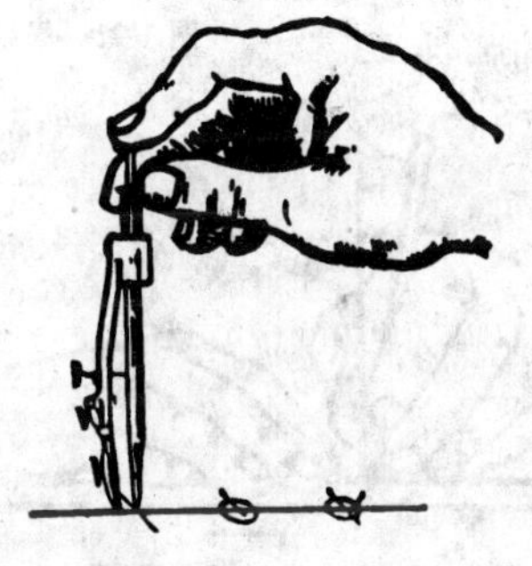

图 1-19　点圆规用法

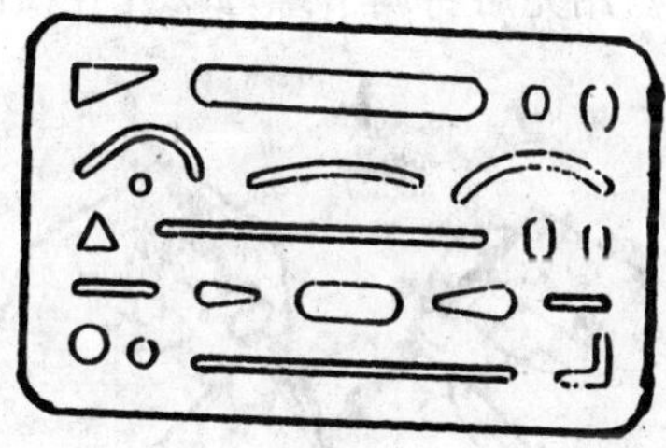

图 1-20　擦线板

注意事项:擦线板是用有机玻璃或金属片制成,因此应防止曝晒、碰撞或生锈。

十、曲　线　板

曲线板的作用:曲线板是用来画非圆曲线的工具,其形状很多,曲率大小各不相同。

曲线板的要求：板面应平滑，板内外边缘光滑，曲率转变自然。

使用方法：使用时先求得曲线上一系列的点，用铅笔徒手顺着各点轻轻地勾画出曲线，再选择曲线板上曲率相适应的部分逐段画出曲线，如图 1-21 所示。

注意事项：曲线板是用塑料或有机玻璃制成，应防止翘曲。

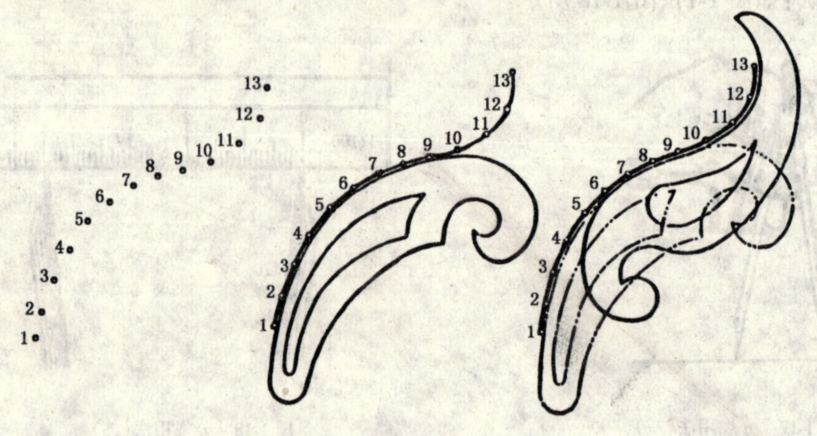

图 1-21 曲线板用法

十一、墨 线 笔

墨线笔的作用：墨线笔又叫鸭嘴笔、直线笔，是描图的工具。

墨线笔的组成：它是由两个钢片和调节螺母组成，如图 1-22 所示。调节螺母可调节钢片之间的距离，确定墨线的粗细。

使用方法：(1)画图时，使调节螺母朝外，钢片贴近尺边，笔杆向右稍倾斜。(2)画线时速度要均匀，用力适当、平稳，中途不能停顿。

注意事项：(1)给墨线笔加墨时，要用加墨管或绘图小钢笔加入，如图 1-23 所示，不能将墨线笔直接插入墨水瓶内沾墨。(2)注墨的高度约 5mm 左右，执笔方法如图 1-24 所示。(3)两个钢片的外侧要保持清洁，经常擦洗钢片内外。(4)用完后将调节螺母松开并擦净钢片，保持钢片的弹性。

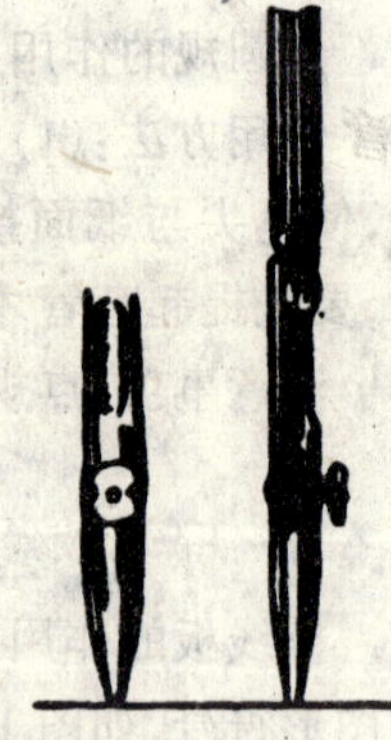

图 1-22 墨线笔

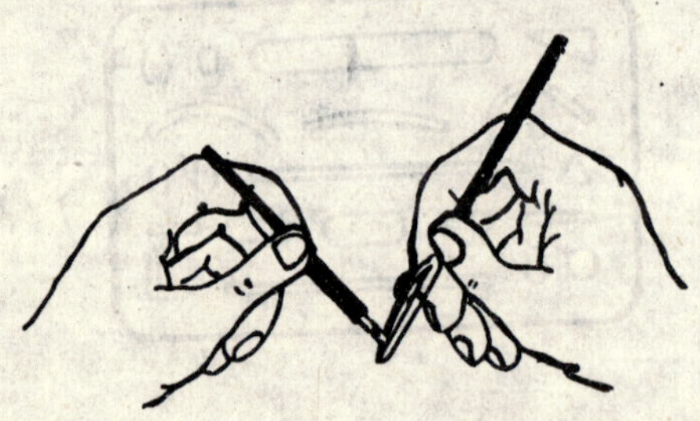

1-23 用小钢笔注墨

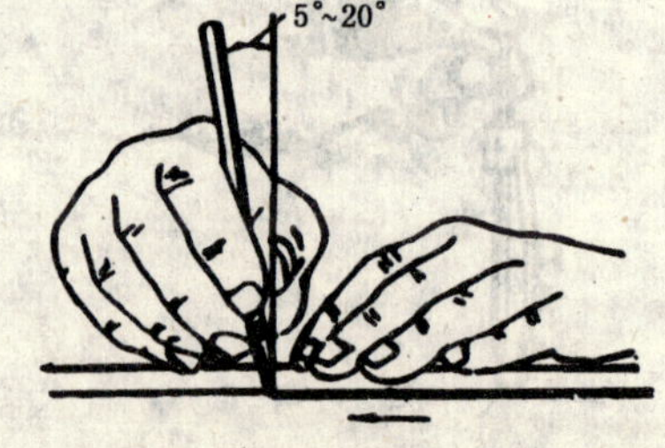

图 1-24 执笔及画线方法

墨线笔用法的正误对比如图 1-25 所示。

十二、绘图墨水笔

绘图墨水笔的作用：绘图墨水笔又叫针管笔，也是描图的工具，它的笔头是用无缝不锈钢

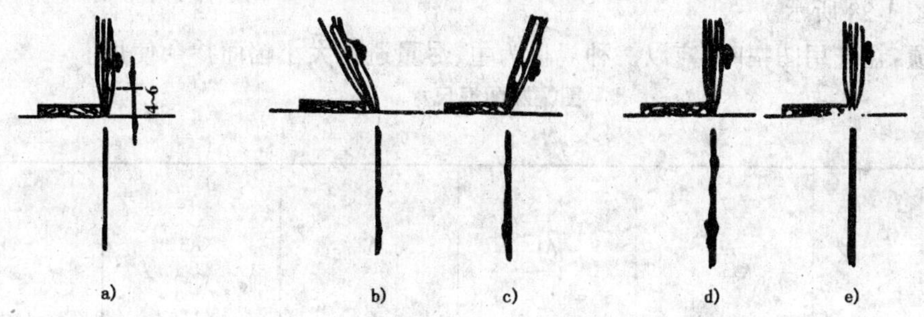

图 1-25 墨线笔用法的正误对比

a)正确;b)笔杆内倾;c)笔杆外倾;d)注墨过多;e)注墨不足

针管制成,描图时可根据图线的粗细选用不同型号的笔尖,其结构如图 1-26 所示。

绘图墨水笔的特点:它优于墨线笔,不需频繁加注墨水,提高绘图速度和质量。

使用方法:(1)使用时笔杆略倾斜于纸面,速度均匀,用力适当。(2)用绘图墨水笔画圆时,将绘图笔安装在圆规上即可,如图 1-27 所示。

注意事项:使用完毕,用吸水方法洗净针管,避免针管堵塞。

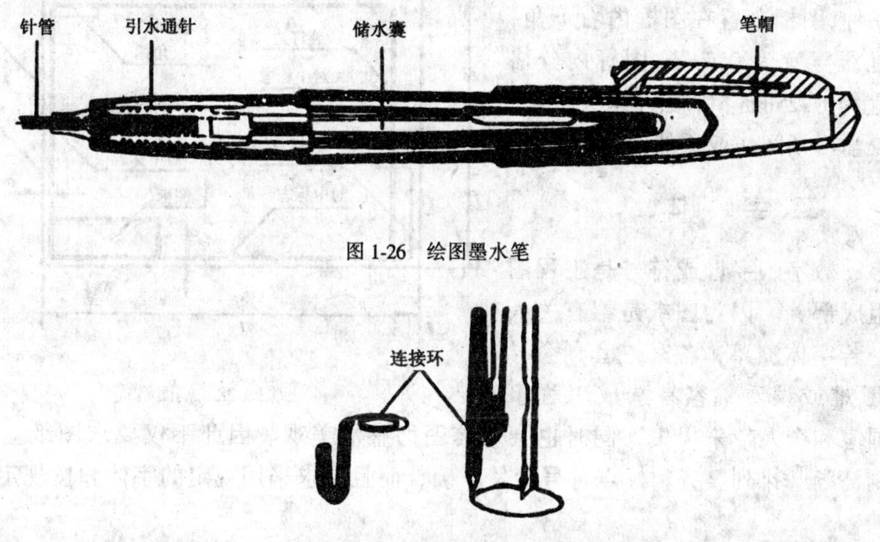

图 1-26 绘图墨水笔

图 1-27 绘图笔画圆的方法

第二节 基本规格

工程图是重要的技术资料,是施工的依据。为了使工程图样符合设计、施工、存档的要求,便于技术交流,国家对图样的格式、内容和表达方法等制定了统一标准,制图时必须严格遵守。

本节主要介绍《道路工程制图标准》GB50162—92(简称《国标》)中,对图幅大小、图线线型、尺寸标注、图例、字体等所作的有关规定。

一、图 幅

图幅是图纸的大小及图形在图纸内的范围。每项工程不只画一页图,为了便于装订、保存和合理使用图纸,图幅大小必须按如表 1-1 所示的国家标准规定执行。表中尺寸单位为 mm,

尺寸代号如图 1-28 所示。

注意事项：在选用图幅时，应以一种规格为主，尽量避免大小幅面掺杂使用。

图幅及图框尺寸　　表 1-1

单位：mm

图幅代号 尺寸代号	A0	A1	A2	A3	A4
$b \times 1$	841×1 189	594×841	420×594	297×420	210×297
a	35	35	35	30	25
c	10	10	10	10	10

工程图纸的右下角应绘图纸标题栏，简称图标。图标可采用如图 1-29 所示中的一种，图标布置在图框内右下角，图标外框线宽宜为 0.7mm；图标内分格线线宽宜为 0.25mm。如图 1-30 所示为学生在校学习期间作业用的图标格式。

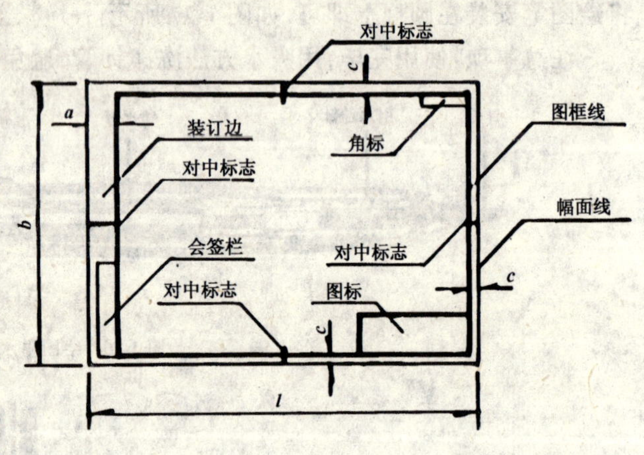

图 1-28　幅面格式

二、字　体

文字、数字、字母或符号是工程图的重要组成部分。因为图纸是给有关人员看的，若字体潦草，各写一套，会导致辨认困难或误看，容易造成工程事故，给国家和个人带来损失，同时也会影响图面整洁美观。因此不仅要求图纸上的字体端正、笔划清晰、排列整齐、标点符号清楚正确，而且要求采用规定的字体和按规定的大小书写。

1.汉字

图中汉字应写成长仿宋体字，又称工程字，并采用国家正式公布的简化字，除有特殊要求外，不得采用繁体字。汉字的宽度与高度的比例为 2:3，字体的高度即为字号，如表 1-2 所示。汉字书写要求采用从左向右、横向书写的格式。

长仿宋体汉字的高、宽尺寸　　表 1-2

单位：mm

字号(字高)	20	14	10	7	5	3.5	2.5
字宽	14	10	7	5	3.5	2.5	1.8

书写长仿宋体字的要领是：横平竖直，起落分明，结构匀称，填满方格。笔画粗细约等于字高的 1/20，如图 1-31 所示。

长仿宋体字和其他汉字一样，都是由八种基本笔画组成，如表 1-3 所示。在书写时，要掌

握基本笔画的特点，注意在运笔时，起笔和落笔要有棱角，使笔画形成尖端或三角形。字体

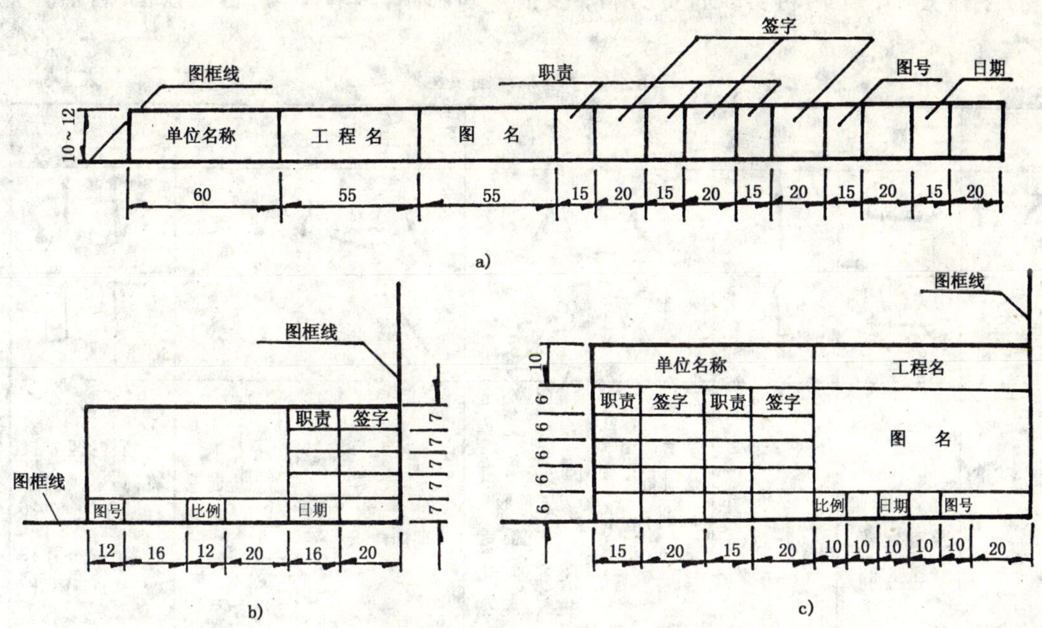

图 1-29　图标(单位:mm)

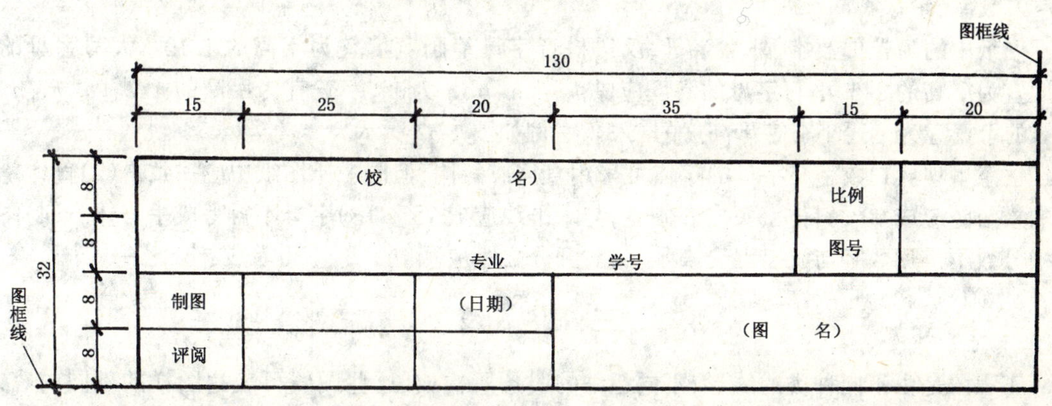

图 1-30　学生作业用图标

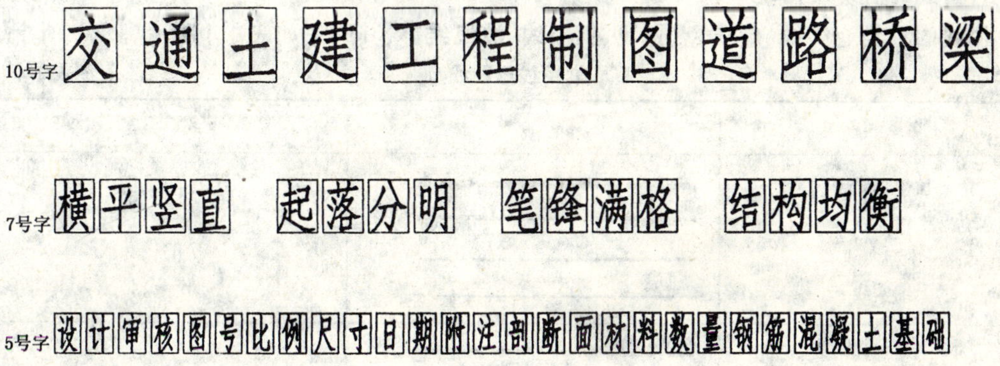

10号字 交通土建工程制图道路桥梁

7号字 横平竖直　起落分明　笔锋满格　结构均衡

5号字 设计审核图号比例尺寸日期附注剖断面材料数量钢筋混凝土基础

图 1-31　汉字长仿宋体字例

的结构布局、笔画之间的间隔均匀相称，偏旁部首比例适当。要写好长仿宋体字，正确的办法就是按字体大小，先用粗实线打好方格，多描摹和临摹，多看多写，持之以恒，自然熟能生巧。

长仿宋体字基本笔画及运笔 表 1-3

名称	横	竖	撇	捺	挑	点	钩
笔画	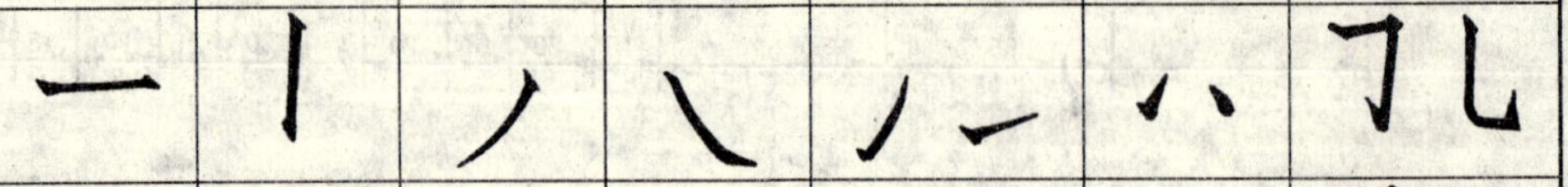						
运笔	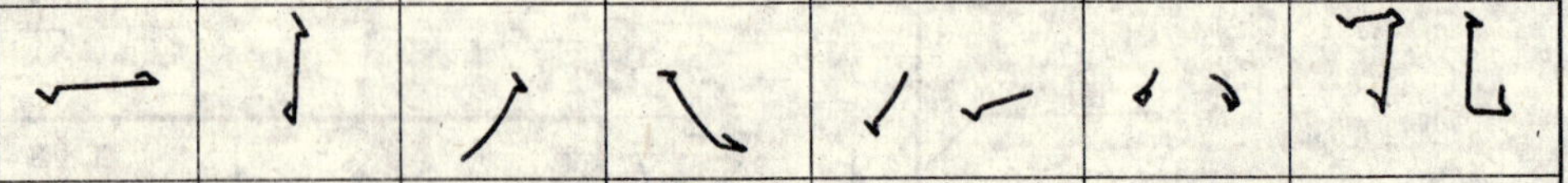						
说明	横应略向上斜，运笔应有起落、顿挫棱角	竖要垂直，运笔同横	撇应同字格对角线基本平行，起笔轻、落笔重	斜捺：起笔轻、落笔重，做捺角成三角形 平捺：起笔稍向上挑，行笔微曲下斜	起笔重，落笔尖细如针	点应起笔轻、尖，落笔渐曲、渐重	竖钩：竖要挺直，钩要尖细如针 弯钩：由直转弯，过渡要圆滑

2.数字、字母

图纸中的阿拉伯数字、外文字母、汉语拼音字母笔画宽度宜为字高的 1/10。大写字母的宽度宜为字高的 2/3，小写字母的高度应以 *b*、*f*、*h*、*p*、*g* 为准，字宽宜为字高的 1/2。*a*、*m*、*n*、*o*、*e* 的字宽宜为上述小写字母高度的 2/3。字例如图 1-32 所示。

注意事项：(1)数字与字母的字体可采用直体或斜体，但同一册图纸中应一致。(2)直体笔画的横与竖应成 90°，斜体字头向右倾斜，与水平线应成 75°。(3)字母不得写成手写体。(4)图纸中分数不得用数字与汉字混合表示。如：五分之一应写成 1/5，不得写成 5 分之一。

三、图　线

工程图是由不同种类的线形，不同粗细的线条所构成，这些图线可表达图样的不同内容，且能够分清主次。

1.图线的种类及用途

图线的种类有实线、虚线、点划线、折断线、波浪线等，其画法如表 1-4 所示。

常用线形及线宽 表 1-4

名称	线型	线宽
加粗粗实线		1.4～2.0*b*
粗实线		*b*
中粗实线		0.5*b*
细实线		0.258*b*
粗虚线		*b*
中粗虚线		0.5*b*
细虚线		0.25*b*

续上表

名　称	线　型	线　宽
粗点划线		b
中粗点划线		$0.5b$
细点划线		$0.25b$
粗双点划线		b
中粗双点划线		$0.5b$
细双点划线		$0.25b$
折断线		$0.25b$
波浪线		$0.25b$

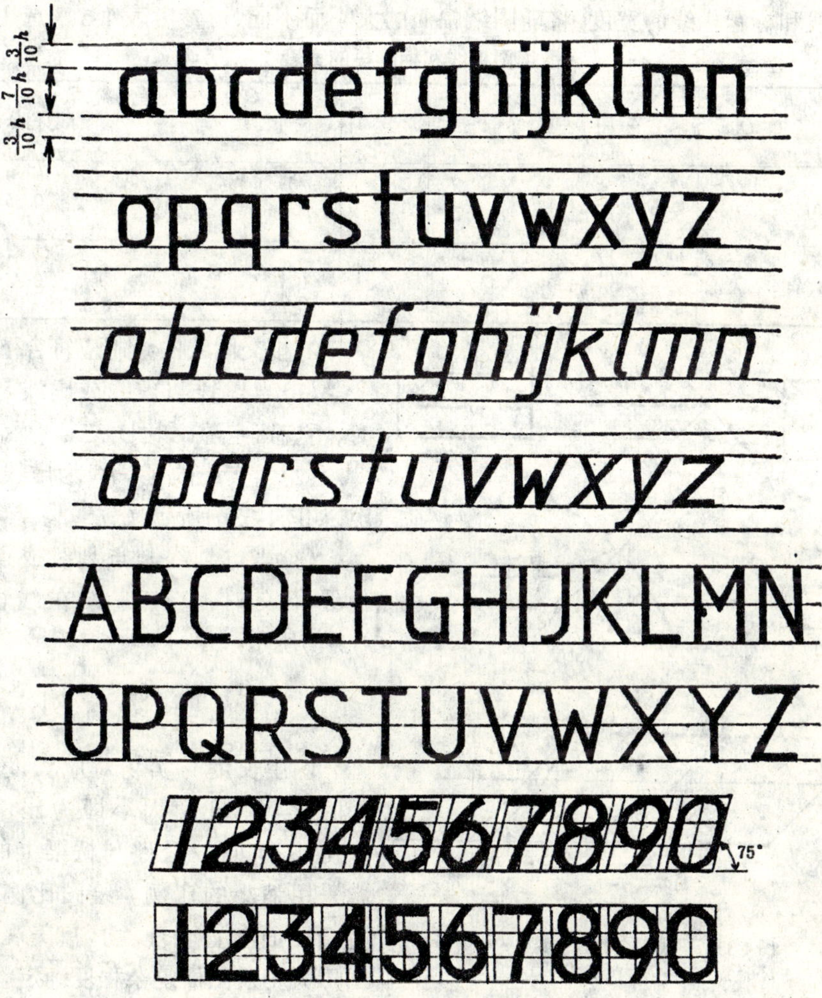

图 1-32　字母、数字示例

图线的宽度应符合《国标》规定的线宽系列，即 0.18、0.25、0.35、0.5、0.7、1.0、1.4、2.0(mm)。每个图样一般使用三种线宽，且互成一定的比例，即粗线(线宽为 b)、中线、细线，比例规定为 b:0.5b:0.25b。绘图时，应根据图样的复杂程度及比例大小，选用如表 1-5 所示的线宽组合。

注意事项：在同一张图纸内相同比例的各图形，应选用相同的线宽组合。

线 宽 组 合 表 1-5

线宽类别	线宽系列(mm)					线宽类别	线宽系列(mm)				
b	1.4	1.0	0.7	0.5	0.35	0.25b	0.35	0.25	0.18 (0.2)	0.13 (0.15)	0.13 (0.15)
0.5b	0.7	0.5	0.35	0.25	0.25						

注：表中括号的数字为代用的线宽。

2.图线的画法及注意事项

1)图框线和标题栏线的宽度，将随图纸幅面的大小而不同，可参考表 1-6 来选用。

单位：mm **图纸图框线和标题栏的宽度** 表 1-6

图纸幅面	图 框 线	标题栏外框线	标题栏分格线
A0、A1	1.4	0.7	0.35
A2、A3、A4	1.0	0.7	0.35

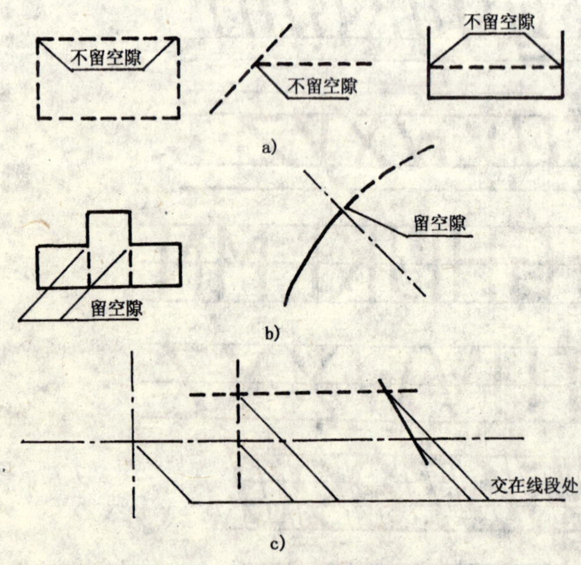

图 1-33 图线相交的画法

2)相交图线的绘制应符合下列规定：

(1)当虚线与虚线或虚线与实线相交时，不应留空隙，如图1-33a)所示。

(2)当实线的延长线为虚线时，应留空隙，如图1-33b)所示。

(3)当点划线与点划线或点划线与其他线相交时，交点应设在线段处，如图1-33c)所示。

四、比 例

图中长度与实物对应长度之比，称图形的比例。比值大小即为比例大小，如：1:100>1:200。公路与桥梁上的工程图通常采用缩小的比例。绘图比例的选择，应遵循图面布置合理、均匀、美观的原则，按图形大小及图面复杂程度确定。

注意事项：(1)比例宜采用阿拉伯数字表示，当同一张图纸内的各图样采用相同比例时，就将比例注写在标题栏内。(2)若各图采用不同比例时，将比例注写在每个图样的图名右下侧，且字高比图名字高小一号或二号，如图 1-34a)所示。(3)当竖直方向与水平方向的比例不同时，可用 V 表示竖直方向比例，用 H 表示水平方向比例，如图 1-34b)所示。

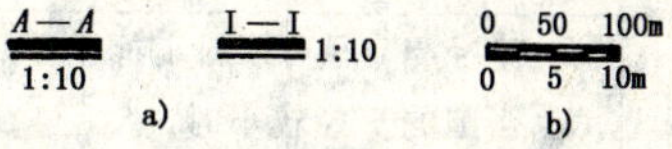

五、尺寸标注

A—A 1:10　　I—I 1:10
a)

0 50 100m
0 5 10m
b)

图 1-34　比例的标注

工程图上除画出构造物的形状外，还必须准确、完整、清晰地标注出构造物的实际尺寸，以作为施工的依据。因此，尺寸是图样的重要组成部分。

1. 尺寸标注的四要素

图样上一个完整的尺寸由尺寸界线、尺寸线、尺寸起止符、尺寸数字四部分组成，称尺寸的四要素，如图 1-35、图 1-36 所示。

2. 尺寸标注的一般规则

(1)图上所有尺寸数字是物体的实际大小数值，与图形选用的比例无关。

(2)尺寸界线用细实线绘制，一端应离开图样轮廓线不小于 2mm，另一端宜超出尺寸线 1～3mm。图形轮廓线、中心线也可作为尺寸界线。尺寸界线宜与被标注轮廓线垂直；当标注困难时，也可不垂直，但尺寸界线应相互平行。

(3)尺寸线采用细实线，必须与被标注轮廓线平行，不应超出尺寸界线，任何其他图线均不得作为尺寸线。在任何情况下，图线不得穿过尺寸数字。相互平行的尺寸线应从被标注的轮廓线由近向远排列，所有平行尺寸线间的间距可在 5～15mm 之间。同一张图纸或同一图形上这种间距应当保持一致。分尺寸线应离轮廓线近，总尺寸线应离轮廓线远，见图 1-35。

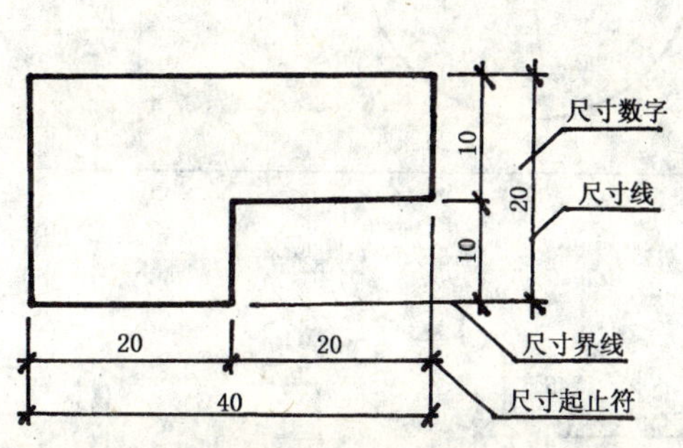

图 1-35　尺寸要素的标注

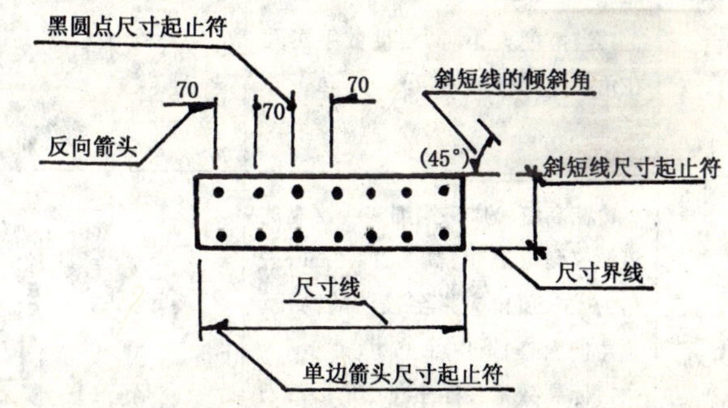

图 1-36　尺寸起止符的标注

(4)尺寸起止符可采用单边箭头表示，箭头在尺寸界线的右边时，应标注在尺寸线之上；反之，应标注在尺寸线之下。箭头大小可按绘图比例取值。尺寸起止符也可采用与尺寸线成顺时针 45°的倾斜方向，且长度为 2～3mm 的中粗斜短线表示。在连续表示的小尺寸中，也可在尺寸界线同一水平的位置，用黑圆点表示尺寸起止符号，见图 1-36。

(5)尺寸数字应按规定的字体书写，字高一般是 3.5mm 或 2.5mm。尺寸数字一般标注在尺寸线中间的上方，离尺寸线应不大于 1mm。如没有足够注写位置，最外边的尺寸数字可注写在尺寸界线的外侧，中间相邻的尺寸数字可错开注写，也可引出注写，如表 1-7 所示。在图样中，除标高尺寸和总平面图中尺寸以 m 为单位外，其余均以 mm 为单位，标注尺寸时，数字后面的单位应省略。

3. 尺寸标注的方法

尺寸标注方法 表1-7

内容	说明	标注方法
半径与直径的标注	1.半径与直径可按图a)标注 2.当圆的直径较小时,半径与直径可按图b)标注 3.当圆的直径较大时,半径尺寸的起点可不从圆心开始,如图c)所示 4.半径和直径的尺寸数字前,应标注"$r(R)$"或"$d(D)$",如图b)所示	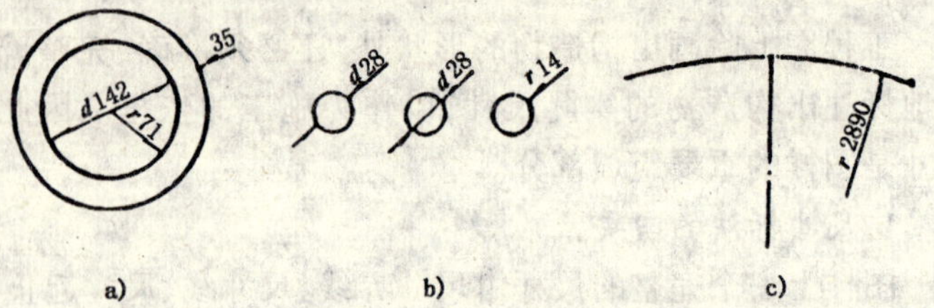 a) b) c)
圆弧与弦长的标注	1.圆弧尺寸按图a)标注 2.当弧长分为数段标注时,尺寸界限也可沿径向引出,如图b)所示 3.弦长的尺寸界线应垂直该圆弧的弦,如图c)所示	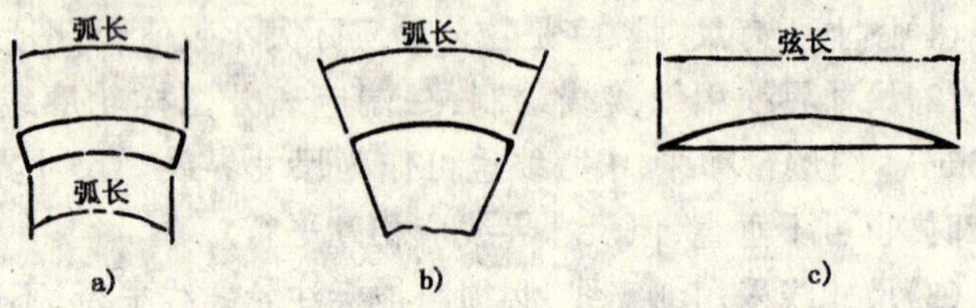 a) b) c)
角度的标注	1.角度尺寸线应用圆弧表示 2.角的两边为尺寸界限 3.角度数字宜写在尺寸线上方中部 4.当角度太小时,角度数字可写在角两边的外侧	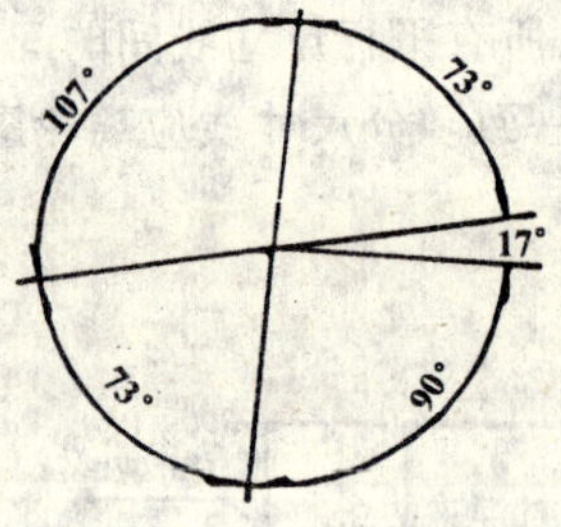
标高的标注	1.标高符号应采用细实线绘制的等腰三角形表示,高为2~3mm,底角为45°,顶角应指至被注的高度,顶角向上、向下均可 2.标高数字宜标注在三角形的右边。负标高应冠以"-"号,正标高(包括零标高)数字前不应冠以"+"号 3.当图形复杂时,也可采用引出线形式标注	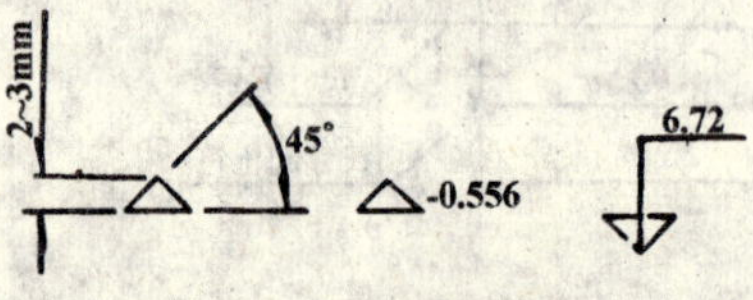
坡度的标注	1.当坡度值较小时,坡度的标注宜用百分率表示,并应标注坡度符号。坡度符号应由细实线、单边箭头以及在其上标注百分数组成。坡度符号的箭头应指向下坡 2.当坡度值较大时,坡度的标注宜用比例的形式,例如1∶n	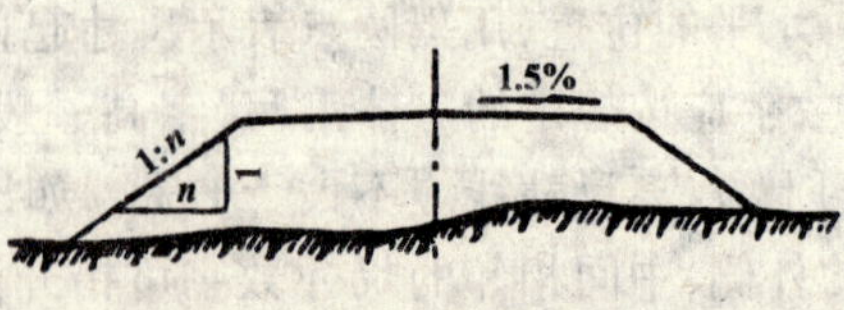

续上表

内容	说　明	标　注　方　法
水位的标注	水位符号应有数条上长下短的细实线及标高符号组成，细实线间的距离宜为1mm。其标注方法同标高标注方法	10.579　1mm　15~30mm
尺寸数字的标注	尺寸数字及文字书写方向按图标注方法	50　桩号

六、坐　标

为了表示地区的方位和路线的方向，地形图上需画出坐标网或指北针，图纸上指北针标志的绘制，如图1-37a)所示。

用网格表示坐标：坐标网格应采用细实线绘制，南北方向轴线代号应为X，东西方向轴线代号应为Y。坐标网格也可采用十字线代替，如图1-37b)所示。

注意事项：(1)坐标值的标注应靠近被标注点，书写方向平行于网格并在网格延长线上。(2)当坐标数值较多时，可将前面相同数字省略，但应在图纸中说明，坐标数值也可采用间隔标注。(3)当需要标注的控制坐标点不多时，宜采用引出线的形式标注，水平线上、下应分别标注X轴、Y轴的代号及数值，如图1-38所示。(4)当需要标注的控制坐标点较多时，图纸上可标注点的代号，坐标值可在适当位置列表示出。(5)坐标数值的计量单位应采用m，并精确至小数点后三位。

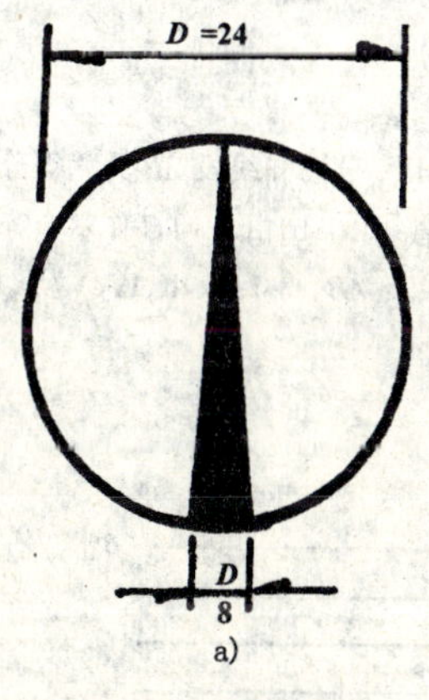

图1-37a)　指北针的绘制

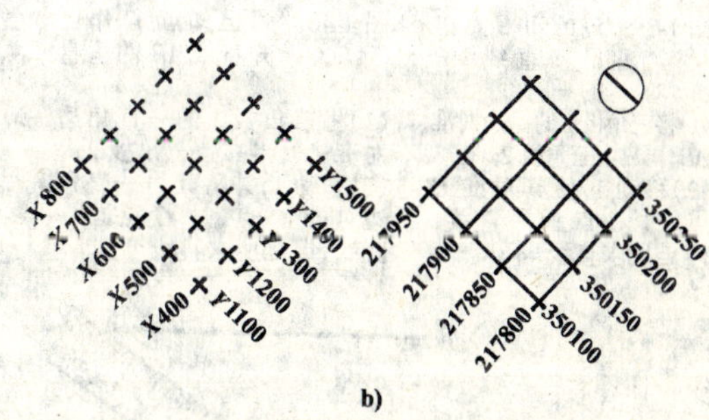

图1-37b)　坐标网格坐标线

例：$\frac{X460.405}{Y310.750}$就是该点距坐标原点向北460.405，向东310.750。

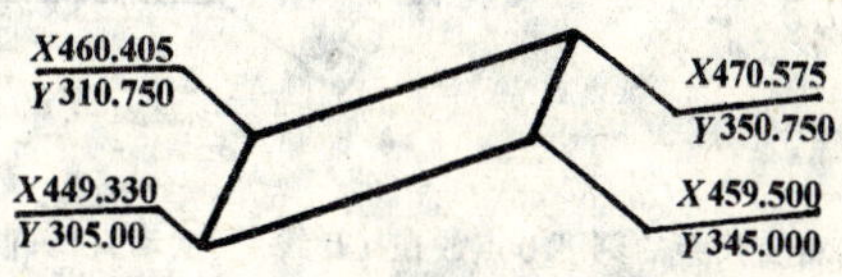

图1-38　控制点坐标的标注

第三节　几何作图

工程结构物的形状是多种多样的，但图样的主要组成部分是由直线、圆弧、曲线等按一定规律组成的几何图形。为了正确地画出图样，并能提高绘图速度和质量，除了善于运用绘图工具和仪器之外，还必须熟练地掌握各种几何图形的作图原理和方法。下面介绍几种常用的作图方法：

1.作已知直线的平行线、垂直线

作法：如图 1-39、图 1-40 所示。

2.等分线段和平行线间的距离

作法：如图 1-41、图 1-42 所示。

3.作圆内接正多边形

作圆内接正多边形及圆内接任意正多边形，如图 1-43、图 1-44 所示。

4.圆弧连接

在道路工程图中，经常遇到圆弧与直线连接或圆弧与圆弧连接的问题，如道路的平面曲线、涵洞的洞口、隧道的洞门等。如图 1-45 所示为道路的平面交叉路口，就是用圆弧与直线连接而成的。

圆弧连接的形式很多，关键是根据已知条件，准确地求出连接圆弧的圆心位置及连接圆弧与已知圆弧或直线平滑过渡的连接点(切点)的位置，各种连接的作图步骤如表 1-8 所示。

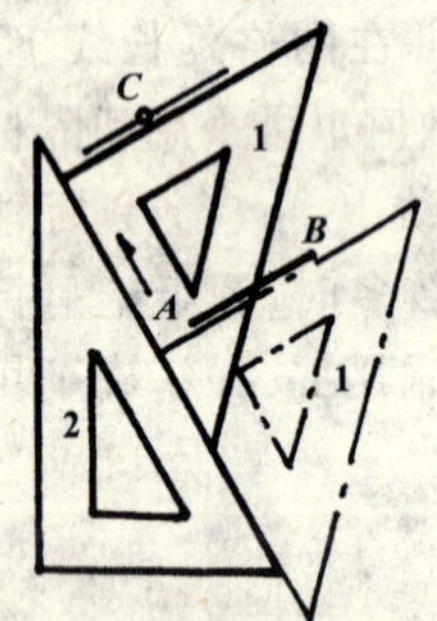

图 1-39　过已知 C 点作已知直线 AB 的平行线

(1)将三角板 1 的一边对准 AB，再靠上三角板 2；
(2)移动 1，使其对准 C 点，过 C 点画一直线，即是所求直线

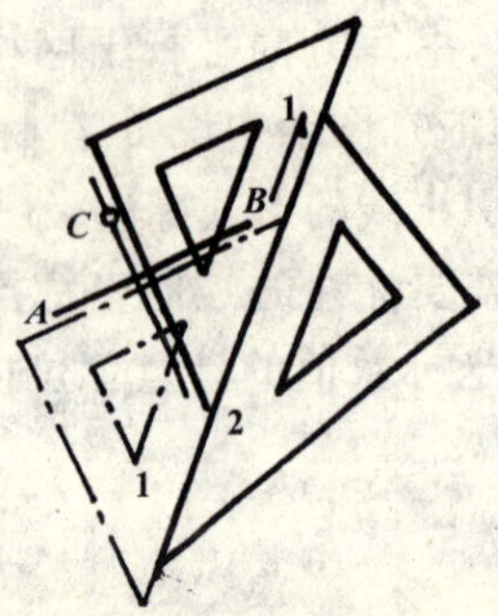

图 1-40　过已知点 C 作已知直线 AB 的垂直线

(1)将三角板 1 的一直角边对准 AB，再靠上三角板 2；
(2)移动 1，并将其另一直角边对准 C 点，过 C 点画一直线，即是所求直线

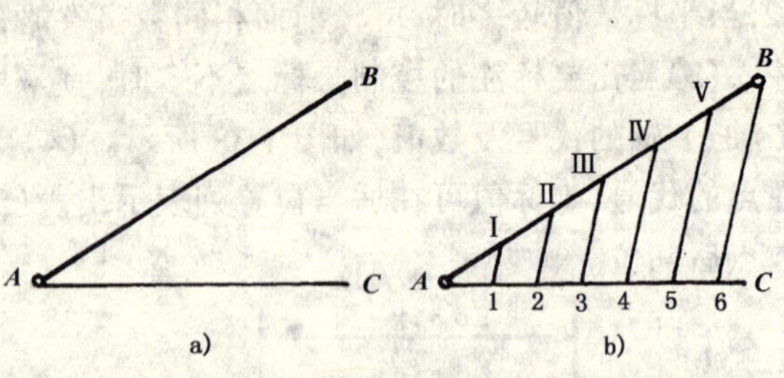

图 1-41　分已知线段 AB 为六等分

a)过 A 点作任意直线 AC；b)由 A 向 C 作六个等距点；连 B6，并作 B6 的平行线交 AB，得 I、II、III、IV、V 点，即分 AB 为 6 等分

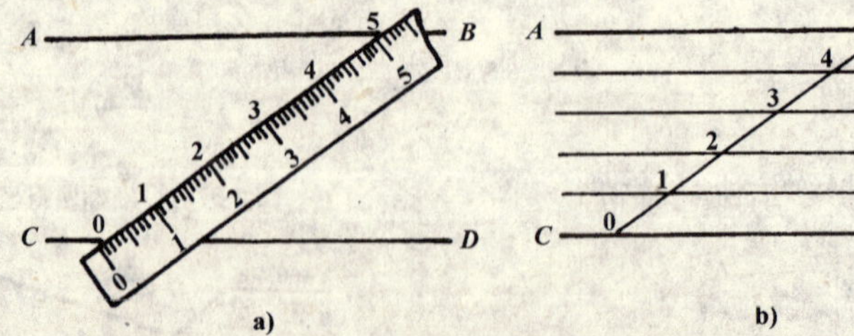

图 1-42　等分两平行线间的距离为五等分

a)将直尺上的刻度 0 点放在 CD 线上，摆动直尺，使刻度 5 点落在 AB 线上，标出五等分点；b)过各等分点作 AB(或 CD)的平行线，即为所求的等分距

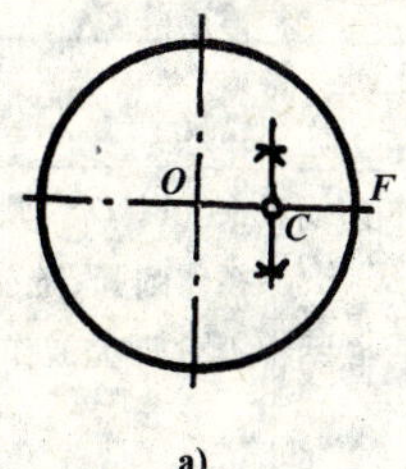

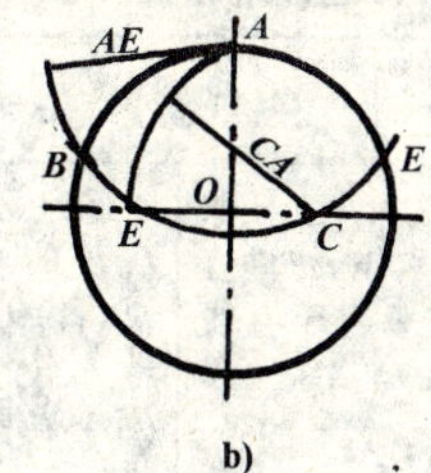

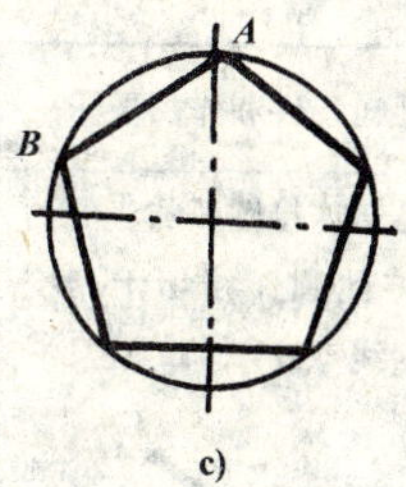

图 1-43 作圆内接正五边形

a)作 OF 的中点 C；b)作 $CE=CA$ 及 $AB=AE$；c) AE 即为圆内接正五边形的一边长

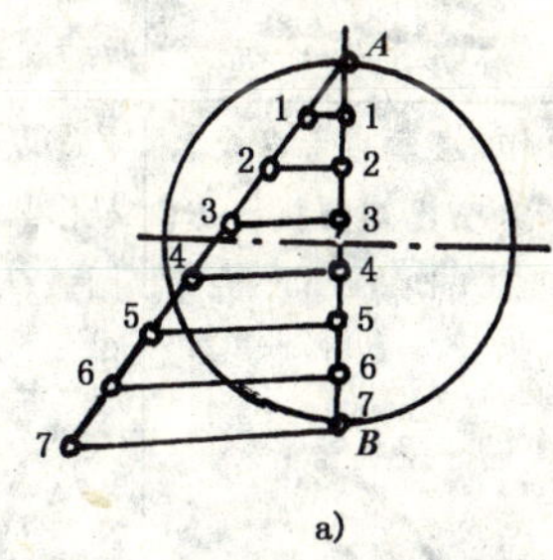

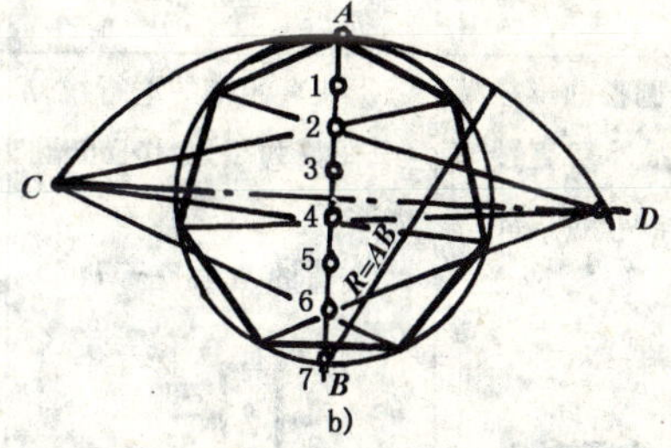

1-44 任意等分圆周并作圆内接正 n 边形的近似画法

a)将直径 AB 七等分(本例为七等分)；b)以 B 为圆心，AB 为半径，作圆弧得 C、D 两点；c)自 C、D 连双数等分点，延长与圆周相交，即为所求正七边形的各顶点，连接各顶点即为正七边形

5. 椭圆的近似画法

椭圆有各种不同的画法，下面仅介绍“同心圆法”、“四心法”画椭圆。

(1)同心圆法画椭圆，如图 1-46 所示。

图中 AB、CD 为椭圆的长短轴。

(2)四心法画椭圆，如图 1-47 所示。

图中 AB、CD 分别为椭圆的长短轴。

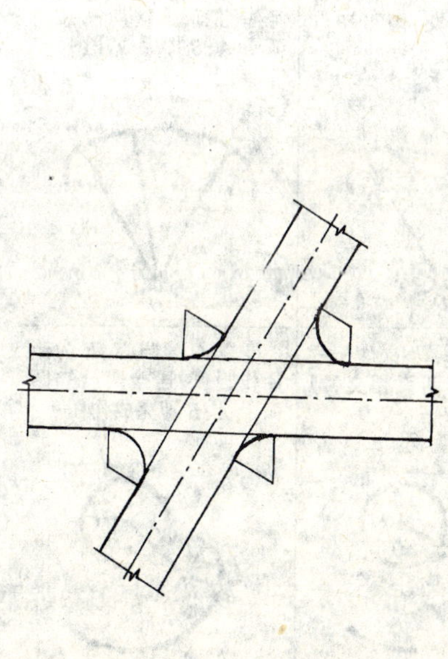

图 1-45 道路平面交叉口

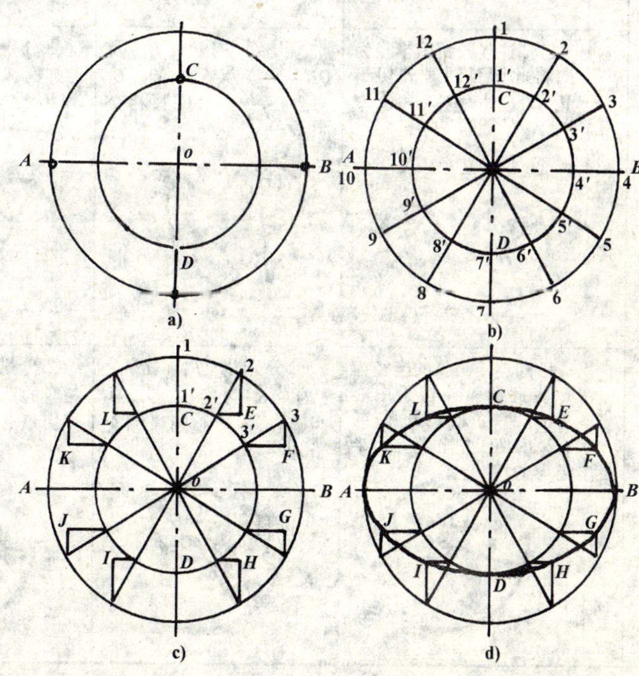

图 1-46 同心圆法画椭圆

各种连接的作图步骤

表 1-8

名称		已知条件和作图要求	作图步骤		
两直线间的圆弧连接		已知连接圆弧的半径为 R，将此圆弧相切于相交两直线 Ⅰ、Ⅱ 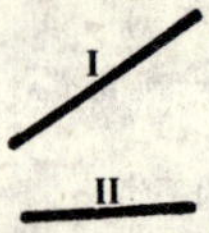	①在直线 I 和 II 上任取 a 及 b 点，分别作 aa' 垂直于直线 I；bb' 垂直于直线 II，并使 $aa' = bb' = R$ 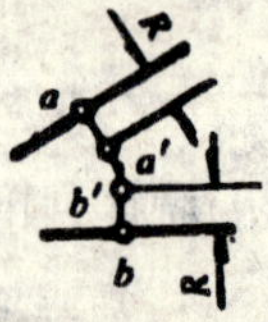	②过 a'、b' 分别作直线 I、II 的平行线，交于 O 点，自 O 作 OA 垂直于直线 I，作 OB 垂直于直线 II，A、B 即为切点 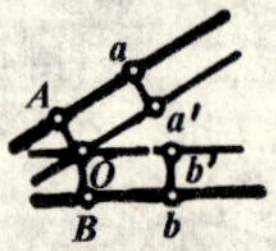	③以 O 为圆心，R 为半径作圆弧，连接两直线于 A、B 即完成作图 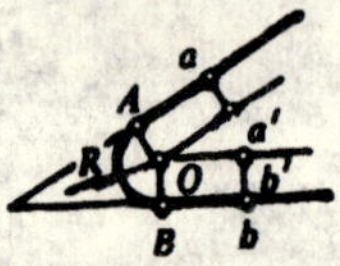
直线和圆弧间的圆弧连接		已知连接圆弧的半径为 R，将此圆弧外切直线 I 和中心为 O_1 的圆弧 R_1 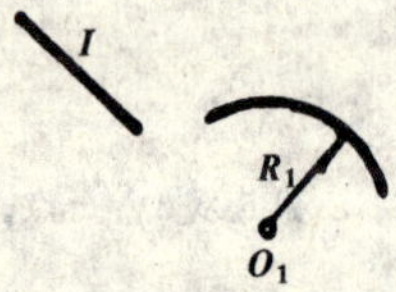	①在直线 I 的平行线 II（其距离为 R）上作已知圆弧的同心圆（半径为 $R_1 + R$）与直线 II 相交于 O 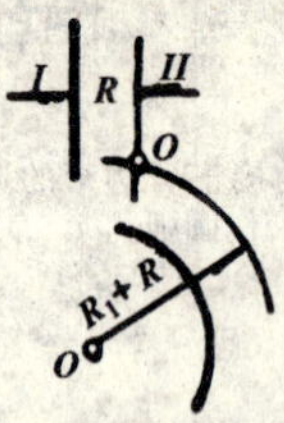	②作 OA 垂直于直线 I，连 OO_1 交已知圆弧于 B，A、B 即为切点 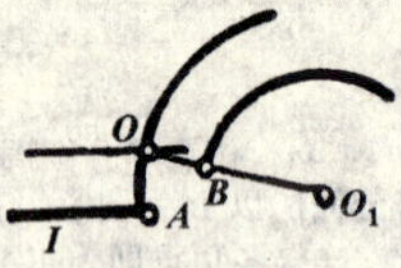	③以 O 为圆心、R 为半径作圆弧，连接直线 I 和圆弧 O_1 于 A、B 即完成作图 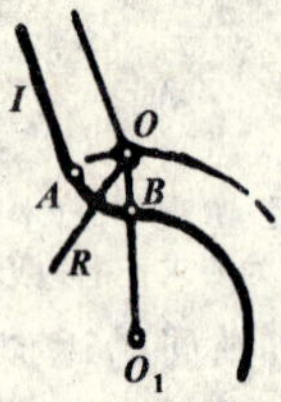
两圆弧间的圆弧连接	外连接	已知连接圆弧的半径为 R，将此圆弧同时外切于中心为 O_1、O_2，半径为 R_1、R_2 的圆弧 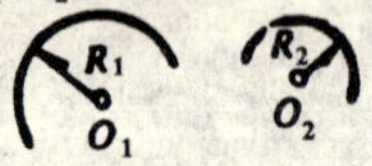	①分别以（$R_1 + R$）及（$R_2 + R$）为半径，O_1、O_2 为圆心，作同心圆弧相交于 O 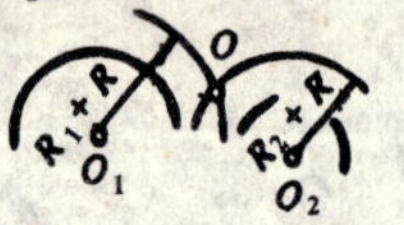	②分别连 OO_1、OO_2 与已知圆弧相交，即得切点 A、B 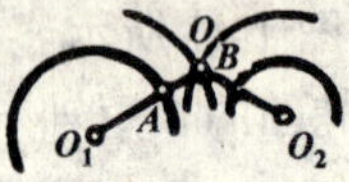	③以 O 为圆心、R 为半径作圆弧，连接两已知圆弧于 A、B 即完成作图 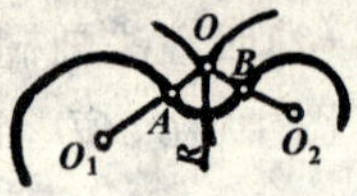
	内连接	已知连接圆弧的半径为 R，将此圆弧同时外切于中心为 O_1、O_2，半径为 R_1、R_2 的圆弧 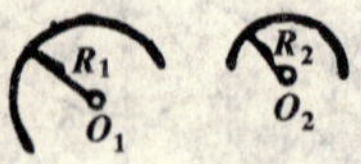	①分别以（$R - R_1$）及（$R - R_2$）为半径，O_1、O_2 为圆心，作同心圆弧相交于 O 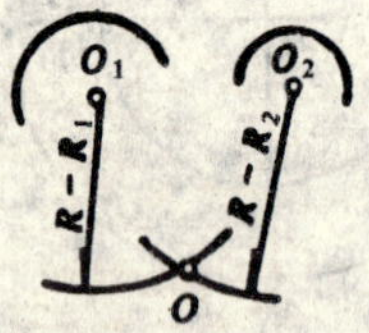	②分别连 OO_1、OO_2 与已知圆弧相交，即得切点 A、B 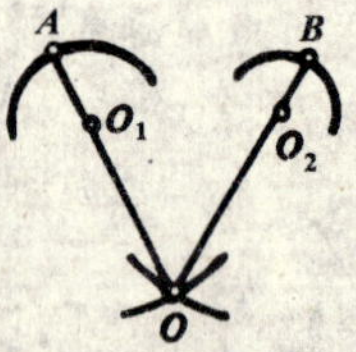	③以 O 为圆心、R 为半径作图弧，连接两已知圆弧于 A、B 即完成作图 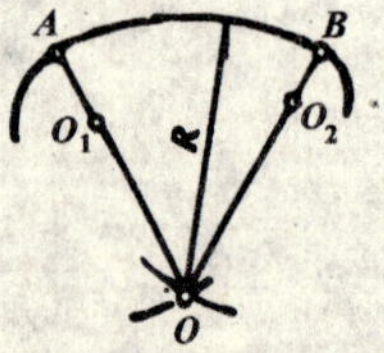
	混合连接	已知连接圆弧的半径为 R，将此圆弧外切于中心为 O_1、半径 R_1 的圆弧；同时又内切于中心为 O_2、半径为 O_2 的圆弧 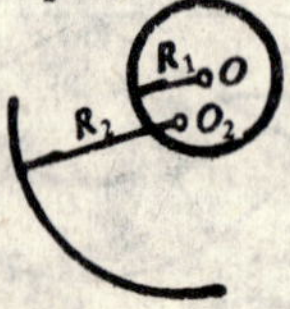	①分别以（$R_1 + R$）及（$R_2 - R$）为半径，O_1、O_2 为圆心，作同心圆弧相交于 O 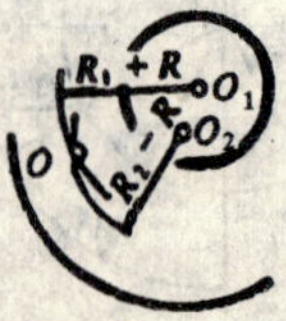	②分别连 OO_1、OO_2 与相应的已知圆弧相交，即得切点 A、B 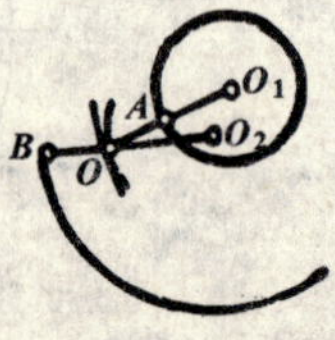	③以 O 为圆心、R 为半径作圆弧，连接两已知圆弧于 A、B 即完成作图 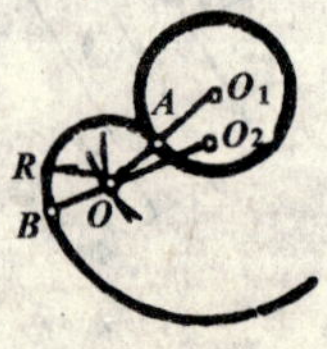

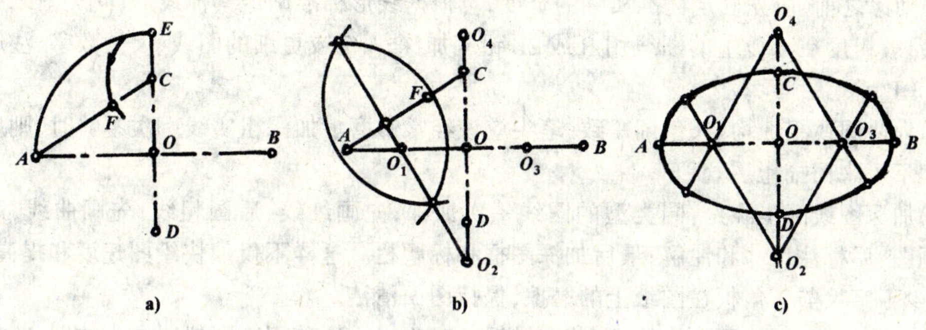

图 1-47 四心法画椭圆

a)连接 AC,并作 $OE=OA$、$CF=CE$;b)作 AF 的垂直平分线,交轴线于 O_1、O_2,对称求出 O_3、O_4 两点;c)分别以 O_1、O_2、O_3、O_4 为圆心,以 O_1A、O_2C、O_3B、O_4D 为半径作四段圆弧,即得近似椭圆

第四节 制图的步骤与方法

一、准备工作

(1)安排合适的绘图工作地点。绘图是一项细致的工作,要求绘图工作地点光线明亮、柔和,应使光线从左前方照来。绘图桌椅高度要配置合适,绘图时姿势要正确。否则不仅影响工作效率,而且会妨碍身体健康。

(2)准备需要的绘图工具,使用之前应逐件进行检查、校正和擦拭干净,以保证绘图质量和图面整洁。各种绘图工具应放在绘图桌的适当地方,做到使用方便、保管妥当。

(3)准备有关绘图的参考资料,以备随时查阅。

(4)根据所绘工程图的要求,按国家标准规定选用图幅大小,图纸在图板上粘贴的位置尽量靠近左边(离图板边缘 3~5cm),纸下边至图板边缘的距离略大于丁字尺的宽度。

二、画底稿

(1)图纸粘贴后,应根据图幅大小选用合适的比例,对所画的图形做到心中有数,使图面布置合理。

(2)图面布置之后,根据选定的比例用 H 或者 2H 铅笔轻轻画出底稿。底稿必须认真画出,以保证图样的正确性和精确度。如发现错误,不要立即就擦,可用铅笔轻轻作上记号,待全图完成之后,再一次擦净,以保证图面整洁。

(3)画底稿时尺寸的量取,是用分规从比例尺上量取长度。相同长度尺寸一次量取,以保证尺寸的准确和提高画图速度。

(4)画完底稿之后,必须认真逐图检查,看是否有遗漏和错误的地方,切不可匆忙加深或上墨。

三、加深和描图

在检查底稿确定无误后,即可加深、描图。

1.加深

(1)加深之前,应先确定标准实线的宽度,再根据线形标准确定其他线形,同类图线应粗细一致。一般粗度在 b 以上的图线用 B 或 2B 铅笔加深;$b/2$ 或更细的图线、尺寸数字、注解等可用 H 或 HB 铅笔绘写。

(2)为使图线粗细均匀、色调一致,笔尖应该经常修磨。加深粗实线一次不够时,则应重复再画,切不可来回描粗。

(3)加深图线的步骤是:同类型的图线一次加深;先画细线,后画粗线;先画曲线,后画直线;先画图,后标注尺寸和注解;最后加深图框和标题栏。这样不仅加快绘图速度和提高精度,而且减少丁字尺与三角板在图纸上的磨擦,保持图面清洁。

(4)全部加深之后,再仔细检查,若有错误及时改正。这种用绘图仪器画出的图,叫做仪器图。

2.描图

凡有保存价值和需要复制的图样均需描图,描图是将描图纸覆盖在铅笔底稿上用描图墨水笔描绘的。描图的步骤同加深基本一样,主要是要熟练掌握墨线笔的使用,调好各类线型的粗度,将相同宽度的图线一次画好。要特别注意防止墨水污损图纸,每画完一条图线,要待墨水干固之后才能用丁字尺或三角板覆盖。描线时,应使底稿处于墨线的正中。在描图过程中,图纸不得有任何移动。

全部描完之后,必须严格检查。如有错误,应待墨迹干后,在图纸下垫以丁字尺或三角板,将刀片垂直于图纸,轻轻朝一个方向刮去墨迹;并使用硬橡皮擦去污点,再把图纸压平后,才可在上面重画。

四、图样复制

图样复制除利用复印机复印外,还可采用复晒方法进行复制。其方法是先将描好的描图纸放在晒图框内,再将感光纸紧贴在描图纸背面,然后把晒图框放在太阳或强烈灯光下曝光。曝光后的感光纸经过汽熏处理,即得复制的图样,这种图样称为“蓝图”。

第二章 正 投 影

本章主要介绍点、线、面、体的投影原理、特性、基本画法，以及立体表面上取点、求截切体投影、尺寸标注、读图的基本方法。

第一节 投影的基本知识

如何把空间的工程结构物（如道路、桥梁、房屋、机器等）画在图纸上，如何阅读工程图样，是本课程着重研究的问题。而解决这一问题又是以投影的理论为基础来实现的，因此，首先应研究投影问题。

一、投影的概念

1.影子和投影

在日常生活中，我们经常看到物体在光线（灯光或阳光等）照射下，会在地面或墙面上产生阴影，这个阴影称影子。如图 2-1 所示，双曲拱桥在正午的阳光照射下，在平静的水平面上产生了长条形的影子。这是常见的自然现象，这种形成影子的自然现象，称投影现象。

图 2-1 双曲拱桥在阳光下成影

人们从这些投影现象中认识到，当光线照射的角度或距离改变时，影子的位置、形状也随之改变。也就是说，光线、物体和影子三者之间存在着紧密的联系，因此，人们对此产生了兴趣并进行了研究。如图 2-2a）所示的桥台模型在正上方的灯光照射下，所产生的影子比基础底面要大。而当光源移到无限远处，即假设光线为互相平行并垂直于地面时（近似夏日正午阳光），影子的大小就和形体（基础底面）一样大，如图 2-2b）所示。我们称这种光线垂直于地面的投影方法为正投影法。

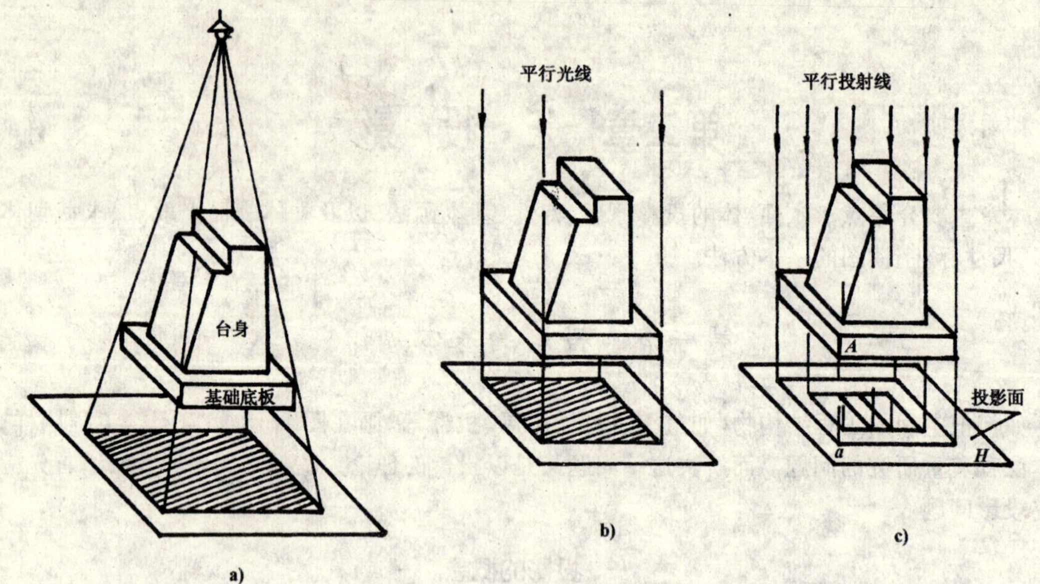

图 2-2 影子和投影

另外人们还注意到，影子只能反映基础底面的外形轮廓，至于自身的轮廓则被黑影所代替而反映不出来。这就促使人们对这种纯自然现象的影子，进行科学的抽象，总结归纳出能满足实际生产需要的图形。即按照投影现象，把形体的所有内外表面交线全部表示出来，且按投影方向不同，凡可见的轮廓线画成实线、不可见的画成虚线，如图 2-2c)所示。这样得到的图形称投影图，简称投影。

我们把形成影子的光线称投射线。把承受投影图的平面称投影面。若求形体上任一点 A 的投影 a，即通过 A 点的投射线与投影面的交点，见图 2-2c)。投射线、形体和投影面是形成投影的三要素，三者缺一不可。

2.投影的分类

按投射线不同，可把投影分为两大类：中心投影、平行投影。

(1)中心投影

所有投射线都从同一点(即投影中心)引出，称中心投影，如图 2-3 所示。

(2)平行投影

所有投射线都相互平行，称平行投影，如图 2-4 所示。当投射线与投影面斜交时，称为斜角投影或斜投影，见图 2-4a)；当投射线与投影面垂直时，称直角投影或正投影，见图 2-4b)。大多数的工程图，都是采用正投影法来绘制的，今后凡未作说明的，都属正投影。

3.工程上常用的几种图示法

用图示法表达工程结构物时，由于表达目的和表达对象的特性不同，往往需要采用不同的图示法。常用的图示法有正投影、轴测投影、透视投影、标高投影四种，这些图示法的作图原理和方法(除透视投影法外)，将在以后的有关章节中分别讨论，这里不再介绍。

二、平行投影的基本性质

1.类似性

直线或平面的投影一般仍为直线或平面(与空间图形类似),如图 2-5 所示。

2.从属性

若点在直线上,则点的投影必在直线的同面投影上,如图 2-5 中,直线 *AB* 上的 *D* 点。

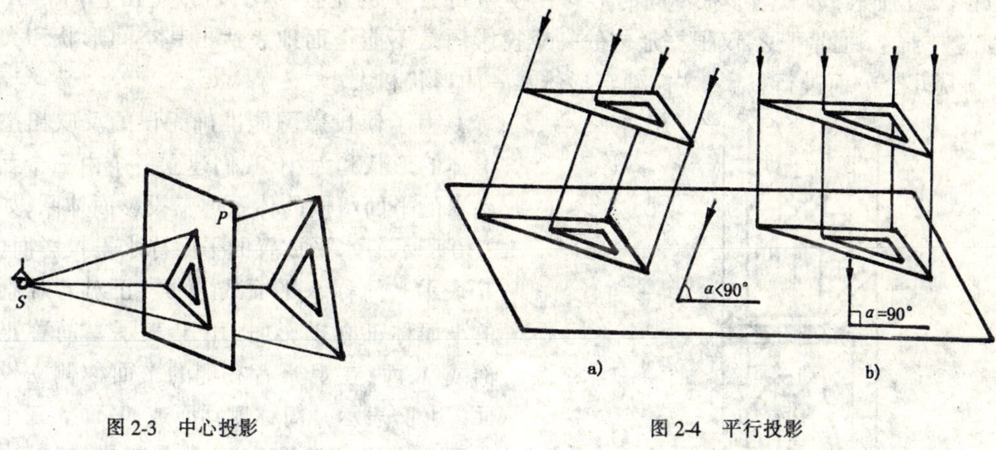

图 2-3 中心投影

图 2-4 平行投影

a)斜投影;b)正投影

3.积聚性

平行于投射线的直线或平面其投影具有积聚性,即直线的投影积聚成一点,平面的投影积聚成一条直线,如图 2-6 所示。

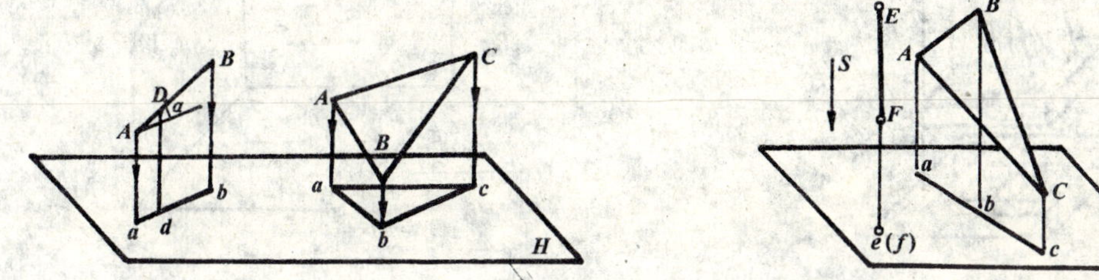

图 2-5 直线、平面的投影

图 2-6 直线、平面平行于投射线时的投影

4.显实性(全等性)

平行于投影面的直线、平面图形,其投影反映实长、实形,如图 2-7 所示。

5.平行性

空间两平行线的投影,仍互相平行,且投影长度之比等于空间两平行线长度之比,如图 2-8 所示。

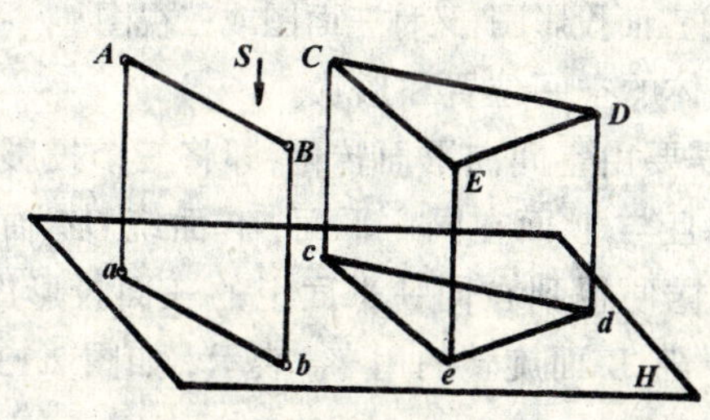

图 2-7 平行于投影面的直线、平面的投影

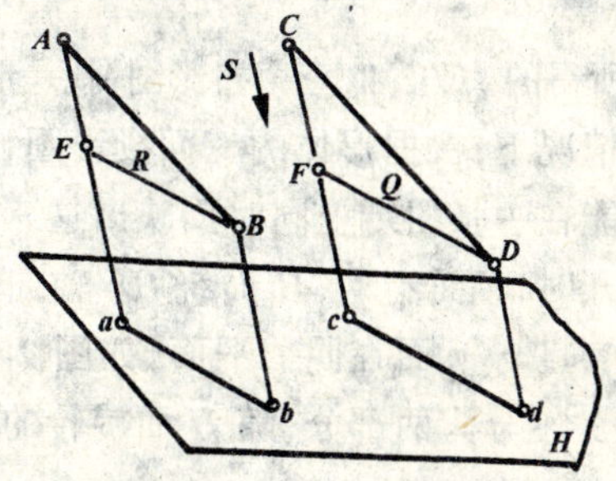

图 2-8 两平行线的投影

三、形体的三面投影图

1. 三投影面体系的建立及其名称

如图2-9所示，是三个形状不同的形体在投影面 *H* 上的正投影图，可以看出它们的 *H* 面投影完全一样。由此可见，仅根据形体的一个投影图是不能全面地表达出其空间形状和大小的，必须从几个方面进行投影，才能确定形体唯一的形状和大小。

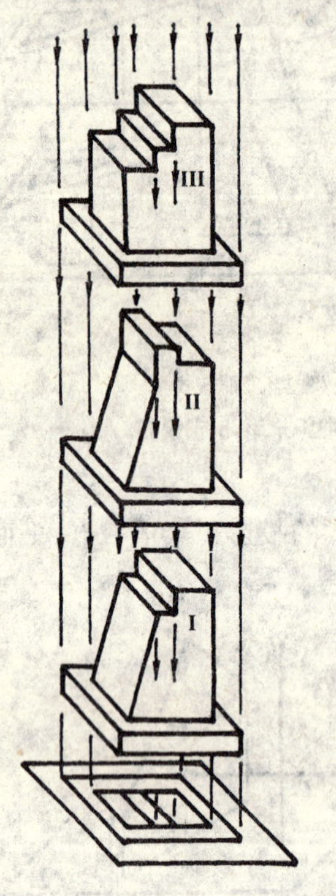

图2-9　形体的一面投影

为了使投影图能准确无误的反映出空间形体的形状和大小，我们建立一个由三个互相垂直的平面组成的体系称三投影面体系，如图2-10所示。水平放置的平面称水平投影面（用 *H* 表示），简称水平面或 *H* 面；正对着观察者的平面称正立投影面（用 *V* 表示），简称正立面或 *V* 面；在观察者右侧的平面称侧立投影面（用 *W* 表示），简称侧立面或 *W* 面。三个投影面的交线 *OX*、*OY*、*OZ* 称为投影轴，其交点称为原点。

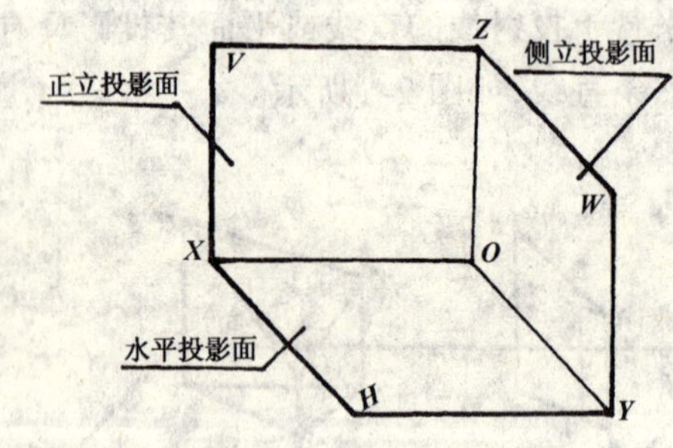

图2-10　三投影面体系

2. 三面投影图的形成

将被投影的形体置于三投影面体系中，其位置如图2-11所示。形体靠近观察者的一面称前面，反之为后面。同理还可以定出形体其余的左、右、上、下四个面。由上向下投影，在 *H* 面上得到的投影图，称为水平投影图，简称 *H* 面投影；由前向后投影，在 *V* 面上得到的投影图，称正立面投影图，简称 *V* 面投影；由左向右投影，在 *W* 面上得到的投影图，称侧立面投影图，简称 *W* 面投影。

这样所得的 *H*、*V*、*W* 三个投影图，就是形体最基本的三面投影图，又称三面图或三视图。

正常情况下，根据形体的三面投影图，可以确定形体的空间位置和形状。

为了能在一张图纸上同时反映出这三个投影图，需要由空间向平面转化，即将三个投影面展开。展开时，*V* 面不动，*H* 面绕 *OX* 轴向下旋转90°，且与 *V* 面在同一平面；*W* 面绕 *OZ* 轴向右旋转90°，且与 *V* 面在同一平面，如图2-12所示，这样便得到在同一平面上的三面投影图。展开后的 *Y* 轴分为两部分，随 *H* 面旋转的用 Y_H 表示，随 *W* 面旋转的用 Y_W 表示，如图2-13a)所示。

投影面的大小与投影图无关，画图时投影面的边框可不画，投影轴在工程图样中也可省去。

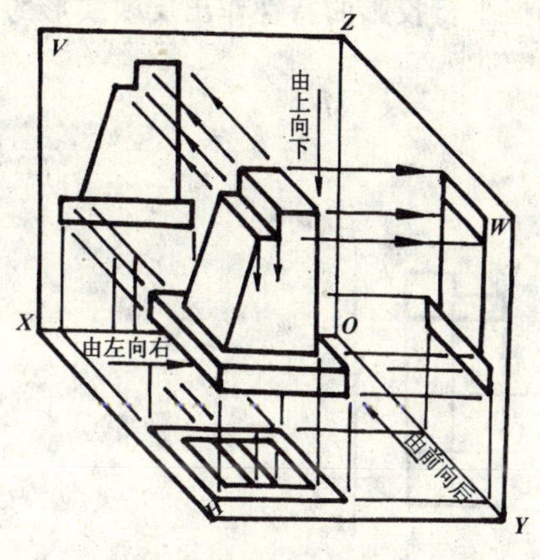

图 2-11　三面投影图的形成

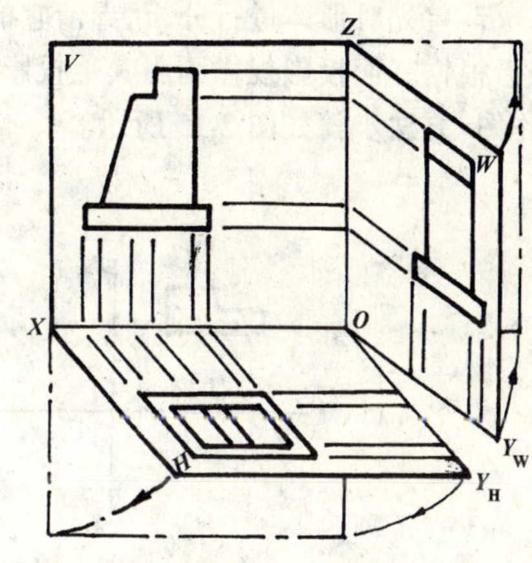

图 2-12　三面投影图的展开

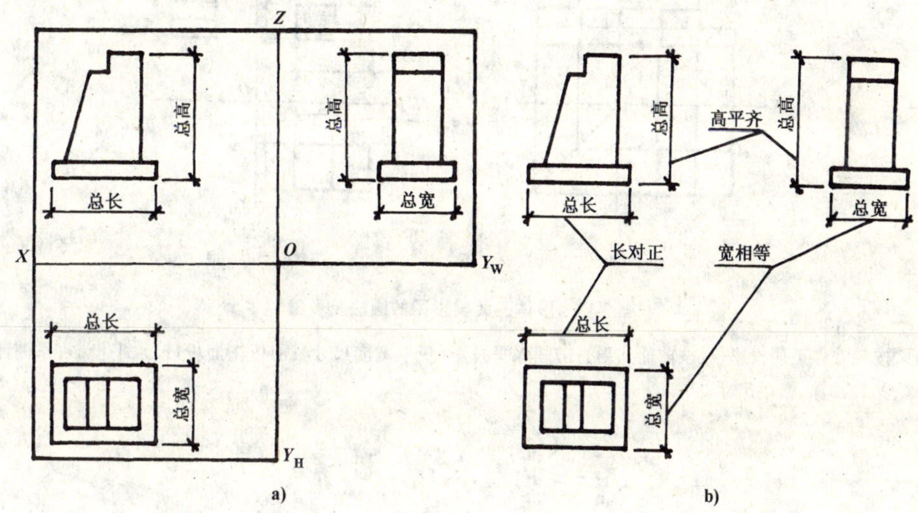

图 2-13　三面投影图及投影规律

3.三面投影图的投影关系

根据三面投影图的相对位置及其展开的规定，三面投影图的位置关系是：以正面投影为准，水平投影在立面图的正下方，侧面投影在立面图的正右方。

形体左右两点之间平行于 *OX* 轴的距离称为长度；上下两点之间平行于 *OZ* 轴的距离称为高度；前后两点之间平行 *OY* 轴的距离称为宽度，见图 2-13a)。因此，*H* 面投影反映形体的长度和宽度，同时也反映形体的前后、左右位置；*V* 面投影反映形体的长度和高度，同时也反映形体的左右、上下位置；*W* 面投影反映形体的宽度和高度，同时也反映形体的前后、上下位置。

三面投影图是在形体位置不变的情况下，从三个不同方向投影得到的，它们共同表达同一形体，因此它们之间存在着紧密的关系：即“长对正、高平齐、宽相等”，简称“三等关系”或称投影规律。画图时，无论是形体总的轮廓还是局部细节，都必须符合这一投影规律。

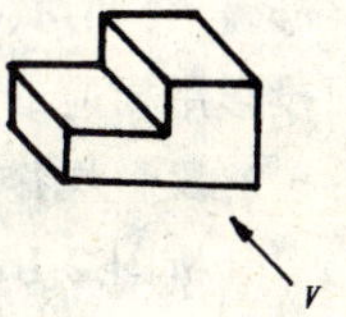

V

图 2-14　形体的直观图

下面举例说明形体三面投影图的画法

例 2-1： 画出如图 2-14 所示形体的三面图(按 1∶1 量取)。

分析：首先对形体进行分析，弄清它的形状，再根据平行投影的特性作出反映实形的投影图，最后根据三面投影规律画出其他投影。

作图：方法步骤如图 2-15 所示。

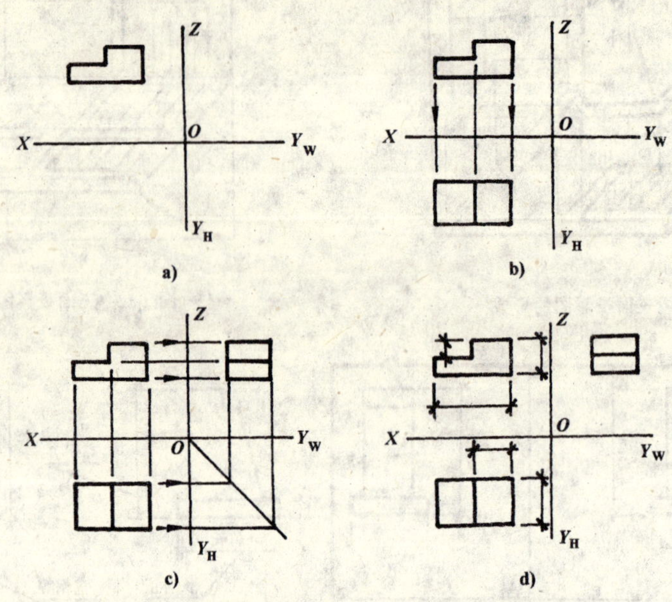

图 2-15 形体三面投影图的画法及步骤

a)画投影轴，按尺寸作正面投影(反映前面实形)；b)画水平投影(量取宽度尺寸)；c)依正面投影、水平投影，作侧面投影；d)去掉作图线，整理加深，标注尺寸

第二节 点的投影

点、线(直线或曲线)、面(平面或曲面)是构成形体最基本的几何元素。为了提高学生的分析能力、空间想象能力以及画图和读图能力，以后我们将依次研究它们的投影特性及规律。

一、点的三面投影

1. 投影的形成

在三投影面体系中，如图 2-16a)所示，由空间点 A 分别向投影面 H、V、W 作垂线，垂足 a、a'、a'' 即为 A 点的三面投影。按前述规定旋转、展开并去掉边框线后，即得到如图 2-16c)所示的 A 点的三面投影图。

点的投影符号规定：空间点用大写字母表示，如 A、B、C……等；H 面投影用相应的小写字母表示，如 a、b、c……等；V 面投影用相应的小写字母加一撇表示，如 a'、b'、c'……等；W 面投影用相应的小写字母加两撇表示，如 a''、b''、c''……等。

2. 投影规律

分析图 2-16 可得出点在三面体系中的投影规律：

(1)点的 V 面、H 面投影的连线垂直于 OX 轴，即 $a'a \perp ox$；点的 V 面、W 面投影的连线垂直于 OZ 轴，即 $a'a'' \perp oz$。即：一点的两投影连线垂直于相应的投影轴。

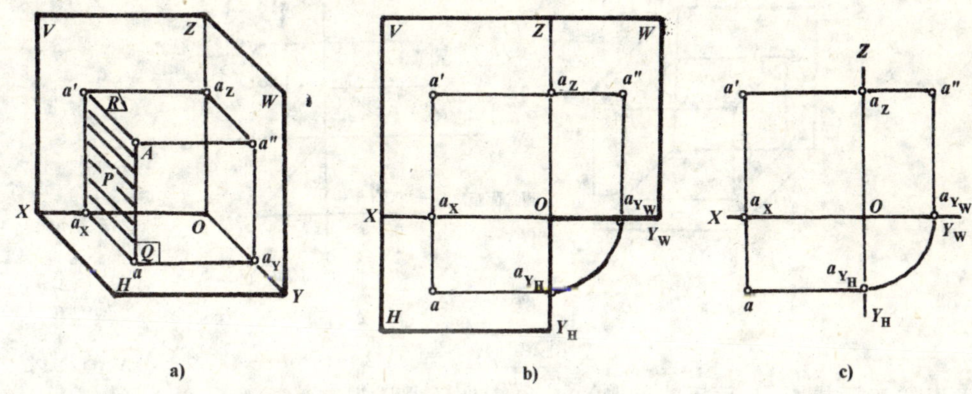

图 2-16　A 点的三面投影

a)立体图；b)投影图；c)去边框后的投影图

(2)点的 H 面投影到 OY 轴的距离，等于其 V 面投影到 OZ 轴的距离，并等于空间点 A 到 W 面的距离(符合长对正)，即：点的投影到投影轴的距离等于空间点到相应投影面的距离。可表示如下：

$aa_{yH} = a'a_Z = Aa''$　　反映 A 点到 W 面的距离。

同理：$aa_X = a''a_Z = Aa'$　　反映 A 点到 V 面的距离。

$a'a_X = a''a_{Y_W} = Aa$　　反映 A 点到 H 面的距离。

以上也是点的投影符合“三等关系”的根据所在。

根据上述投影规律，只要已知点的任意两投影，即可求其第三投影。

例 2-2：已知一点 M 的 V、H 面投影 m'、m，求 m''。

分析：由点的投影规律得知，$m'm \perp ox$，$mm_X = m''m_Z$。

作图：方法步骤如图 2-17 所示。

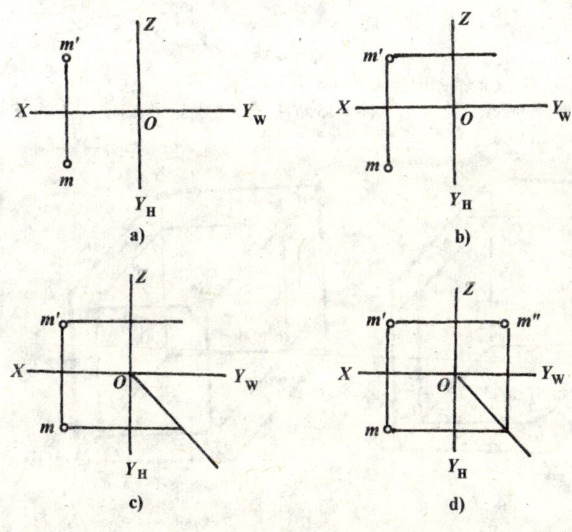

图 2-17　求点的 W 面投影

a)已知条件；b)过 m' 作 OZ 轴的垂线；c)过 m 作 OY_H 垂线交 45°线于一点；d)过该交点作 OZ 轴的平行线得 m'' 点

二、点的投影与坐标

1.点的坐标

在三投影面体系中，空间点及投影的位置可以用坐标来表示，这时可把三投影面作为坐标面，投影轴看作坐标轴，O 点看作坐标原点，如图 2-18 所示。

由图 2-18 可知，空间点到投影面的距离，即为点的坐标。

A 点到 W 面的距离，为 X 坐标；

A 点到 V 面的距离，为 Y 坐标；

A 点到 H 面的距离，为 Z 坐标；

因此，一点的投影与点的坐标关系为：

A 点的 H 面投影 a，可反映该点的 X 和 Y 坐标，即 $a(x、y)$；

A 点的 V 面投影 a'，可反映该点的 X 和 Z 坐标，即 $a'(x、z)$；

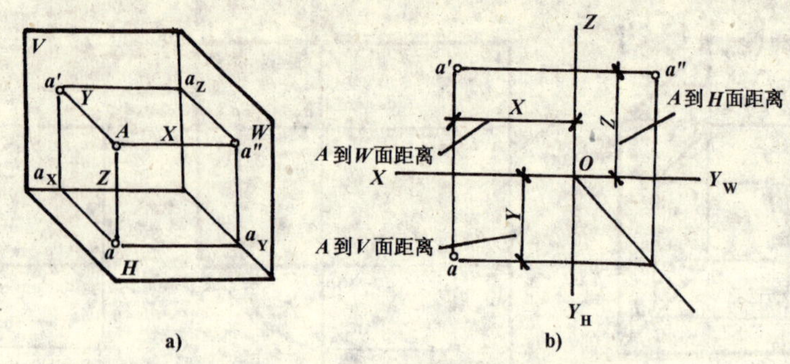

图 2-18　点的坐标

A 点的 W 面投影 a''，可反映该点的 Y 和 Z 坐标，即 $a''(y、z)$。

空间点 A 若用坐标表示，可写成 $A(X、Y、Z)$。如果已知点 A 的三投影 a、a' 和 a''，可从图上量出该点的三个坐标值；反之，如果已知 A 点的三个坐标，就能作出该点的三面投影。

例 2-3: 已知点 $B(18、15、20)$，求作 B 点的三面投影及立体图。

分析：作此类题主要根据点的投影规律及坐标。

作图：方法步骤如图 2-19、图 2-20 所示。

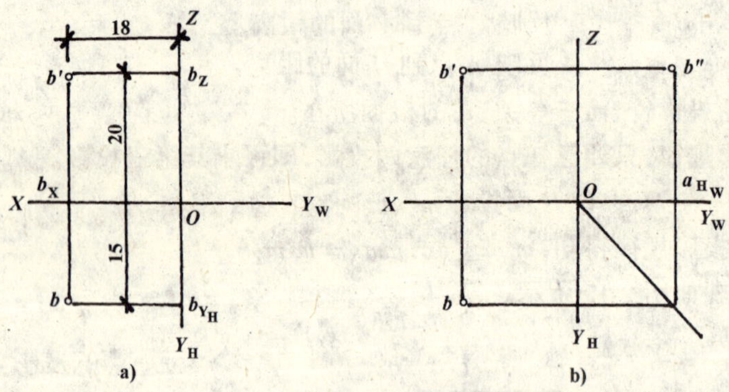

图 2-19　根据点的坐标作投影图

a)画投影轴，在 OX 轴上量 $b_X = 18$，过 b_X 作 OX 轴的垂线，在该线上量取 $b_Xb = 15$，$b_Xb' = 20$，得 b、b'；b)依 b、b' 求 b''

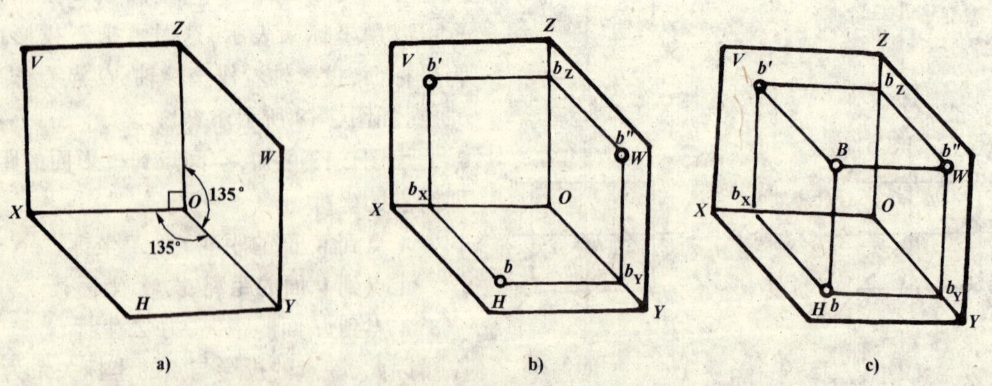

图 2-20　根据点的坐标作立体图

a)作三投影面体系的直观图；b)在轴上分别截取 $Ob_X = 18$，$Ob_Y = 15$，$Ob_Z = 20$，并过 b_X、b_Y、b_Z 点作轴的平行线分别交于 b、b'、b''；c)自 b、b'、b''、分别作 OZ、OY、OX 轴平行线，交于一点即为空间点 B

2. 特殊位置点的投影

在投影面上、投影轴上或原点上的点，都称为特殊位置点，其投影如表 2-1 所示。

特殊位置点的投影 表 2-1

	点在投影面上（点 C 在 H 面上）	点在投影轴上（点 D 在 Z 轴上）	点在原点上（E 点）
直观图	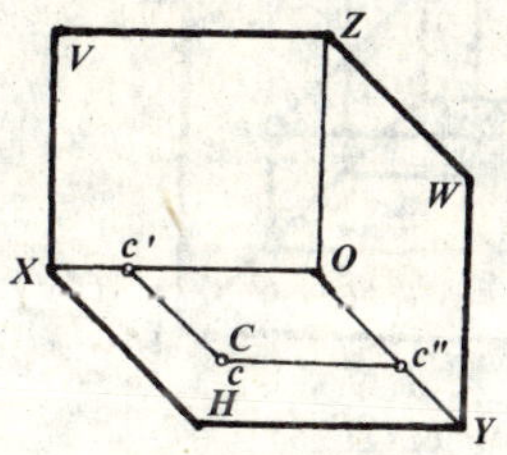 V Z W X c′ O C c c″ H Y	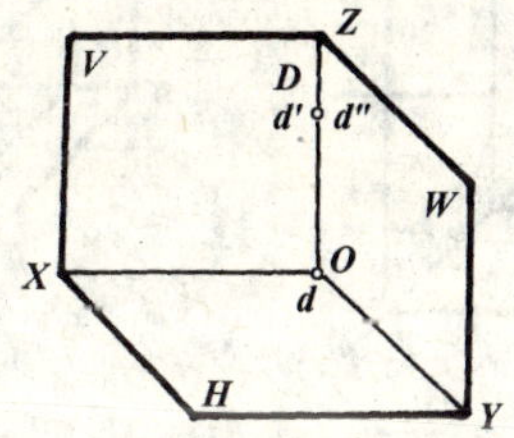 V Z D d′ d″ W X O d H Y	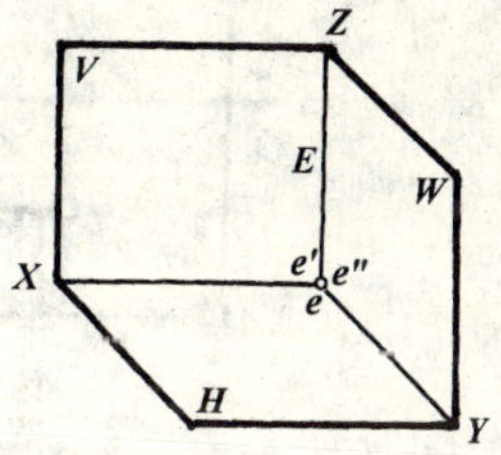 V Z E W X e′ e″ e H Y
投影图	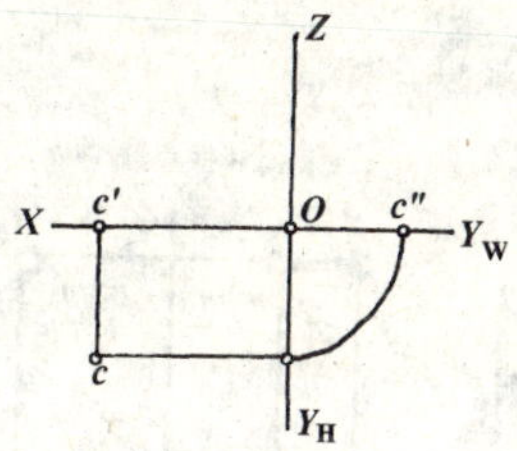 Z X c′ O c″ Y_W c Y_H	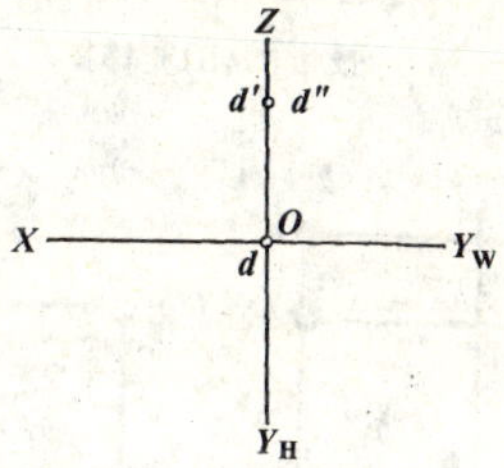 Z d′ d″ X O d Y_W Y_H	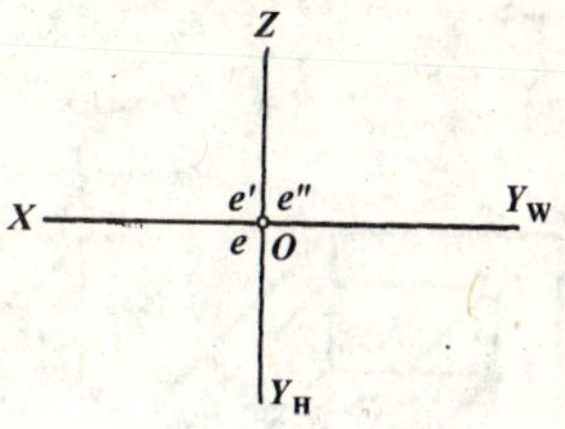 Z X e′ e″ e O Y_W Y_H
投影特性	1.点的一个坐标值为零，即点到该投影面的坐标值为零，如：$C(X、Y、0)$ 2.点在该投影面上的投影与空间点重合；其他两投影在相应的投影轴上	1.点的两个坐标值为零，点所在坐标轴上的坐标值不为零，如：$D(0、0、Z)$ 2.点的其他两投影在投影轴上与空间点重合；另一个投影在原点	1.点的三个坐标值均为零，如：$E(0、0、0)$ 2.点的三面投影都在原点 O 与空间点重合

三、两点的相对位置和重影点

1.两点的相对位置

两点的相对位置是指两点之间的前后、左右、上下位置关系。判别两点的相对位置，可以根据它们的坐标来判别，如图 2-21 所示。现以 M、N 点为例，说明 M、N 两点的相对位置。因 $Z_N < Z_M$，表示 N 点在 M 点的下方（Z 坐标表示上下位置）；$X_N > X_M$，表示 N 点在 M 点的左边（X 坐标表示左右位置）；$Y_N > Y_M$，表示 N 点在 M 点的前方（Y 坐标表示前后位置）。总的来说，N 点在 M 点的左、下、前方 10、9、4 个单位。

2.重影点及其可见性

1）重影点

当空间两点位于某一投影面的同一垂直线上（即两同名坐标对应相等）时，则此两点在该投影面上的投影必重合，这两点称为对该投影面的重影点。如图 2-22a）所示，A、B 两点位于 H 面的同一投射线上，这时称 A 点在 B 点的正上方，B 点则在 A 点的正下方；同理，C 点在 D 点的正前方；E 点在 F 点的正左方，如图 2-22c）、d）所示。

重影点的表示方法：重影点的投影并列写出，可见点在左，不可见点在右，如：ab；或者把不可见点用圆括号括起来，如：$a(b)$。

2）可见性的判别

对于重影点，必须判别其可见性，其判别方法概括为：

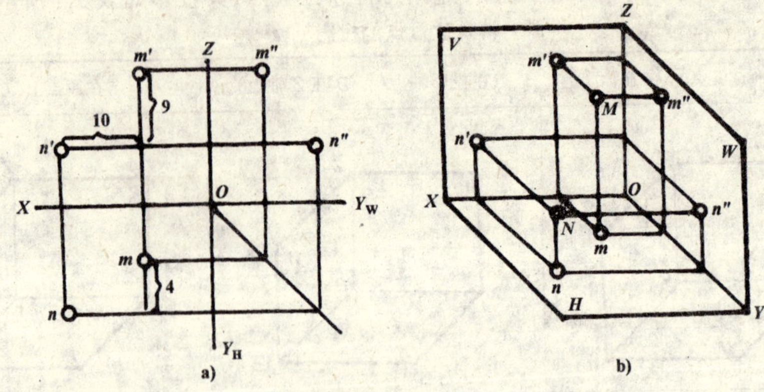

图 2-21 两点的相对位置

a)投影图;b)立体图

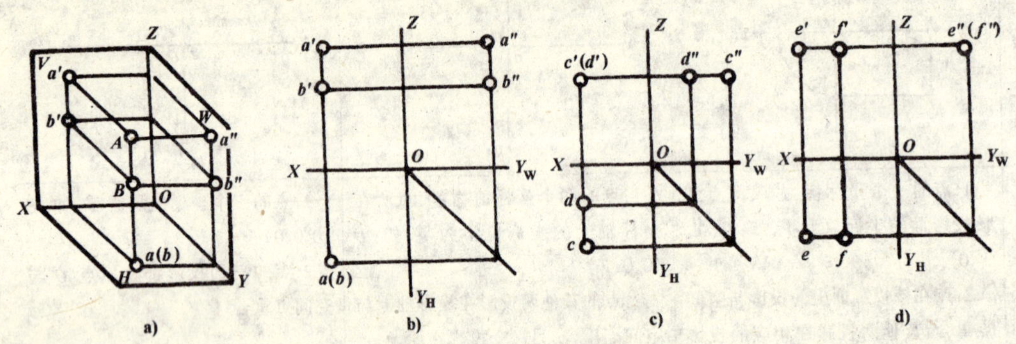

图 2-22 重影点及其可见性的判别

a)立体图;b)、c)、d)投影图

(1)采用点对该投影面的坐标值来判断(其他两同名坐标对应相等),坐标值大者为可见点,小者为不可见点,如 $Z_A > Z_B$,故 A 点为可见点。

(2)采用投影方向来判断,先被投影到的点为可见点,反之为不可见点。

第三节 直线的投影

由初等几何可知,两点确定一直线,故只要找出直线上任意两点的投影,连接其同面投影,即为直线的投影。我们通常把线段说成直线,以后所讲的直线均为线段。

按直线与投影面的相对位置可把直线分为:一般位置直线、投影面平行线、投影面垂直线三种,后两种又称为特殊位置线。

一、一般位置直线

倾斜于各个投影面的直线称为一般位置直线(简称一般线)。

如图 2-23 所示,为一般位置直线的立体图及投影图。直线和它在某一投影面上的投影所成的锐角,称为直线对该投影面的倾角。直线对 H、V、W 面的倾角分别用 α、β、γ 表示,见图 2-23a)。

1.一般位置直线的投影特性

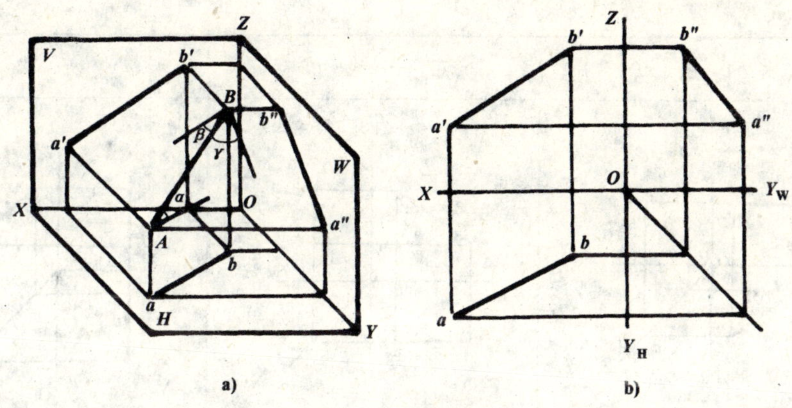

图 2-23　一般位置直线

a)立体图;b)投影图

由图 2-23 可知,一般位置直线的投影特性概括如下:

(1)直线的三面投影都倾斜于投影轴,且小于实长。

(2)各投影与相应投影轴的夹角,不反映直线对投影面的真实倾角。

2.一般位置直线的判断

1)根据直线的投影判断

如果一条直线的三面投影都倾斜于投影轴,则空间直线为一般位置直线,见图 2-23b)。

2)根据直线上点的坐标值判断

即:如果一条直线上所有点的三个同名坐标都不对应相等,则空间直线为一般位置直线,如图 2-23 中,$X_A \neq X_B$、$Y_A \neq Y_B$、$Z_A \neq Z_B$。

二、投影面平行线

平行于某一投影面,倾斜于其他两投影面的直线,称为投影面平行线(简称平行线)。

1.投影面平行线的分类

投影面平行线分为三类:

(1)水平面平行线——平行于 *H* 面的直线(简称水平线)。

(2)正面平行线——平行于 *V* 面的直线(简称正平线)。

(3)侧面平行线——平行于 *W* 面的直线(简称侧平线)。

三种直线的立体图及投影图如表 2-2 所示。

投影面平行线　　表 2-2

	水平线 *AB*	正平线 *CD*	侧平线 *EF*
直观图	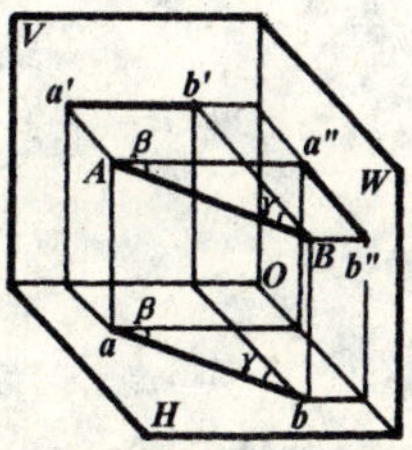	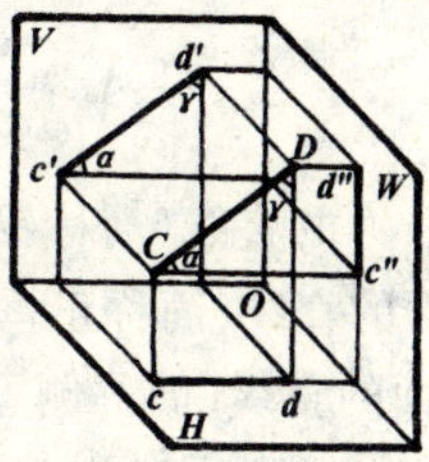	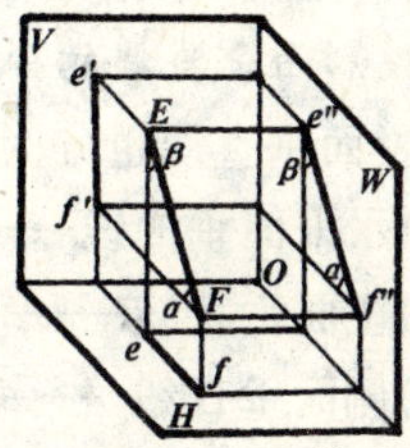

续上表

	水平线 AB	正平线 CD	侧平线 EF
投影图	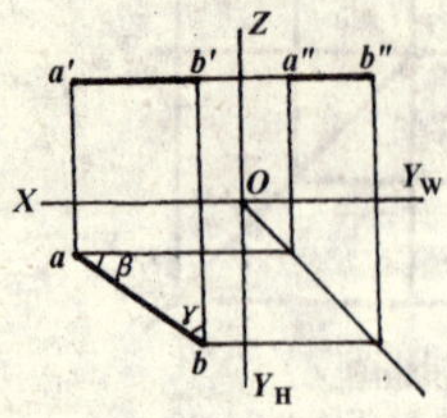	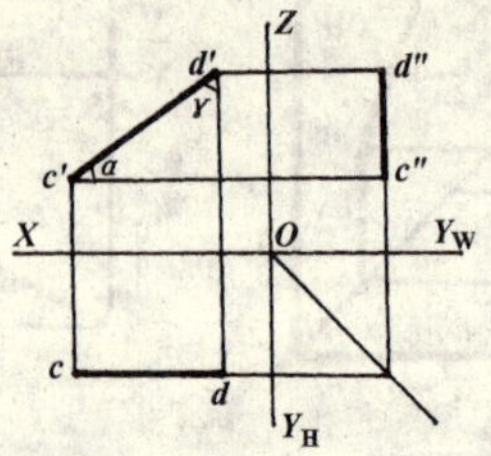	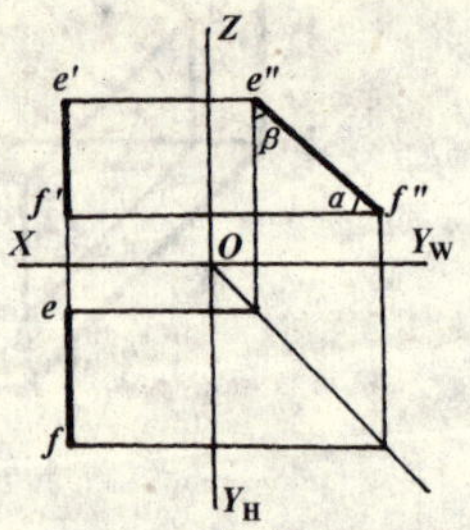
投影特性	1. 在 H 面投影反映实长 2. β、γ 分别反映 AB 与 V、W 面的倾角 3. V、W 两面的投影分别平行于 X、Y 两轴，但比实长短	1. 在 V 面投影反映实长 2. α、γ 分别反映 CD 与 H、W 面的倾角 3. H、W 两面的投影分别平行于 X、Z 两轴，但比实长短	1. 在 W 面投影反映实长 2. α、β 分别反映 EF 与 H、V 面的倾角 3. H、V 两面的投影分别平行于 Z、Y 两轴，但比实长短

2. 投影面平行线的投影特性

根据表 2-2 可将平行线的投影特性概括如下：

(1)直线在所平行投影面上的投影反映实长，且倾斜于相应的投影轴，与相应投影轴的夹角，反映直线对其他两投影面的真实倾角。

(2)其他两投影平行于相应的投影轴，且小于实长。

3. 投影面平行线的判断

1)根据直线的投影判断

如果一条直线的三面投影中，仅有一面倾斜于相应的投影轴，则空间直线平行于该投影面，如表 2-2 中直线 AB 在 H 面上的投影倾斜于 X、Y_H 投影轴，则 $AB /\!/ H$ 面。

2)根据直线上点的坐标值判断

如果一条直线上所有点仅有一个同名坐标值相等，则空间直线为平行线，如表 2-2 中直线 A_B 上所有点的 Z 坐标都相等，即 $Z_A = Z_B = \cdots\cdots$，则 AB 为水平线。

例 2-4: 已知水平线 $AB = 20\text{mm}$，$\beta = 30°$，点 $A(25、10、20)$，B 点在 A 点右前方，求作直线 AB 的投影。

作图：方法步骤如图 2-24 所示。

三、投影面垂直线

垂直于某一投影面的直线(必平行于其他两投影面)，称投影面垂直线(简称垂直线)。因此，投影面垂直线是投影面平行线的特例。

1. 投影面垂直线的分类

投影面垂直线也分为三类：

(1)水平面垂面线——垂直于 H 面的直线(简称铅垂线)。

(2)正面垂直线——垂直于 V 面的直线(简称正垂线)。

(3)侧面垂直线——垂直于 W 面的直线(简称侧垂线)。

三种直线的立体图及投影图如表 2-3 所示。

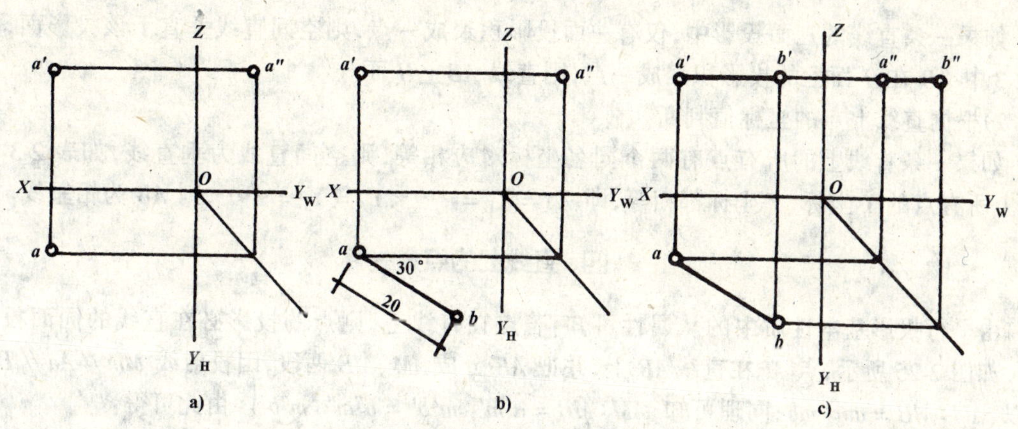

图 2-24　作水平线的投影

a)根据点 A 的坐标，作点 A 的三面投影；b)过 a 作 ab 向右前方与 X 轴成 30°，且 $ab=20$mm；c)过 a'、a'' 分别作 OX、OY_W 轴的平行线，并根据 b 求出 b'、b'' 即得 AB 直线的投影

投影面垂直线　　表 2-3

	铅垂线 AB	正垂线 CD	侧垂线 EF
直观图			
投影图			
投影特性	1.在 H 面投影积聚成一点 2.在 V、W 面的投影分别垂直于 X、Y 两轴，且反映实长	1.在 V 面投影积聚成一点 2.在 H、W 面的投影分别垂直于 X、Z 两轴，且反映实长	1.在 W 面投影积聚成一点 2.在 V、H 面的投影分别垂直于 Z、Y 两轴，且反映实长

2.投影面垂直线的投影特性

根据表 2-3，可将投影面垂直线的投影特性概括如下：

(1)直线在所垂直投影面上的投影积聚成一点。

(2)其他两投影垂直于相应的投影轴，且反映实长。

3.投影面垂直线的判断

1)根据直线投影的积聚性判断

如果一条直线的三面投影中，仅有一面投影积聚成一点，则空间直线垂直于该投影面，如表2-3中 AB 在 H 面上的投影积聚成一点，则直线 $AB \perp H$ 面。

2)根据直线上点的坐标值判断

如果一条直线上的所有点有两个同名坐标对应相等，则空间直线为垂直线，如表2-3中 AB 上所有点的 X 坐标、Y 坐标都相等，即 $X_A = X_B = \cdots\cdots$、$Y_A = Y_B = \cdots\cdots$，则 AB 为铅垂线。

四、直线上的点

由平行投影基本性质中的从属性可知：若点在直线上，则点的投影必在直线的同面投影上。如图2-25所示，点 M 在直线 AB 上，并把 AB 分成 AM、MB 两段，因投射线 $Mm // Aa // Bb$，所以，$AM : MB = am : mb$；同理可知，$AM : MB = a'm' : m'b' = a''m'' : m''b''$。由此可得：

如果点分割线段成定比，则其投影也把线段的投影分成相同的比例，这就是点的定比分割特性。反之，若点的各面投影都在线段的同面投影上，且分线段的投影成相同的比例，则该点一定在此线段上。

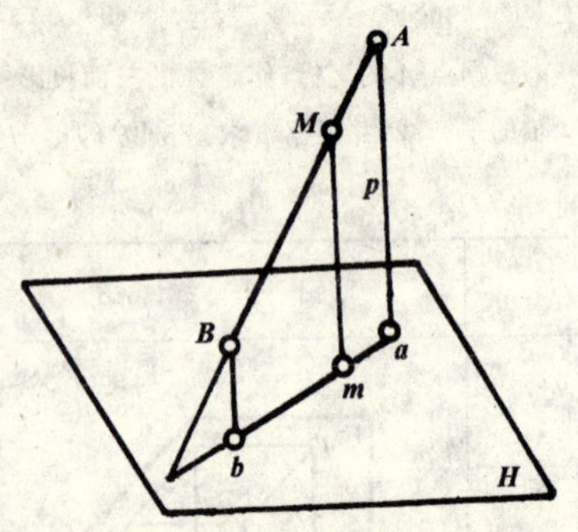

图2-25 直线上的点

一般情况下，用两面投影即可直观地判断点是否在直线上。如图2-26所示，A、D 两点在直线MN上，而 B、C 两点不在直线 MN 上。

当直线为特殊位置直线时，如图2-27所示的侧平线 CD 及点 K，点 K 的两面投影均在 CD 的同面投影上，但点 K 的投影分线段的投影不成相同的比例，作图可以求出 k''，看其是否在 $c''d''$ 上；也可用定比关系。这两种作图方法见图2-27 b)、c)。

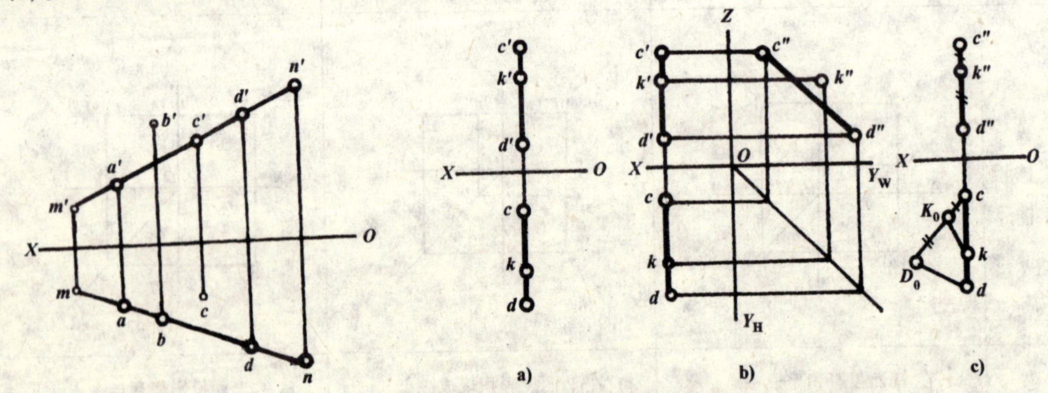

图2-26 点是否在直线上

图2-27 判断点是否在直线上

通过图2-27b)作图可知，K 点不符合点的从属性；而从图2-27c)中可以看出，点 K 不符合点的定比分割特性，故 K 点不在直线 CD 上。

五、两直线的相对位置

空间两直线的相对位置有平行、相交和交叉三种情况，前两种为同面直线，后一种为异面直线。

1.两直线平行

如图 2-28a)所示，两直线 $AB // CD$，根据平行投影的基本性质中的平行性，可得出如下结论：如果空间两直线平行，则其同面投影必平行。即：$ab//cd$、$a'b'//c'd'$、$a''b''//c''d''$，如图2-28 b)所示。反之，如果空间两直线的同面投影均平行，则空间两直线一定平行。

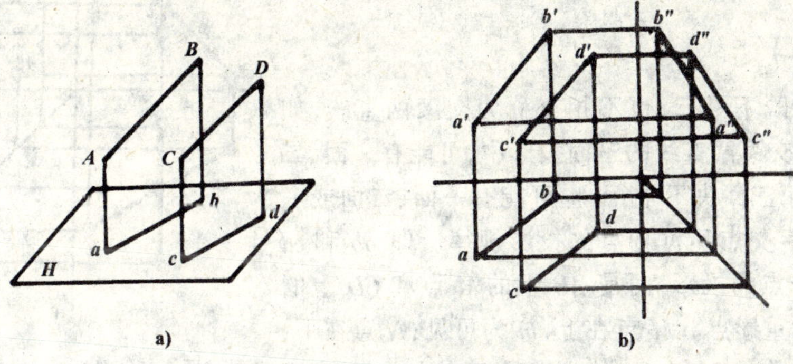

图 2-28　两直线平行

判断两直线是否平行的方法：

(1)一般位置直线，只要任意两同面投影平行，则空间两直线一定平行；

(2)特殊位置直线，仅有两同面投影平行还不能判断空间两直线平行，还需借助第三面投影。如图 2-29 所示，CD、EF 为两侧平线，虽然 $cd//ef$、$c'd'//e'f'$，但其 W 面投影不平行，因此，空间 CD、EF 两直线不平行。

2.两直线相交

如图 2-30a)所示，AB、CD 为两相交直线，其交点 K 为两直线的共有点，它既是 AB 上的点，又是 CD 上的点。根据平行投影的从属性可知，K 点的 H 面投影既在 ab 上，同时又在 cd 上，故 ab、cd 必相交于 k 点，如图 2-30b)所示；同理，$a'b'$、$c'd'$ 相交于 k' 点，$a''b''$、$c''d''$ 相交于 k'' 点。由此可得出如下结论：

如果两直线相交，则其同面投影必相交，且其同面投影的交点必符合点的投影规律；反之，若空间两直线的同面投影均相交，且其交点符合点的投影规律，则空间两直线必相交。

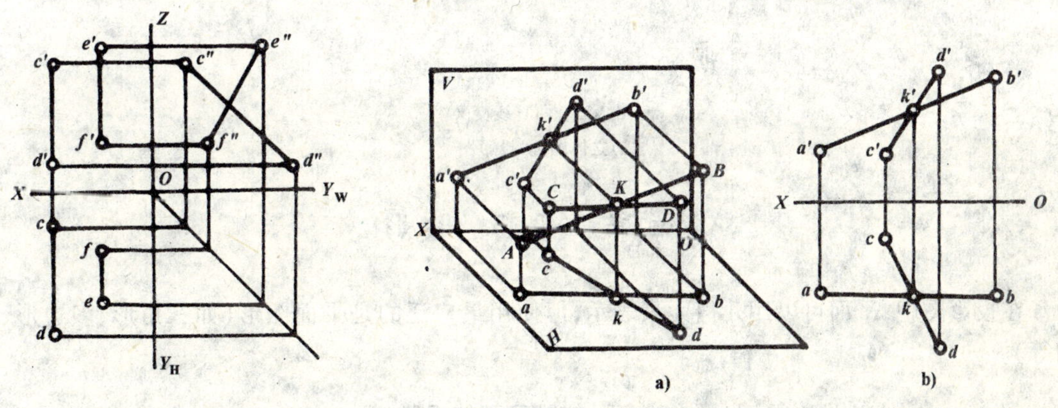

图 2-29　判断两直线是否平行

图 2-30　两直线相交
a)立体图；b)投影图

判断两直线是否相交的方法：

(1)判断两一般位置直线是否相交时，只要两直线的任意两同面投影相交，且交点连线垂直于相应的投影轴，则空间两直线一定相交；

(2)对特殊位置线，仅有两同面投影相交，且交点连线垂直于相应的投影轴，还不能判断空间两直线是否相交，需借助第三面投影或者运用点的定比分割特性来判断，如图 2-31 所示。

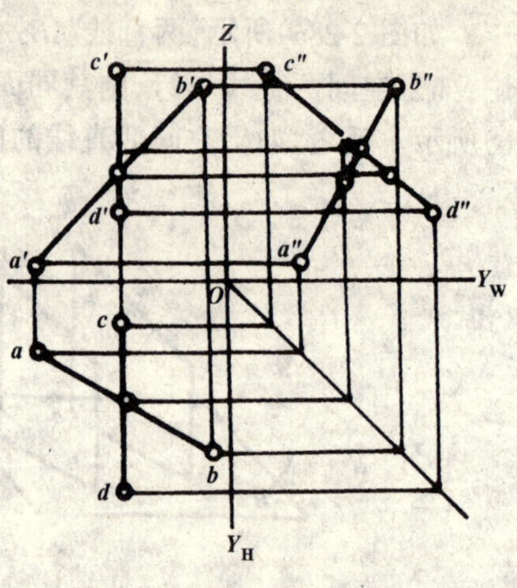

图 2-31 判断两直线是否相交

3.两直线交叉

空间两直线既不平行，也不相交称为交叉两直线，如图 2-32a)所示。交叉两直线的三面投影中，可能有一面、二面投影平行，但第三面决不平行；也可能有一面、二面或三面投影都相交，但交点不符合点的投影规律。即 ab 和 cd 的交点不是一个点的投影，而是 AB 上的 M 点和 CD 上的 N 点在 H 面上的重影点。M 点在上，m 为可见；N 点在下，n 为不可见。同样，$a'b'$ 和 $c'd'$ 的交点是 E 点在前，e' 为可见；F 点在后，f' 为不可见，如图 2-32b)所示。

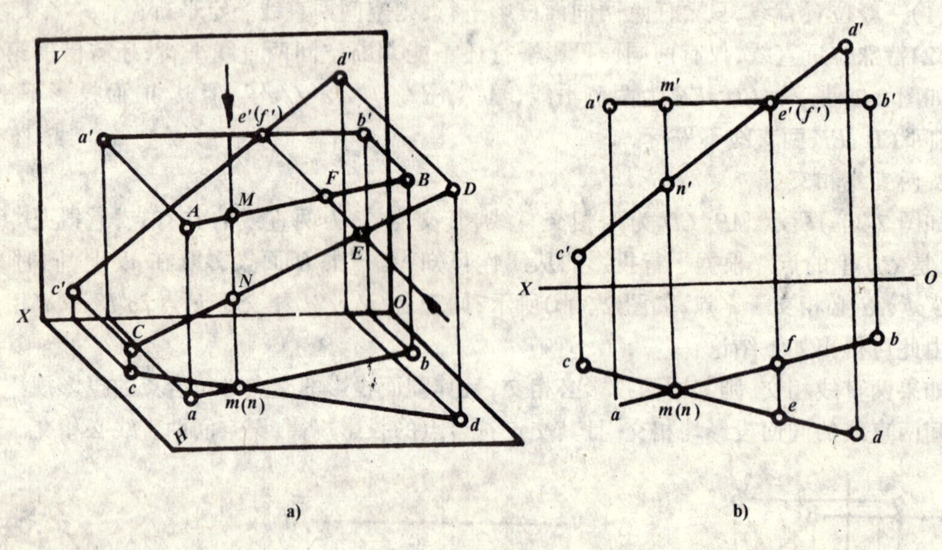

图 2-32 两直线交叉
a)立体图；b)投影图

第四节 平面的投影

在投影图中，平面可以用几何元素表示，但使用最广泛的是平面图形(如三角形、多边形、圆等)。

一、各种位置平面的投影

在三投影面体系中，按空间平面与投影面的相对位置可把平面分为：一般位置平面、投影面平行面、投影面垂直面三种情况，后两种又称为特殊位置平面。

1.一般位置平面

对三个投影面都处于倾斜位置的平面，称为一般位置平面(简称一般面)，如图 2-33a)、b)

所示。由图 2-33 可知一般位置平面的投影特性：一般位置平面的三面投影都反映类似几何图形，但小于实形。

2. 投影面平行面

平行于某一投影面的平面（已含垂直于其他两投影面），称投影面平行面（简称平行面）。分为下列三种情况：

(1) 水平面平行面——平行于 H 面的平面（简称水平面）。

(2) 正面平行面——平行于 V 面的平面（简称正平面）。

(3) 侧面平行面——平行 W 面的平面（简称侧平面）。

投影面平行面的投影及投影特性如表 2-4 所示。

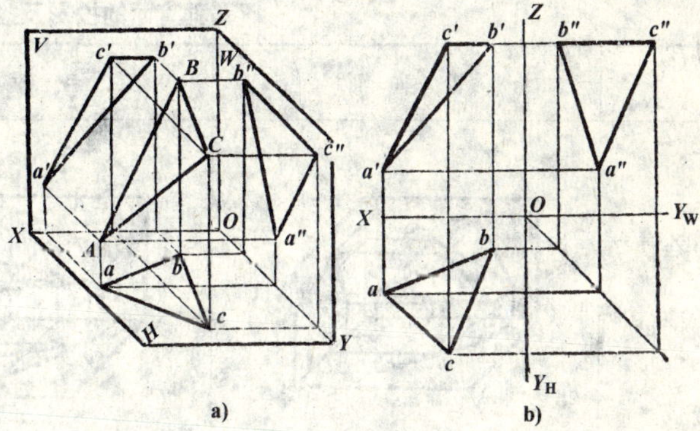

图 2-33　一般位置平面

a) 立体图；b) 投影图

平行面的投影及投影特性　　表 2-4

	水 平 面	正 平 面	侧 平 面
直观图			
投影图			
投影特性	1. H 面投影及映实形 2. V、W 面的投影积聚为一直线，且分别平行于 X、Y 轴，	1. V 面投影积反映实形 2. H、W 面投影积聚为一直线，且分别平行 X、Z 轴	1. W 面投影反映实形 2. V、H 面投影积聚为一直线，日分别平行 Z、Y 轴

归纳起来，投影面平行面的投影特性如下：

(1) 在它所平行的投影面上的投影反映实形。

(2) 其他两投影积聚成与相应投影轴平行的直线。

3. 投影面垂直面

垂直于某一投影面，倾斜于其他两投影面的平面，称为投影面垂直面（简称垂直面）。它分为下列三种情况：

(1) 水平面垂直面——垂直于 H 面，倾斜 V、W 面的平面（简称铅垂面）。

(2) 正面垂直面——垂直于 V 面，倾斜于 H、W 面的平面（简称正垂面）。

(3)侧面垂直面——垂直于 W 面，倾斜于 H、V 面的平面(简称侧垂面)。

投影面垂直面的投影及投影特性如表 2-5 所示。

垂直面的投影及投影特性 表 2-5

	铅垂面	正垂面	侧垂面
直观图	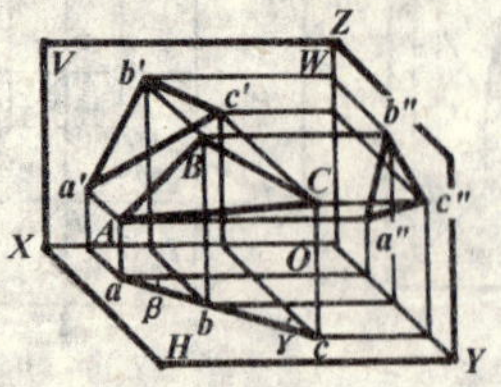	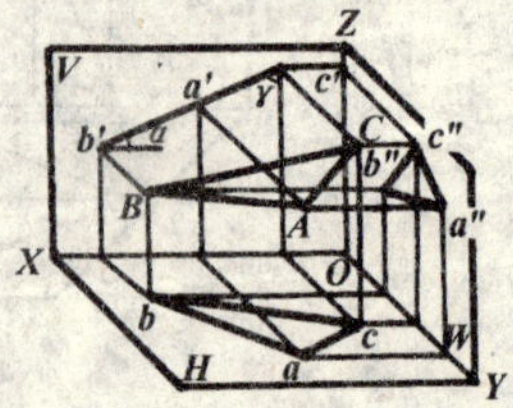	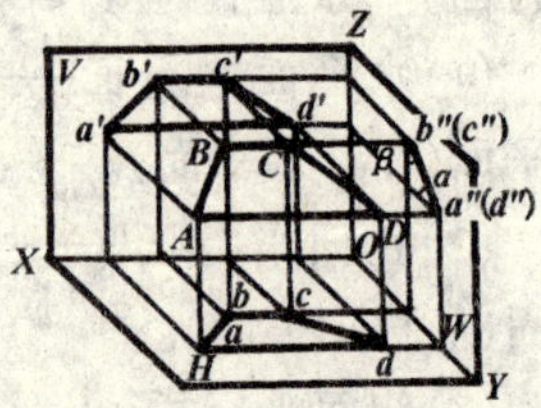
投影图	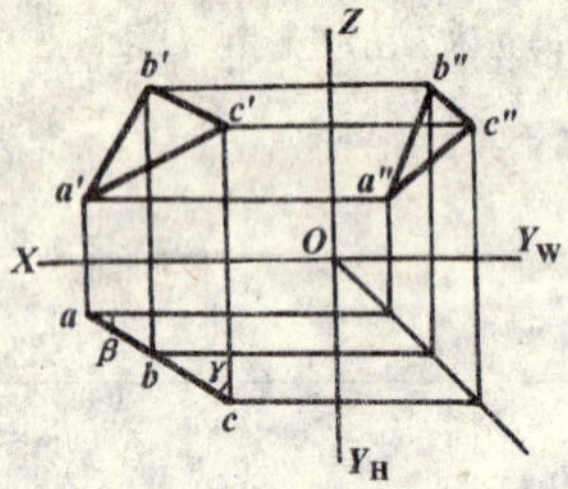	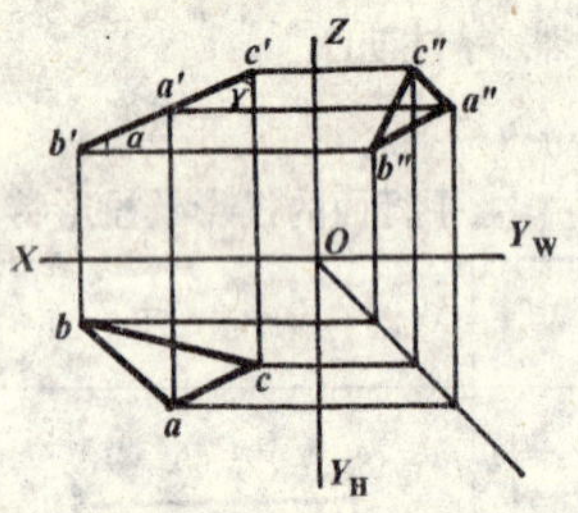	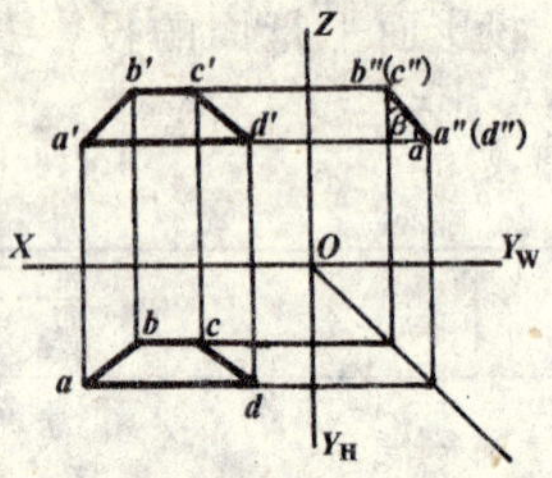
投影特性	1. H 面投影积聚成一直线 2. H 面投影反映平面对 V、W 面的真实倾角 β、γ 3. V、W 面投影是比实形小的类似形	1. V 面投影积聚成一直线 2. V 面投影反映平面对 H、W 面的真实倾角 α、γ 3. H、W 面投影是比实形小的类似形	1. W 面投影积聚成一直线 2. W 面投影反映平面对 H、V 面的真实倾角 α、β 3. H、V 面投影是比实形小的类似形

归纳起来，投影面垂直面的投影特性如下：

(1)在它所垂直的投影面上的投影积聚成一直线，且与相应投影轴的夹角反映直线对其他两投影面的真实倾角。

(2)其他两投影反映类似几何图形，且小于实形。

例 2-5： 已知等腰△ABC 为铅垂面，高为 20mm、$\beta = 30°$、底边 $BC /\!/ H$、且 $BC = 25$mm，求作过已知点 A 的△ABC 的三面投影，如图 2-34 所示。

作图：方法步骤见图 2-34b)。

(1)等腰△ABC 为铅垂面，其水平投影为 $\beta = 30°$的斜线；

(2)水平投影 $bc = 25$mm；高 AD 是 BC 的垂直平分线，且 $AD \perp H$ 面，故 $a'd' = 20$mm。

本题还有其他解法，请读者自己分析。

根据平面的投影图，如何判断平面的空间位置呢？主要是根据平面的投影特性来判断，概括为：在平面的三面投影图中，可根据投影有几面积聚成直线，且积聚的直线处于什么位置来判断平面的种类。

(1)如果平面的三面投影图，均不积聚成直线，则为一般位置面；

(2)如果三面投影图中，有两面积聚成与相应投影轴平行的直线，则此平面为平行面，且该平面平行于投影非积聚的投影面；

(3)如果三面投影图中，有一面积聚成与相应投影轴倾斜的直线，则此平面为垂直面，且该

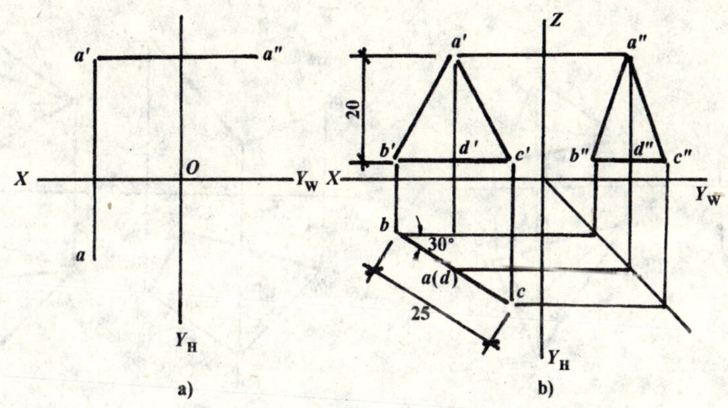

图 2-34　作等腰三角形的投影

平面垂直于投影积聚的投影面。

二、平面上的直线和点

1.平面上的直线

直线在平面上，应具备以下几何条件之一：

(1)如果一条直线通过平面上的两点，则此直线必在该平面上。如图 2-35 所示，在平面 P 上的 AB 和 BC 直线上各取一点 D 和 E，则直线 DE 必在平面 P 上。

(2)如果一条直线通过平面上的一点，且平行于平面上的一条直线，则此直线必在该平面上。见图 2-35，过 P 面上的 C 点作 $CF /\!/ AB$，则直线 CF 必在 P 面上。

2.平面上的点

点在平面上应具备以下几何条件：

如果点在平面内的一条直线上，则此点必在该平面上（即点线面的从属关系）。见图 2-35，AB 在 P 面上，D 点在 AB 上，则 D 点必在 P 面上。

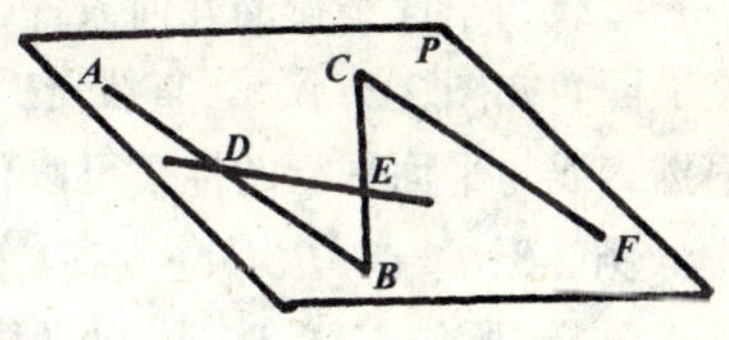

图 2-35　平面上的直线

例 2-6：判断点 K 是否在平面 ABC 上，如图 2-36 所示。

分析：根据点在平面上的几何条件可知，过点 K 在平面上作一条辅助线，就可以判断点是否在平面上。

作图：方法步骤见图 2-36b）。

(1)假设 K 点在平面 ABC 上，过 K 作 $c'e'$，求出 ce 的投影；

(2)水平投影中 ce 不通过 K，所以 K 点不在平面 ABC 上。

例 2-7：已知四边形 $ABCD$ 的 H 面投影和其中两边的 V 面投影，试完成四边形的 V 面投影，如图 2-37 所示。

分析：要想完成四边形 $ABCD$ 的 V 面投影，只要在此面上找出 D 点的 V 面投影 d'，然后顺次连接即可。要想找 d'，主要是根据点、线、面的从属关系，在面上先找辅助线。

作图：方法步骤见图 2-37b）。

(1)连接 ac 和 $a'c'$，再连接 bd 和 ac 交于 m，根据 m 可在 $a'c'$ 上作出 m'；

(2)连接 $b'm'$，过 d 向 ox 轴作垂线，与 $b'm'$ 的延长线相交于 d'，连接 $a'd'$ 和 $d'c'$，$a'b'c'd'$ 即为四边形的 V 面投影。

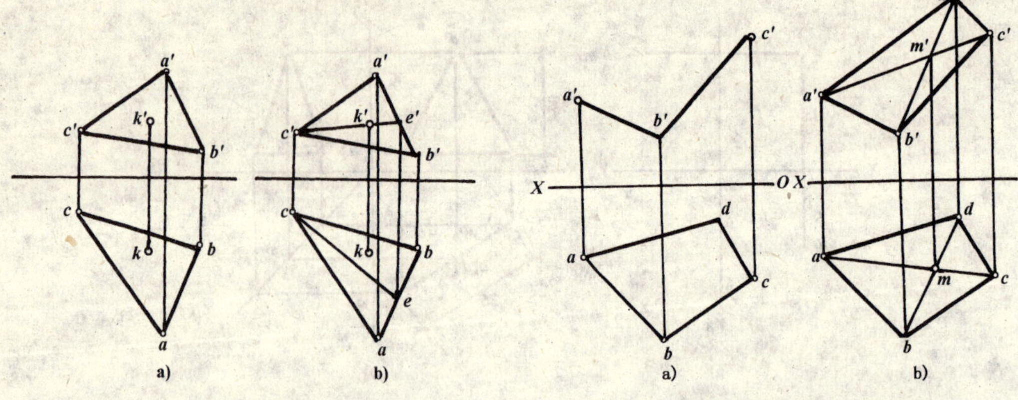

图 2-36 判断 K 点是否在△ABC 上

图 2-37 完成四边形的 V 面投影
a)已知条件;b)作图过程

第五节 直线与平面、平面与平面

直线与平面、平面与平面之间的相对位置,有平行、相交和垂直三种情况(垂直是相交的特殊情况)。下面仅介绍平行、相交两种情况。

一、直线与平面、平面与平面平行

1.直线与平面平行

直线与平面平行的几何条件:如果一条直线平行于平面上的任意一条直线,则此直线平行于该平面。如图 2-38 所示,直线 *AB* 与平面 *P* 上的任一直线 *CD*(或 *EF*)平行,则 *AB* 平行于 *P* 面。根据直线与平面平行的性质可以作出与平面平行的直线,也可以判断直线是否与平面平行。

例 2-8: 过△*ABC* 外一点 *D*,作一水平线 *DE* 与△*ABC* 平行,如图 2-39 所示。

分析:所作直线 *DE* 为水平线且平行于已知平面 *ABC*,故直线 *DE* 必须符合水平线及直线与平面平行的几何条件。

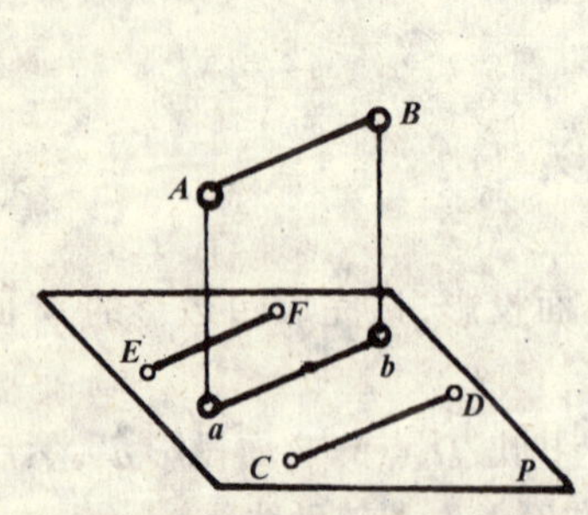

图 2-38 直线和平面平行

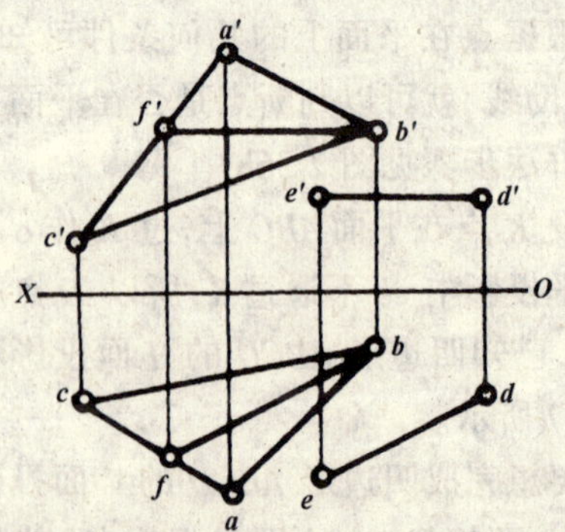

图 2-39 过已知点作水平线平行已知平面

作图:

(1)在△ABC 上任作一条水平线 BF($b'f'$、bf)

(2)过 d' 作 $d'e' /\!/ b'f'$,过 d 作 $de /\!/ bf$,则 DE($d'e'$、de)即为所求。

例 2-9: 已知四边形 $ABCD$ 平面外一直线 MN,试检查 MN 是否与该平面平行,如图 2-40 所示。

分析:判断直线与平面是否平行,看其是否符合直线与平面平行的几何条件。

作图:

(1)在平面 $ABCD$ 的投影图上任作 $b'e' /\!/ m'n'$,并与 $c'd'$ 交于 e';

(2)由 e' 求 e,连 be,因 $be /\!/ mn$,符合直线与平面平行的性质,故 MN 与平面 $ABCD$ 平行。

2. 平面与平面平行

平面与平面平行的几何条件:如果一平面上的两条相交直线与另一平面上的两条相交直线对应平行,则两平面平行。

例 2-10: 判断△ABC 和△DEF 两平面是否平行,如图 2-41 所示。

分析:判断两平面是否平行,看其是否符合两平面平行的几何条件。

作图:

过△ABC 上的任一点 A 作两条相交直线 AG 和 AK,它们的 V 面投影 $a'g' /\!/ d'e'$、$a'k' /\!/ d'f'$,由 $a'g'$ 和 $a'k'$,作出 ag 和 ak,因 $ag /\!/ de$、$ak /\!/ df$,故△$ABC /\!/$ △DEF。

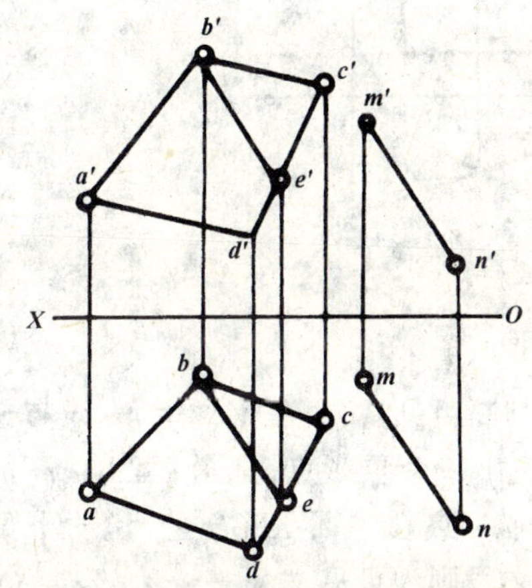

图 2-40 判断直线与平面是否平行

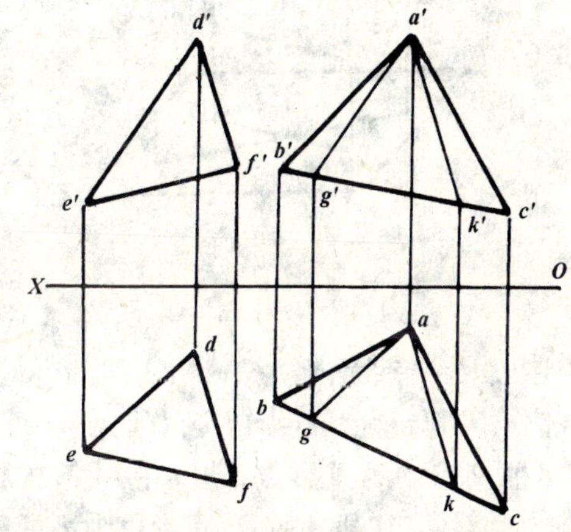

图 2-41 判断两平面是否平行

二、直线与平面、平面与平面相交

1. 直线与平面相交

直线与平面相交,必有一个交点,此交点既在直线上也在平面上,是直线与平面的共有点。直线与平面相交,主要是求交点的投影及判断重叠部分的可见性。

1)垂直线与一般位置平面相交

如图 2-42a)所示为一条正垂线 MN 与一般位置平面 ABC 相交,因为正垂线 MN 在 V 面投影上积聚成一点,交点 k' 必与 $m'n'$ 重合;又因为 K 点在△ABC 平面上,所以 K 点的水平投影 k 可用平面上取点的方法求得,如图 2-42b)所示,在 H 面上,k 点为直线可见与不可见部分的分界点。判断直线与平面重叠那一段(称重影段)的可见性,可利用交叉直线重影点的可见性来判别,如图 2-42b)所示,mn 与 bc、ba 的交点均为重影点,可任选其中的一个重影点如 1(2),它

们是 MN 上的1点和 BC 上的2点在 H 面上的重影点，由 V 面投影可知，$1'$ 点在上，即 nk 重影段可见(画实线)，而 mk 重影段则为不可见(画虚线)。

2)一般位置直线与特殊位置平面相交

此种情况可利用特殊位置平面的积聚性，先在积聚一面求出交点，然后求其对应点，最后判别线面重影部分的可见性。

如图2-43a)所示为一般位置直线 MN 与铅垂面 $ABCD$ 相交的立体图，分析图2-43b)可以看出，直线 MN 的水平投影 mn 与铅垂面 $ABCD$ 的水平投影 $abcd$ 的共有点为 k，k 即为 $ABCD$ 与 MN 的交点的水平投影，由 k 求得 k'。

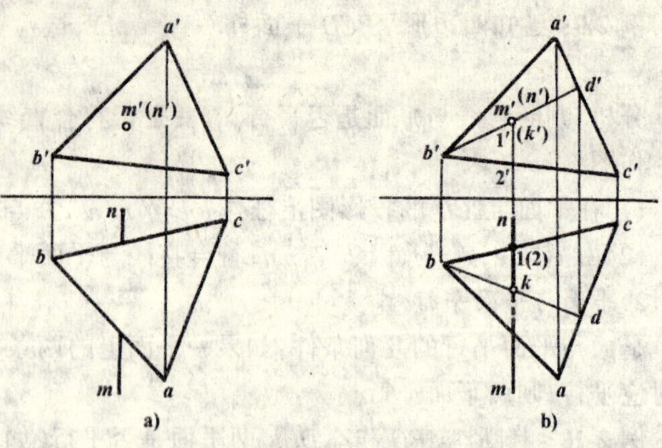

图2-42　正垂线与一般位置平面相交

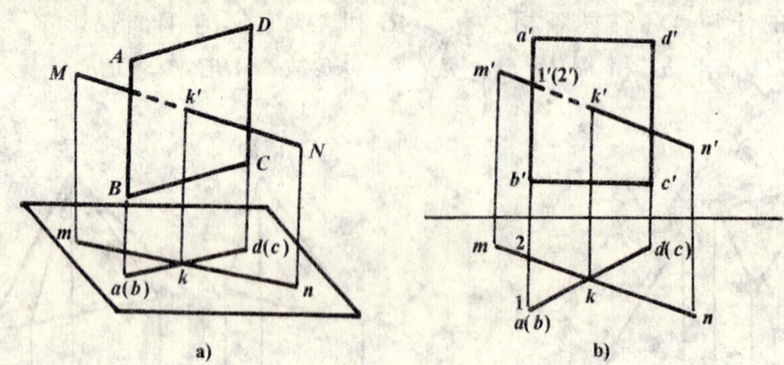

图2-43　一般位置直线与铅垂面相交

因为 $ABCD$ 为铅垂面，在 H 面上，直线都可见，不需要判断可见性；而在 V 面上，直线与平面有重影部分，需判断直线重影部分的可见性，可在 V 面找出一个重影点，见图2-43b)，$m'n'$ 与 $a'b'$、$c'd'$ 的交点均为重影点，选其中一个 $1'(2')$ 来判断，1点在平面 $ABCD$ 上，说明平面 $ABCD$ 在前，而直线 KM 段在后，故重影段为不可见；KN 重影段则为可见。

综上所述：求直线与平面相交的交点(两者其中一个为特殊位置)可概括如下：

(1)求交点：先利用特殊位置面(或线)的积聚性，求出交点，然后求其对应点。

(2)判断线面重影部分的可见性：判别某个投影面重影部分的可见性，应在某个投影面上找一个重影点，若可见点在线上，则该线段重影部分为可见，反之为不可见(注意：交点是线段可见与不可见部分的分界点)。

2.平面与平面相交

两个平面相交，必相交成线，其交线为两平面的共有直线。两平面相交，主要是求交线的投影，并判断重影部分的可见性。求两平面的交线，可以根据直线与平面相交求交点的方法，求出其中一个平面上两直线与另一个平面的两个交点，将交点的同面投影相连，即得交线的投影，交线是两个平面重影部分可见与不可见部分的分界线。

1)两个特殊位置平面相交

相交的两个平面为特殊位置时，其交线可利用特殊位置平面的积聚性直接求出。

如图 2-44a)所示，正平面 *ABC* 和铅垂面 *DEF* 相交，其交线 *MN* 为两个平面的共有线，由于两平面在 *H* 面上的投影均有积聚性，所以 *H* 面的共有部分即为两者的交线 *mn*(铅垂线)，如图 2-44b)，然后求其对应点 m'、n'，连接 $m'n'$ 即为 *V* 面交线。再在 *V* 面从六个重影点中找出一个来判别重影部分的可见性，如图 2-44b)中的 1′(2′)，因 1 点在 *EF* 上，且在前，所以 $e'f'$ 重影部分为可见，画成实线；2 点在 *AB* 上，且在后，所以 *MB* 重影部分为不可见，画成虚线。两平面重影部分的可见与不可见，以交线为界。对同一平面上的重影部分，在交线一侧虚实一致；两个平面在交线同一侧重影部分的虚实则相反，见图 2-44b)。

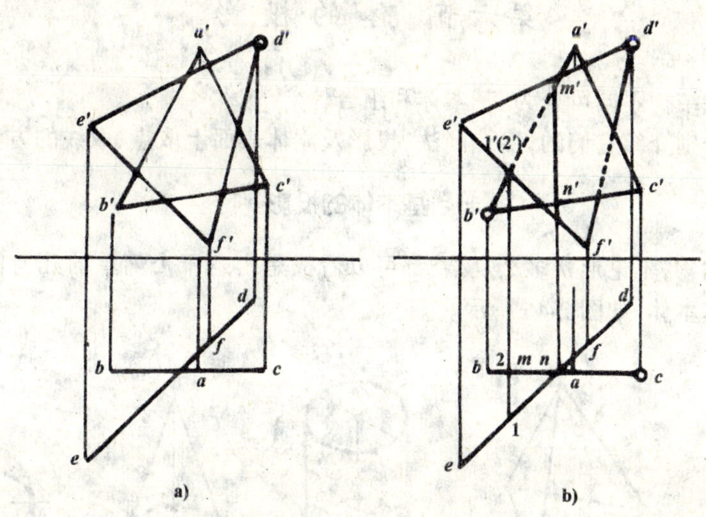

图 2-44　两特殊位置平面相交

2)一般位置平面与特殊位置平面相交

在这种情况中，由于一个平面是特殊位置，所以可利用该平面的积聚性，求出两个平面交线的一个投影，然后再求其他投影。

如图 2-45 所示，为一般位置平面 *ABC* 与铅垂面 *DEFG* 相交。在 *H* 面投影上可以看出，交线 *mn* 必然积聚在 *defg* 上，也必在△*ABC* 上(交线在两平面的共有范围内)，点 *m*、*n* 分别为 *ab*、*ac* 与 *defg* 的交点。由此就可以求出 $a'c'$ 上的 m' 和 $a'b'$ 上的 n'，连接 $m'n'$ 即为交线的 *V* 面投影。然后判断 *V* 面重影部分的可见性，判断方法，同图 2-44b)，即在 *V* 面几个重影点中任找一

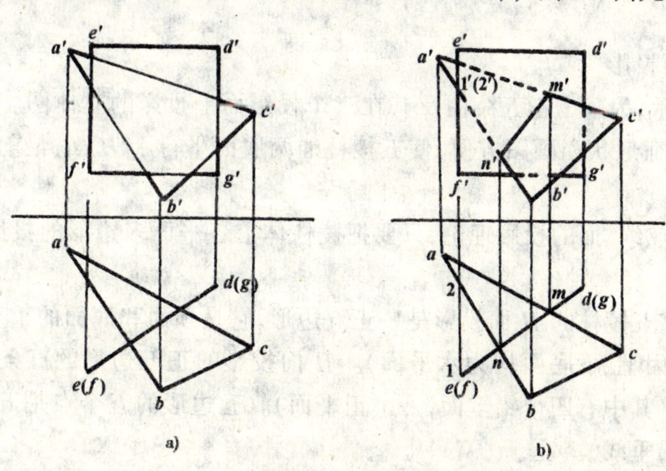

图 2-45　一般位置平面与特殊位置平面相交

个来判断,见图 2-45b)。

综上所述:求两平面(其中必有一个平面为特殊位置平面)的交线,可概括如下:

(1)求交线:可利用特殊位置平面的积聚性,先在平面所积聚的投影面上找出交线,然后求出对应线。

(2)判断重影部分的可见性:判断某个投影面重影部分的可见性,应在某个投影面上,从几个重影点中任找一个重影点来判断(注意:交线是重影部分可见与不可见部分的分界线)。

第六节 体的投影

立体按其组成结构不同可分为:基本体和组合体。

下面我们将分别介绍它们的性质、画法、投影及立体表面上取点、取线的方法。

一、基本体的投影

任何工程结构物,不论形状多么复杂,都可以看成是由若干个简单的几何体组成,这些简单的几何体称为基本体,如图 2-46 所示。

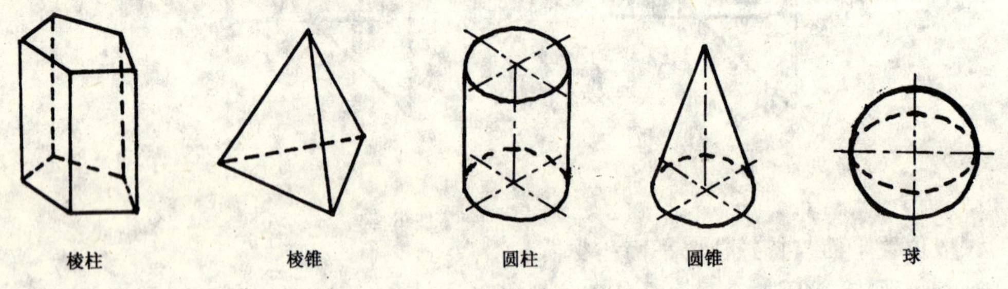

图 2-46 常见的基本体

基本体按其表面性质不同分为两大类:平面立体、曲面立体。

(1)平面立体——由平面多边形所围成的立体,如棱柱体和棱锥体等。

(2)曲面立体——由曲面或曲面与平面所围成的立体,如圆柱体、圆锥体、球等。

1.平面立体的投影

1)棱柱体

(1)棱柱的三面投影

如图 2-47a)所示,为一个正五棱柱及其在三个投影面上投影的立体图。为了使棱柱的投影能表达棱柱的特征形状和画图方便,使五棱柱的两底面平行于 H 面,最前面的一个棱面平行于 V 面。

画图时,运用点、线、面的投影理论,只要把棱柱体上各平面多边形的投影画出,就能显示棱柱体的投影。

在图 2-47b)中,五棱柱的 H 面投影是一正五边形,它是顶面和底面的重合投影,并且反映上、下底面的实形(因上、下底面均为水平面)。H 面投影的正五边形的五条边是棱柱体五个棱面的积聚性投影(其中有四个铅垂面,一个正平面)。五边形的五个点是五棱柱五个棱的积聚点(五条棱均为铅垂线)。

V 面投影的上、下两段水平线,是底面、顶面的积聚性投影。五棱柱最前面的棱面

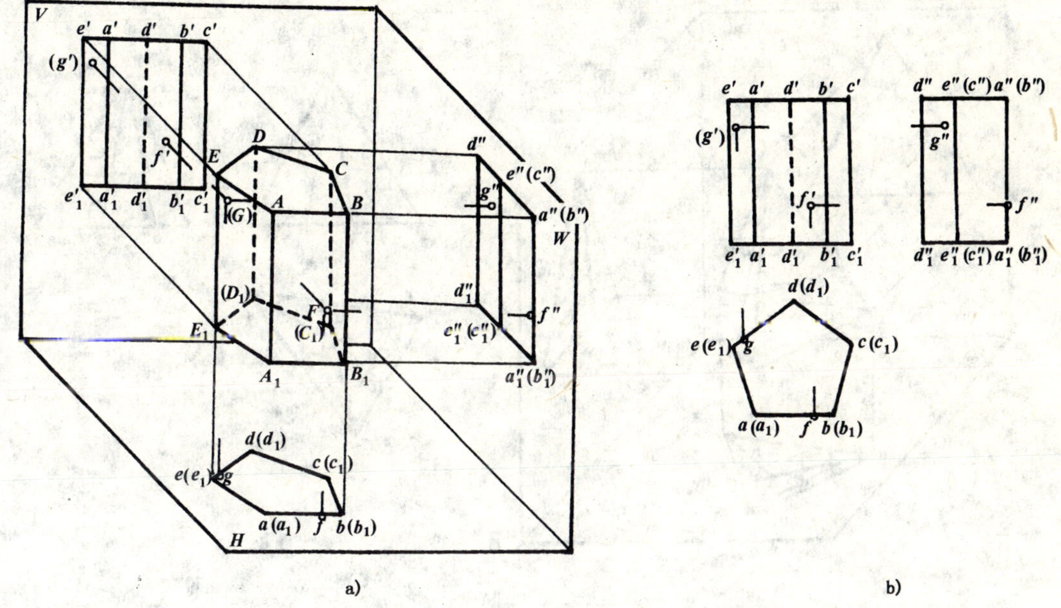

图 2-47 五棱柱的投影

a)立体图;b)投影图

AA_1B_1B 平行于 V 面,该棱面的 V 面投影 $a'a_1'b_1'b'$ 反映实形。五棱柱前面的左右两个棱面均为 H 面的垂直面,在 V 面中投影为左右两个矩形,但与实形相比较窄。五棱柱后面的两个棱面投影与前面三个棱面的投影重叠。从前向后投影,棱线 DD_1 前面的棱面遮住,为不可见,因此,在 V 面投影中,把它画成虚线 $d'd_1'$。

W 面投影为两个矩形,它们是左面两个棱面与右面两个棱面的投影重迭。最前面的一段铅直线 $a''b''b_1''a_1''$是五棱柱最前面棱面 ABB_1A_1 的积聚投影。上、下两段水平线是顶面和底面的积聚性投影。

(2)棱柱面上的点

在五棱柱最前面的棱面上有一点 F,左后棱面上有一点 G。在 V 面投影中,f'在前棱面上为可见,(g')在左后棱面上为不可见。在 W 面投影中,g''位于左后棱面上为可见,f'、f''和 g 等点,均在棱面的积聚性投影上。

综上所述:要想准确地画出棱柱体投影,应首先对棱柱体进行分析,分析它的各棱、各棱面与投影面的相对位置关系;然后根据线、面的投影特性画出投影图,不可见的棱线画成虚线,可见的棱线画成实线。

2)棱锥体

(1)棱锥的三面投影

如图 2-48a)所示为三棱锥的立体图。底面 ABC 平行于 H 面,其余三个棱面都倾斜于三个投影面。

如图 2-48b)所示为三棱锥的三面投影图。由于底面平行于 H 面,所以水平投影 abc 反映底面的实形,V、W 面投影都积聚成与相应投影轴平行的线段。只要把顶点 S 的三面投影与底面 ABC 对应点的同面投影相连,便可完成该棱锥的的三面投影。

可见性分析:三棱锥的三个棱面在 H 面上的投影与底面重迭,三个棱面的投影均为可见,

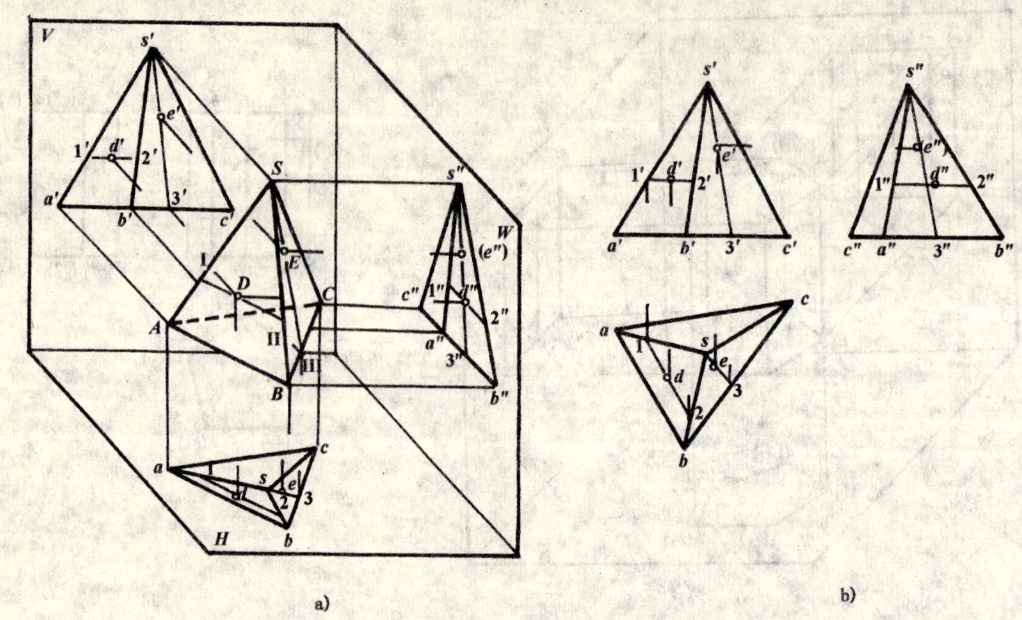

图 2-48 三棱锥的投影

a)立体图;b)投影图

底面投影为不可见。*V* 面投影的可见性,可从 *H* 面投影的前后关系来分析,棱面 *SAC* 位于棱面 *SAB* 与 *SBC* 的后面,故 $s'a'c'$ 为不可见,$s'a'b'$ 与 $s'b'c'$ 为可见。同理,也可分析出侧面投影的可见性。

(2)棱锥面上的点

见图 2-48,已知三棱锥表面上点 *D* 的 *V* 面投影 d',*E* 点的 *H* 面投影 *e*,且均为可见,求其余两投影。

求平面上 *D* 点的其余投影,属于面上定点的问题。面上定点,首先面上定线,再在线上定点,即点、线、面的从属关系。因此,可过棱面 *SAB* 上的 *D* 点任作一辅助直线来求,如连 $s'd'$ 交底边 $a'b'$ 有一点。为了作图清淅、方便,也可采用作平行线的方法。现介绍平行线法,即在 *SAB* 棱面上过 *D* 点作直线 Ⅰ Ⅱ// *AB*,并求其三面投影。具体作图步骤如下:

①过 d' 作 $1'2' \parallel a'b'$,分别与 $s'a'$ 、$s'b'$ 相交于 $1'$、$2'$两点。

②求其 *H* 面投影 12,注意 12 应与 *ab* 平行。从 d' 引铅垂线与 12 相交得 *D* 点的 *H* 面投影 *d*。

③根据投影关系,在 $1''2''$ 上求得 *D* 点的 *W* 面投影 d''。

若已知 *SBC* 棱面上 *E* 点的 *H* 面投影 *e*,求其 *V*、*W* 面投影,亦可采用求 *d*、d'' 的方法求得,见图 2-48b)。

综上所述:画棱锥的投影图,方法同棱柱体一样,即先对各棱面进行分析,分析它各属于哪类平面,然后根据可见与不可见,画出其投影图。在棱锥表面上取点,应按照点、线、面的从属关系,先在面上取辅助线。取辅助线一般有两种方法:一种是通过锥顶;另一种是作底边的平行线,如图 2-48b)中的 *D* 点、*E* 点。

2.曲面立体的投影

曲面立体的曲面是由运动的母线(直线或曲线),绕着固定的轴线(直线),做旋转运动形成的。其特点是：母线上任一点的运动轨迹均为圆周（此圆周又称纬圆）。母线在曲面上的任一位置称素线。常见的曲面立体有圆柱体、圆锥体、球等。

1)圆柱体

(1)圆柱体的形成及投影

圆柱体是由矩形 O_1OAA_1 绕其一边 OO_1 为定轴旋转一周形成的，又称圆柱，如图 2-49a)所示。当轴线 OO_1 垂直于上、下底圆平面时，称正圆柱，其投影如图 2-49b)、c)所示。水平投影为一圆面，反映上、下底面的实形（在 H 面重影），圆周是圆柱面的积聚投影；正面投影为一矩形，上、下两条线段为上、下底面的积聚投影，左、右两条线段为圆柱最左、最右的两条轮廓素线，也是圆柱面投影时可见与不可见部分的分界线；侧面投影为一矩形，上、下两条线段为上、下底面的积聚投影，竖直的两条线段为圆柱最前、最后的两条轮廓素线的投影，也是圆柱面向 W 面投时可见与不可见部分的分界线。投影中除两条轮廓素线外，其他素线均不画出，圆柱面上的素线都相互平行。

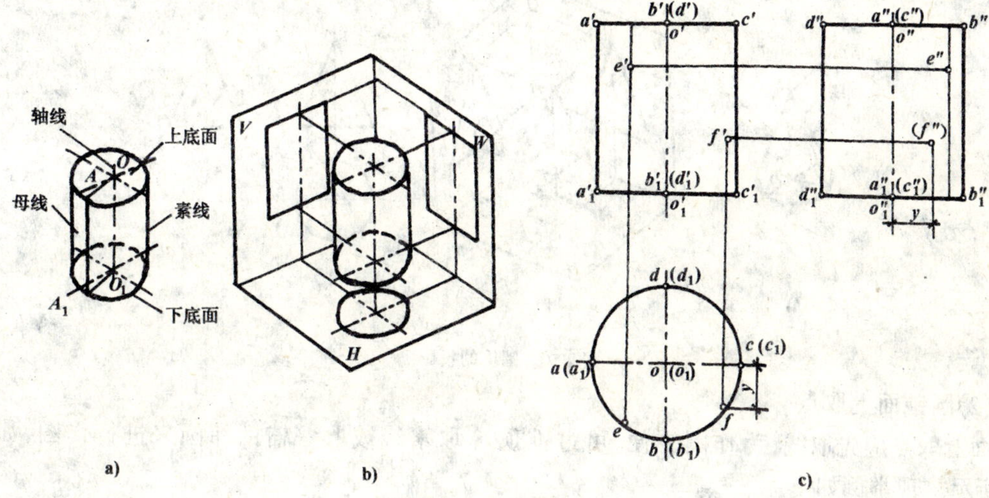

图 2-49　圆柱的投影

(2)圆柱面上取点

在圆柱面上取点，原则上与在平面上取点相同，可过点在圆柱面上作一辅助线来求。为了作图方便，可利用素线作为辅助线，现举例如下：

例 2-11： 已知圆柱面上有 E、F 两点，并知 e' 和 f'，如图 2-49c)所示，求该两点的其他投影。

分析：由于圆柱面的 H 面投影积聚为一圆周，圆周上的每一点对应代表圆柱面上一素线的投影。E、F 两点既在圆柱面上，也一定在相应的素线上，故可根据 V 面上的投影 e'、f'，直接在 H 面上求得 e、f，并根据 e'、f' 和 e、f 求得 W 面投影 e''、f''。

作图方法见图 2-49c)。

从 V、H 面投影中可知，e'、f' 为可见，故 e、f 在圆周的前半部分；点 E 在圆柱的左面，所以其 W 面投影 e'' 为可见，而点 F 在圆柱面的右边，则其 W 面投影 (f'') 为不可见。

综上所述，正圆柱体的投影特点如下：

在轴线所垂直投影面上的投影为一圆，其他两投影为全等的矩形。在圆柱面上取点时，采用素线法。

画图时注意：投影为圆时，对称线用相互垂直的点划线表示，交点表示圆心；投影为矩形时，对称线用点划线表示，其他曲面体的投影画法一样。

2)圆锥体

(1)圆锥体的形成及投影

圆锥体是直角三角形 *SAO*，绕其直角边 *SO* 为轴旋转一周形成的，简称圆锥，如图 2-50a)所示。当轴线 *SO* 垂直于圆锥底面时，称正圆锥，其投影如图 2-50b)、c)所示。水平投影为一圆，它是圆锥体底面及圆锥面的投影，且反映底圆的实形；正面和侧面投影为两个全等的等腰三角形，高等于圆锥体的高，底边为底圆积聚的投影，底边的长等于底圆的直径。正面投影为三角形，两条斜边是圆锥最左和最右的两条轮廓素线的投影，也是圆锥向 *V* 面投影时，可见与不可见部分的分界线；侧面投影为三角形，两条斜边是圆锥最前、最后的两条轮廓素线的投影，也是圆锥向 *W* 面投影时，可见与不可见部分的分界线。因圆锥表面光滑，投影中除两条轮廓素线外，其他素线均不再画出，圆锥面上的所有素线都相交于锥顶 *S*。

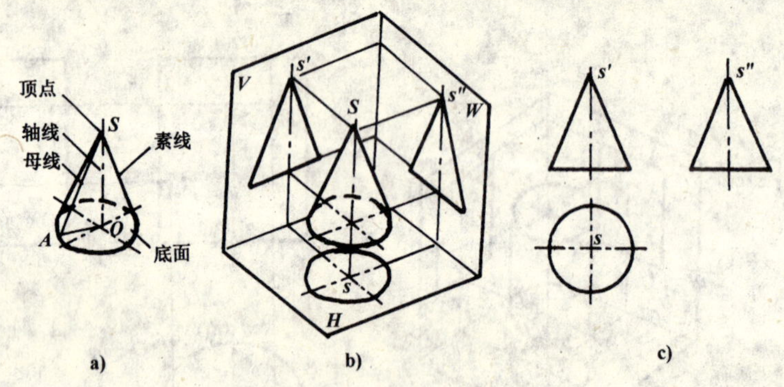

图 2-50 圆锥的投影

(2)圆锥面上取点

面上取点应先取线，为作图方便，可过锥顶 *S* 取素线或取一辅助纬圆来进行作图，如图 2-51所示。现举例如下：

例 2-12： 图 a)中，在圆锥面上有 *E*、*F* 两点；图 b)中，已知 *E* 点的 *V* 面投影 *e'*；图 c)中，已知 *F* 点的 *H* 面投影 *f*，求点的其他投影。

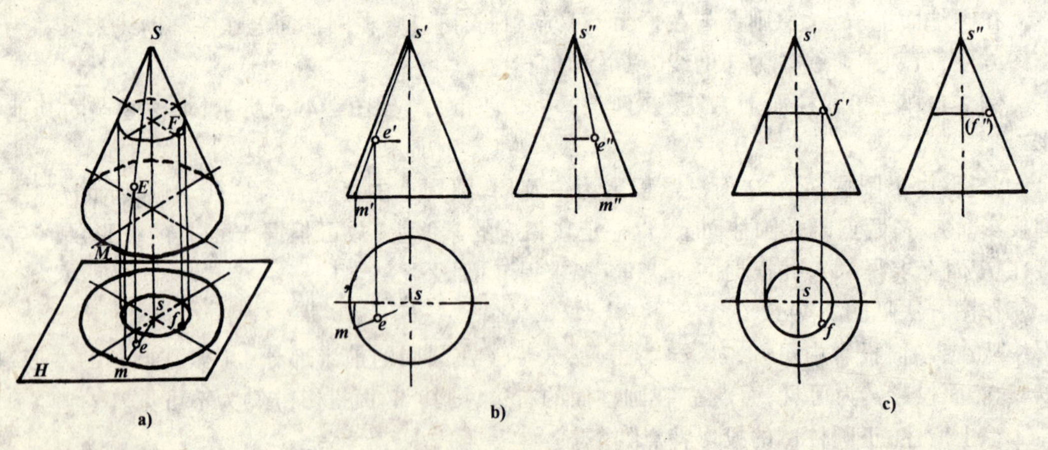

图 2-51 圆锥面上取点

a)立体图；b)素线法；c)纬圆法

分析:在圆锥面上取点仍属于面上取线的问题,根据点、线、面的从属关系,面上取点应先在面上取辅助线,然后再在线上取点。辅助线有两种取法:一种是素线法,另一种是纬圆法。

作图:

见图2-51b),过 e' 作辅助素线 SM 的 V 面投影 $s'm'$,由 $s'm'$ 求出其 H、W 面投影 sm、$s''m''$。根据 e' 在 sm 上定出 e,根据 e' 在 $s''m''$ 上定出 e''。这种以素线为辅助线的作图法,称为素线法。

见图2-51c),过 F 点作一纬圆,其 H 面投影 f 必在以 S 为圆心、以 sf 为半径所作的圆周上。所以,可以 S 为圆心,sf 为半径,先作出纬圆的 H 面投影后,再在纬圆 V、W 面的积聚性投影中定出 f' 和 f''。

由 H 面投影可知,F 点在右、前半部分圆锥面上,故 f' 为可见,(f'') 为不可见。这种以纬圆为辅助线的作图方法,称纬圆法。

综上所述,正圆锥体的投影特点如下:

在轴线所垂直投影面上的投影为一圆,其他两投影为全等的三角形。在圆锥面上取点时,可采用素线法,亦可采用纬圆法,不论采用哪种方法,其结果完全相同。

3)球

(1)球的形成及投影

球是由半圆以其直径为轴旋转一周形成的,如图2-52a)所示。球的三面投影,是三个直径相等,且等于球的直径的圆,如图2-52b)、c)所示,三个圆的圆周是球的轮廓素线在三个投影面上的投影,它们也是球前后、上下、左右各半球可见与不可见部分的分界线。V 面投影是平行于 V 面的最大正平圆的投影,它的 H、W 面投影在相应的轴线上;H 面投影是平行于 H 面的最大水平圆的投影,它的 V、W 面投影在相应的轴线上;W 面投影是平行于 W 面的最大侧平圆的投影,它的 V、H 面投影也在相应的轴线上。

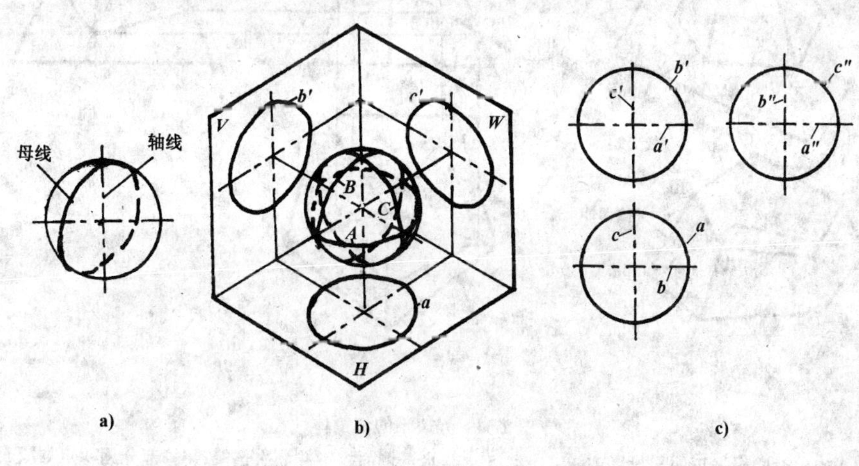

图2-52　球的投影

(2)球面上取点

球面上取点也应在球面取线,可采用纬圆法求出。

例2-13: 已知球面上两点 A 和 B 的投影 a、b',求 A、B 的其他投影,如图2-53所示。

分析:在球面上取点采用纬圆法,作出过 a 点的纬圆,而 b 点在轮廓线上,纬圆不需再画。

作图方法:在 H 面投影上,以 O 为圆心,oa 为半径画圆,即得所求的辅助圆(水平圆周)的 H 面投影。

因已知 H 面投影 a 为可见，故所作辅助圆 V、W 面投影，应位于上半球且均积聚成和 X 轴、Y 轴平行的直线。

由 a 引连线，可在辅助圆的 V、W 面投影上求出 a' 和 a''。因 A 点在前半球的左上方，故 a 和 a'' 均为可见。

由于 b' 在 V 面投影的轮廓线上，所以 b 和 b'' 分别在球的 H、W 面投影的中心线上。又因 B 点在球的右上方，故 b 为可见，(b'') 为不可见。

综上所述，球的投影特点如下：

三面投影均为三个大小相等的圆。在球面上取点，采用纬圆法(即水平圆、正平圆或侧平圆)。

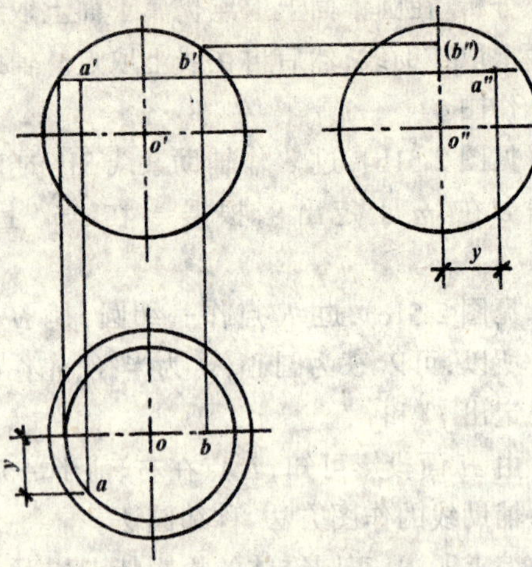

图 2-53　球面上取点

二、平面与立体相交

平面与立体相交，即立体被平面所截；与立体相交的平面称截平面；截平面与立体表面的交线称截交线；截交线所围成的平面图形称截断面；被平面切割后的立体称切割体(又称截切体)，如图 2-54 所示。

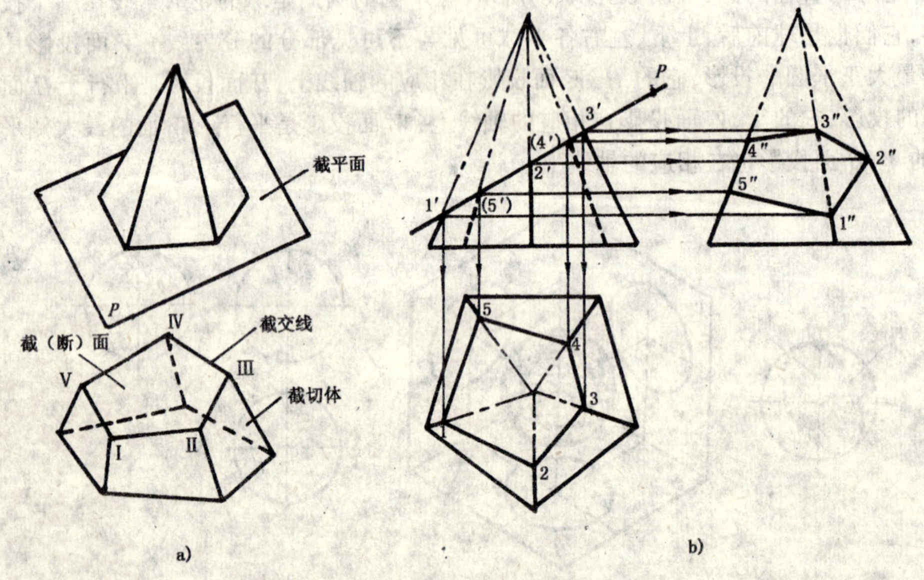

图 2-54　五棱锥的切割体

a)截断面 I II III IV V；b)根据正面积投影 1′、2′、3′、4′、5′求其水平侧面投影并顺次连接，切掉部分用双点划线表示，最后整理加深

由于立体的形状不同，截平面的位置不同，因此截交线的形式也不相同，但它们都具有下列性质：

(1)截交线是截平面与立体表面的共有线；

(2)截交线是封闭的平面图形。如：平面曲线、平面多边形或两者的组合。

求截交线的实质，可归结为求立体表面与截平面的交线问题。

1. 平面与平面立体相交

平面与平面立体相交，其截交线为一封闭的折线——即平面多边形。

求其截交线的方法与步骤：

(1)找点：即找截平面与立体表面的交点，方法与立体表面取点一样(方法同前)；

(2)连线：连线时，位于同一棱面的两点才能相连，且根据投影方向不同，可见的连成实线，不可见的连成虚线。

1)平面与棱柱相交

例 2-14： 如图 2-55a)所示，一直四棱柱与一正垂面 *P* 相交，求其截交线。

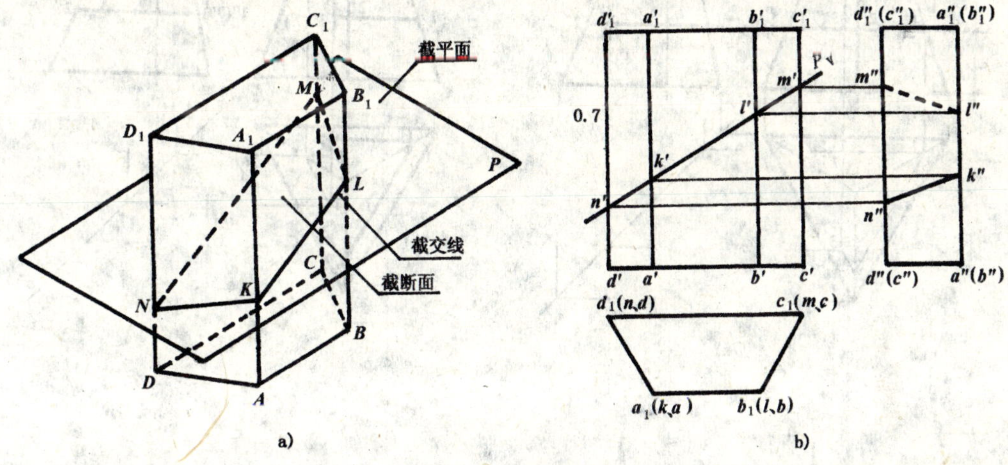

图 2-55　平面与直四棱柱相交

a)立体图；b)投影图

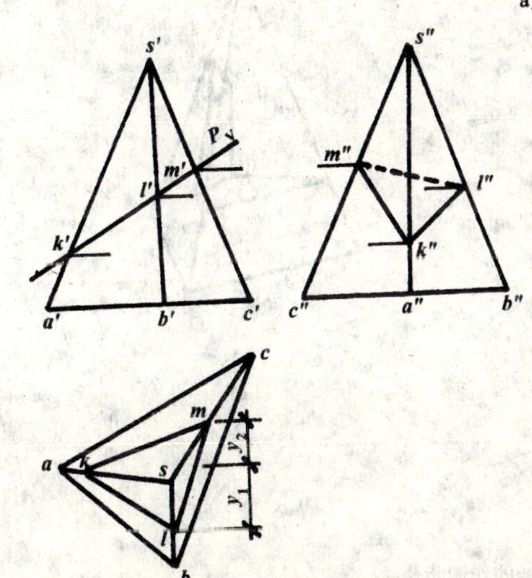

图 2-56　平面与三棱锥相交

(1)分析

①该立体为直四棱柱，因此截断面为一封闭的平面四边形 *KLMN*，*K*、*L*、*M*、*N* 四个点为 *P* 平面与四个棱的交点。

②因为 *KLMN* 在正垂面 *P* 上，其正面投影有积聚性，与 *P* 面重合，它的水平投影与该立体的水平投影重合，侧面投影可根据立体表面上求点的方法求得，然后连线(方法同前)。

(2)作图

如图 2-55b)所示。

2)平面与棱锥相交

如图 2-56 所示，三棱锥被一正垂直面 *P* 所截，求其截交线。

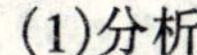

(1)分析

①该立体为三棱锥，因此截断面为三角形 *KLM*，*K*、*L*、*M* 三个点为 *P* 平面与三个棱的交点。

②因为 *KLM* 在正垂直面 *P* 上，其正面投影与 *P* 面重合，水平、侧面投影可根据立体表面上求点的方法求得，最后连线(方法同前)。

(2)作图

见图 2-56。

例 2-15： 如图 2-57d)所示，为一个具有切口的正三棱锥，求其 H、W 面投影。

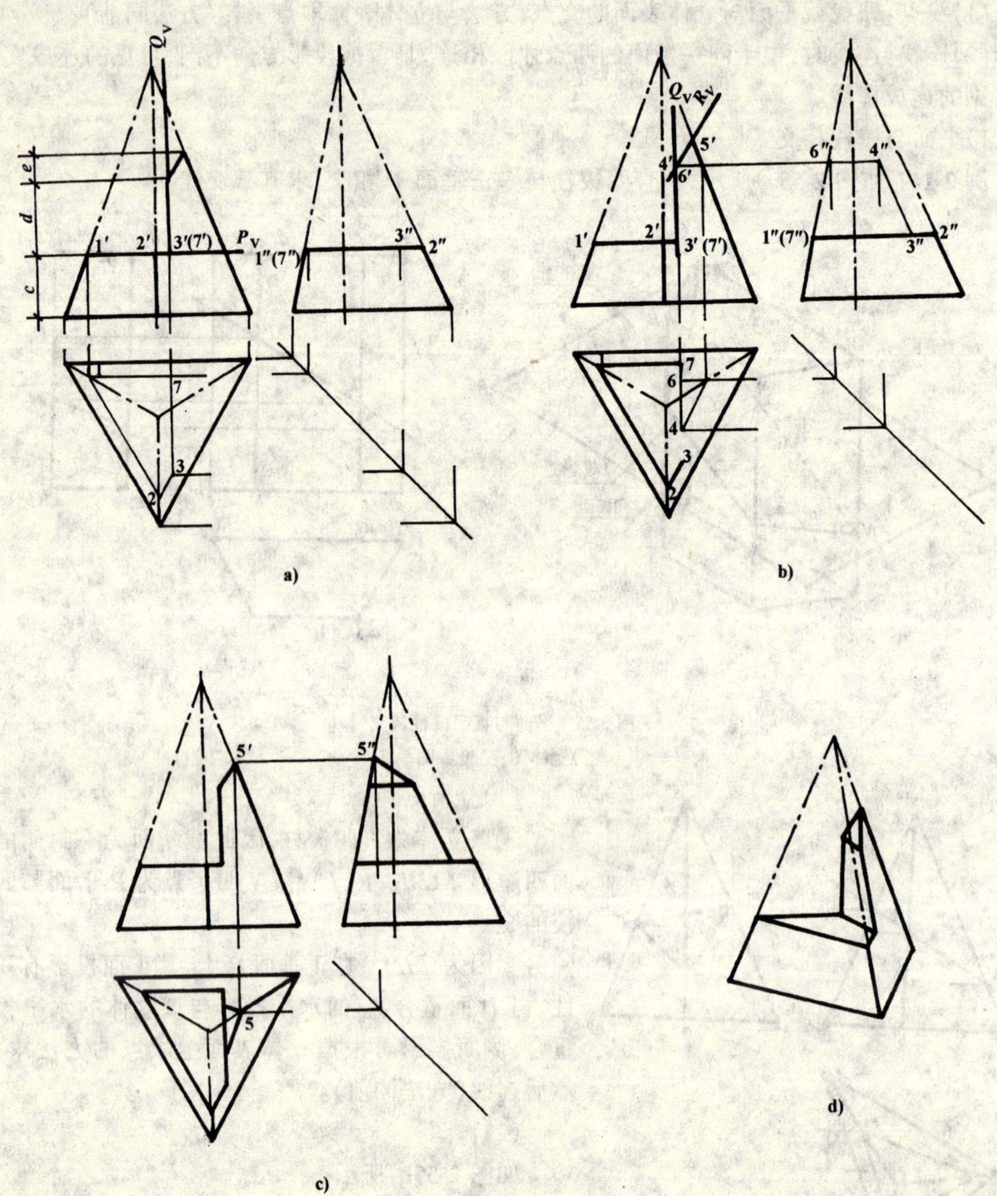

图 2-57 具有切口的正三棱锥的作图步骤

a)已知条件；b)、c)作图过程；d)立体图

(1)分析

①切割体可以看作是由一个完整的几何体被几个截平面截切后留下来的形体。该体可以看成一个完整的正三棱锥，被平面 P(水平面)、Q(侧平面)、R(正垂面)所截，其截交线分别为三个封闭的几何图形。

②除分别作出各截平面的投影外，还要作出各截平面间的交线。

③$P /\!/ H$，在 H 面投影反映实形；$Q /\!/ W$，在 W 面投影反映实形；$R \perp V$，在 H、W 面反映类

似几何图形。

(2)作图

如图 2-57a)、b)、c)所示。

求平面切割体的方法与步骤：

①找点：先在反映切口位置的投影图中标点，标点时，棱与平面相交处标一个点，平面变化处标两个点；然后求出它们的其他两投影。

②连线：位于同一棱面的点依次连接，然后连接平面变化处的交线，连线时应注意可见的连成实线，不可见的连成虚线。

③整理：平面立体切去的棱画成细点划线，留下的棱画成实线。

2.平面与曲面立体相交

平面与曲面立体相交，其截交线一般是封闭的平面曲线、或由平面曲线和直线段组成的封闭平面图形。特殊情况下也可能是平面多边形(如三角形、矩形等)。

求其截交线的方法与步骤：

(1)判断：判断出平面与曲面立体相交时截交线的形状。

(2)找点：确定截交线上的特殊点，如极限点(最高、最低、最前、最后、最左、最右点)、可见与不可见的分界点以及对作图有意义的点；再根据需要在特殊点之间求一些中间辅加点。

(3)连线：最后根据所求点用圆滑的曲线依次连接，可见的连成实线，不可见的连成虚线，特殊情况为直线段。

1)平面与圆柱相交

由于截平面与圆柱轴线的相对位置不同，平面与圆柱相交时，产生的截交线共有三种情况，如表 2-6 所示。

例 2-16： 如图 2-58a)所示，求圆柱被正垂面 P 切割后的投影图。

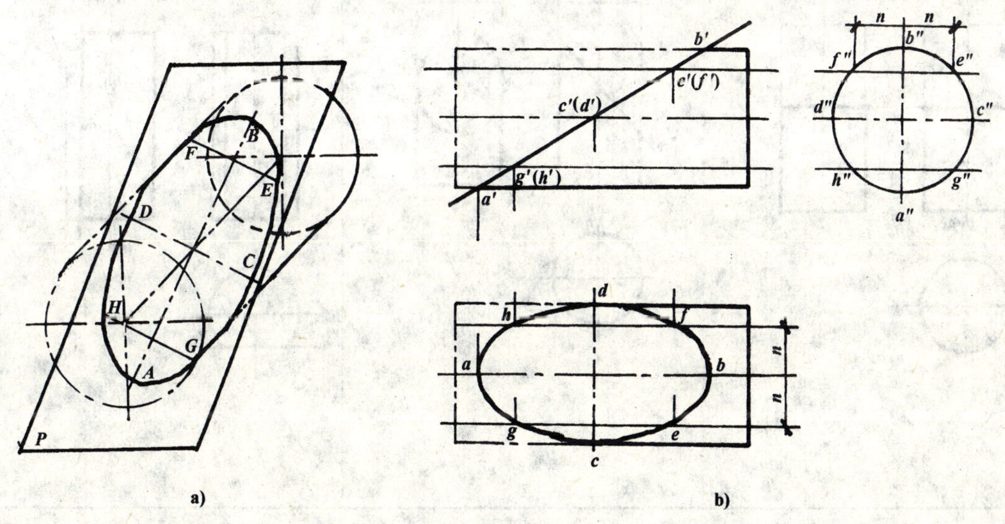

图 2-58　平面与圆柱相交

a)立体图；b)投影图

(1)分析

截平面 P 与圆柱轴线倾斜，其截交线为椭圆，标点时首先标出长短轴的四个端点即特殊点(在四条轮廓素线上)A、B、C、D,然后再在中间标出四个辅加点 E、F、G、H,求这八个点的方法同前面在圆柱面上取点。椭圆的 V 面投影与截平面 P 重合积聚成一条斜线;W 面投影与圆柱面的 W 面投影重合为一圆;H 面投影为椭圆,应求出 H 面的八个点的投影,然后用光滑的曲线连接,最后整理加深。

(2)作图

如图 2-58b)所示。

2)平面与圆锥相交

平面与圆柱相交的三种情况　　表 2-6

平面 P 的位置		
P 面垂直于圆柱轴线	P 面倾斜于圆柱轴线	P 面平行于圆柱轴线
截交线形状		
圆	椭圆	矩形
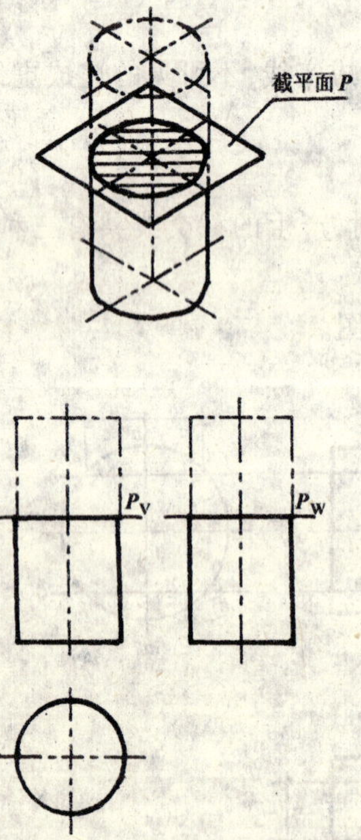 截平面 P P_V　P_W	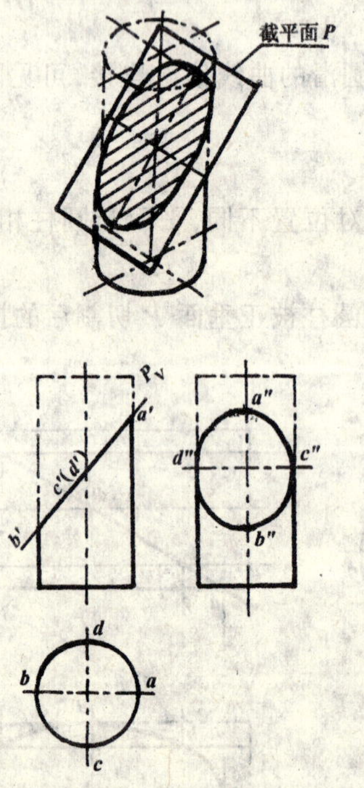 截平面 P P_V　a'　$c'(d')$　b'　a''　d''　c''　b''　d　b　a　c	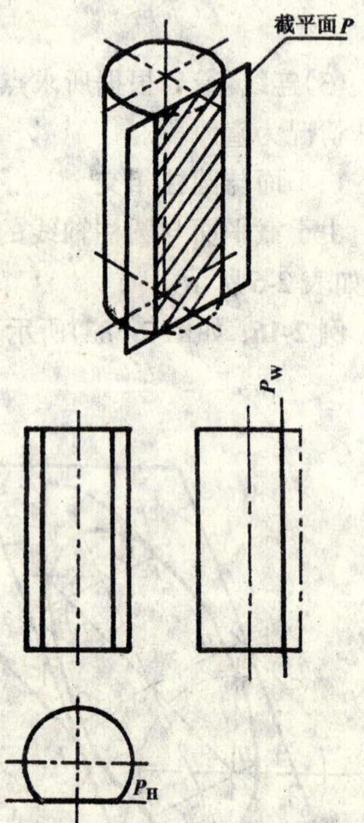 截平面 P P_W　P_H

由于截平面与圆锥体轴线的相对位置不同,平面与圆锥相交时产生的截交线有五种情况,如表 2-7 所示。

例 2-17: 如图 2-59a)所示,圆锥被平面 P 切割,求截交线。

(1)分析

截平面 P 平行于圆锥轴线，其截交线为双曲线，标点时应在反映切口的投影图中标出其特殊点，即双曲线的顶点（在最前的轮廓素线上），及开口最大处的两点（在底圆上），再标出中间的两个辅加点，然后找出点的其他两投影，方法同圆锥面上取点，该双曲线的 H、W 面投影积聚成线，V 面投影反映实形。连线时用光滑的曲线连接，最后整理加深。

平面与圆锥相交的五种情况 表 2-7

平面 P 的位置				
P 面垂直于圆锥轴线	P 面倾斜于圆锥轴线与所有素线相交	P 面平行于圆锥面上一条素线	P 面平行于圆锥面上两条素线	P 面通过锥顶
截交线形状				
圆	椭圆	抛物线	双曲线	三角形
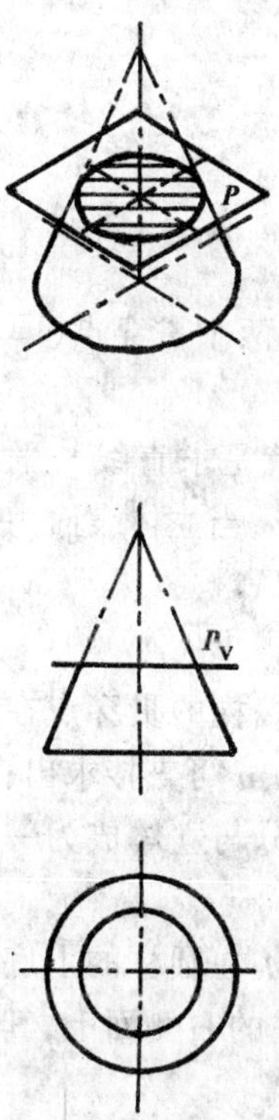 P P_V	 P P_V	 P P_V	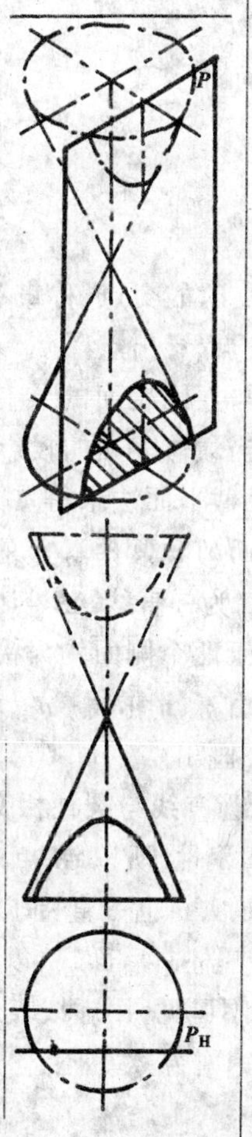 P P_H	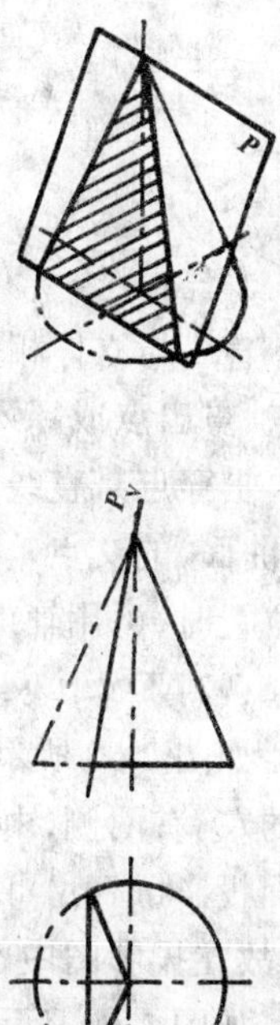 P P_V

(2)作图

如图2-59b)所示。

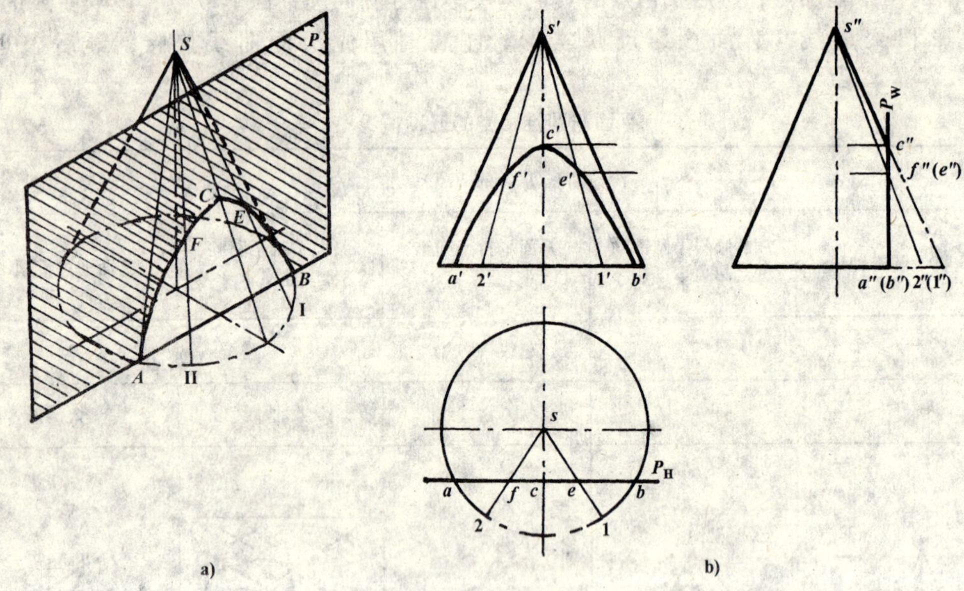

图2-59 平面与圆锥相交

a)立体图;b)投影图

三、直线与立体相交

直线与立体相交时的交点,称贯穿点。一般情况下,直线与立体表面有两个贯穿点,即贯入点、贯出点或穿入点、穿出点。

贯穿点是直线与立体表面的共有点。因此,求贯穿点的问题,实际上就是求直线与平面(或曲面)的交点。当立体表面的投影有积聚性时,可直接求出贯穿点的投影,当立体表面为一般位置时,可用辅助截平面法求得贯穿点。

1.利用立体表面的积聚性求贯穿点

如图2-60所示,为一直线 AB 与四棱柱相交。由图可知:直线 AB 与四棱柱的贯穿点在立体的左、右两侧,由于两个侧面均为铅垂面,所以贯穿点 M、N 的水平投影 m、n 可直接求出;其正面投影 m'、n' 可由 m、n 求得,m'、n' 都为可见。直线穿入立体内部的部分与立体成为一整体,故在投影图中不画出。

如图2-61所示为直线与圆柱相交。由图可知:AB 线与圆柱的贯穿点 M 在圆柱的上底面上,其正面投影有积聚性,所以 M 点的正面投影 m' 可直接求得;N 点在圆柱的右侧面上,其水平投影有积聚性,所以 n 也可直接求得;由 m'、n 求出其另一投影。

因为N点位于圆柱右后面,所以在正面投影上 N 点不可见,即(n')点在圆柱右侧轮廓素线间的一段直线为不可见,用虚线表示。

2.利用辅助面求贯穿点

作图步骤:

(1)包含直线作辅助截平面(辅助平面要垂直于某个投影面)。

(2)求辅助平面与立体表面的截交线。

(3)求出直线与截交线的交点,即为直线与立体的贯穿点。

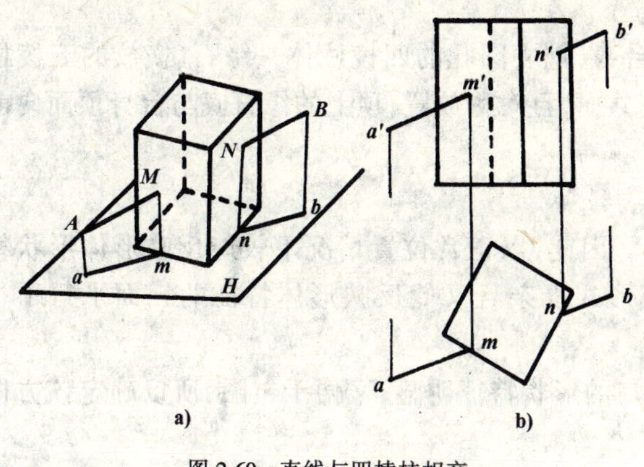

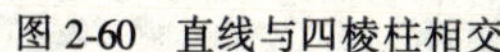

图 2-60　直线与四棱柱相交

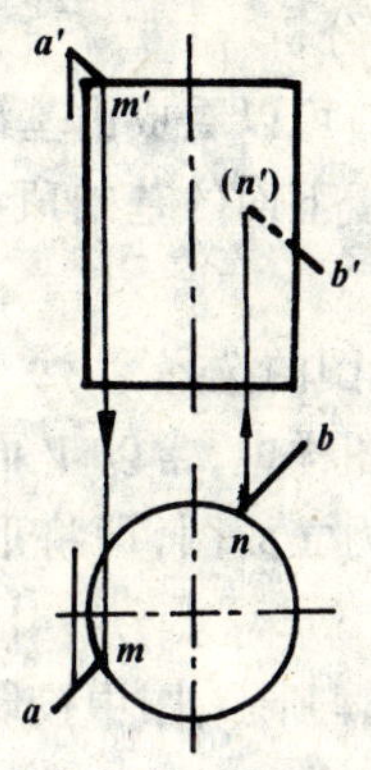

图 2-61　直线与圆柱相交

如图 2-62a)所示为直线 *AB* 与三棱锥贯穿，求其贯穿点的作图方法如图 2-62b)所示。

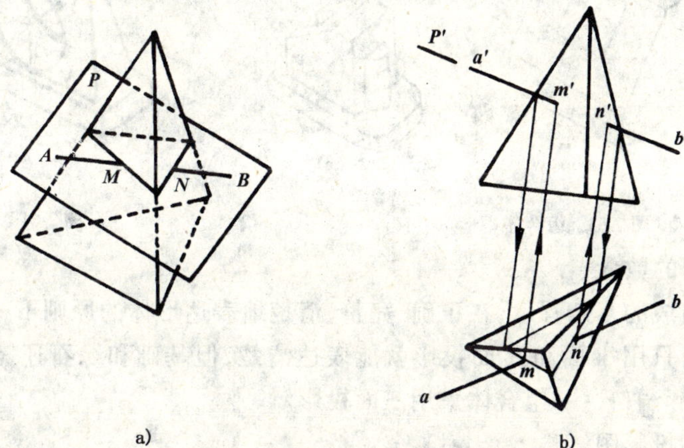

图 2-62　直线与三棱锥相交

另外，求两立体相交(又称相贯)的交线(称相贯线)，主要是在立体表面上求点，然后连线，求点的方法同前，故两立体相交求交线这里不再赘述。

四、组合体的投影及尺寸标注

1.组合体的投影

工程结构物或构件，从组成上可看成是由几个基本体组合而成，即由若干个基本体组合而成的形体称组合体。

1)组合体的组成形式

组合体按其组合的形式不同可分为：叠加式、切割式和混合式三种。

如图 2-63a)、b)、c)所示，分别为叠加式、切割式、混和式组合体。

2)组合体投影图的画法

形体分析法是求组合体投影图的基本方法，就是将组合体分解成几个基本体，分析出它们的内、外形状和相互的位置关系，将基本体的投影图按其相对位置进行组合，这样得到的投影图为组合体的投影图。

现以图 2-64 所示涵洞口为例，说明组合体投影图的一般作图步骤。

(1)形体分析

该涵洞口可以看成由基础(四棱柱体)、台身(挖去圆孔的四棱柱体)、缘石(横放的五棱柱体)组成;位于下面的基础顶与中间的台身底共面,且对称放置;顶上的缘石底与台身顶面向前错开。

(2)投影图的选择

在工程图样中,常以 V 面图为主要图样。因此,以正常位置情况下较能反映形体形状特征的一面作为立面图,即将形体的主要面或形式复杂且又能反映形体特征的一面平行于 V 面。

如图 2-64 所示,图中投影方向反映涵洞口的形状特征明显,又便于布图,所以确定该方向为正面投影方向。

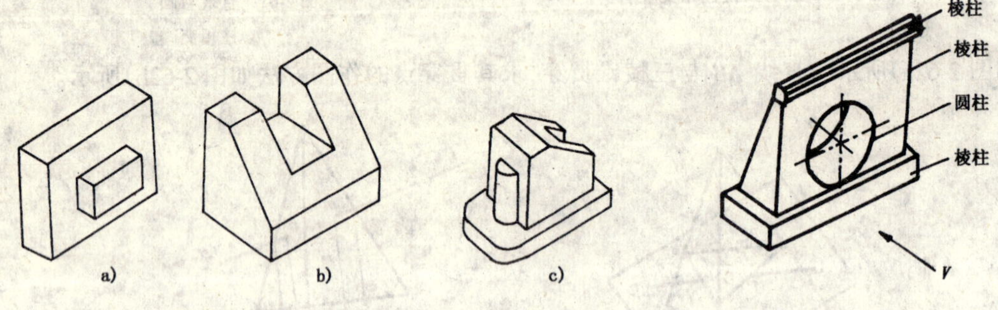

图 2-63 组合体

图 2-64 涵洞口

3)确定投影图的数量

根据组合体组成的复杂程度,在正确、完整、清楚地表达形体的原则下,使投影图的数目最少。涵洞口的洞身只用 V 面和 H 面投影就能表达清楚,但基础和缘石还需要 W 面投影才能确定其形状,因此涵洞口这一组合体采用三面投影。

4)画组合体的投影图

(1)选择比例和图幅;

(2)布置投影图,确定基准线,如图 2-65a)所示;

(3)画投影图底稿,如图 2-65b)所示;

(4)检查并加深图线,如图 2-65c)所示;

(5)标注尺寸,如图 2-65d)所示;

(6)填写标题栏。

如图 2-66a)所示为混合式组合体;桥台的形状分析如图 2-66b)所示,该组合体是由挡土墙(切割的四棱柱)、台身(四棱柱)、台帽(四棱柱、四棱台)和基础(切割四棱柱)组合而成的;如图 2-66c)所示为桥台的三面投影图。

作图步骤见图 2-66。

对于规则的形体,应采用线面分析法作其投影图。如图 2-67a)所示为一不规则形体的立体图,图 2-67b)、c)、d)为其投影图及画图步骤。

画组合体的投影图,应将形体分析法和线面分析法结合起来运用,现以如图 2-68 所示的桥台立体图为例说明如下。

在作桥台投影图之前,首先要进行形体分析或线面分析。

形体分析:由图 2-69 中可以看出,桥台是由台身和基础切割的基本体组成,台身是由前

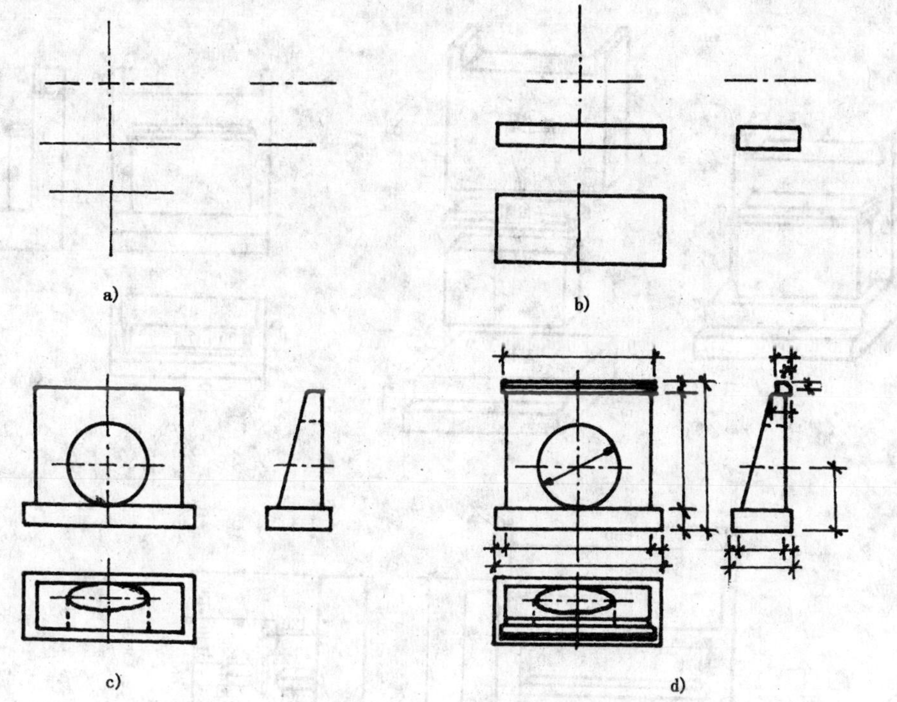

图 2-65 涵洞口投影图的画图步骤

墙、翼墙、台帽(四棱柱)组成的,前墙和翼墙都属于不规则的形体,所以对它们只能进行线面分析。

线面分析:对图 2-69 中标注的前墙 *A* 和翼墙中的三个对称面 *B*、*C*、*D* 四个面进行分析。*A* 为梯形正垂面,*B* 为侧垂面,*C*、*D* 两面都为正垂面。*A*、*B*、*C*、*D* 四个面的各面在投影图中的对应位置关系如图 2-70 所示。

2.组合体的尺寸标注

1)基本几何体的尺寸标注

基本几何体的尺寸标注,是组合体尺寸标注的基础。常见的基本几何体及带切口的基本形体的尺寸标注,如图 2-71、图 2-72 所示。

2)组合体的尺寸标注

投影图只能表达形体的形状和各部分的相互位置关系,要确定形体的真实大小和各部分的相对位置,满足施工的需要,还必须标注足够的尺寸。

这里只介绍尺寸标注的基本方法,关于尺寸的形式和尺寸的基本规格,要符合国家颁布的《制图标准》,参阅第一章中制图基本规格的有关内容。

(1)尺寸的种类

标注组合体的尺寸时,应标注出定形、定位和总体三种尺寸,现以图 2-66d)为例进行说明。

标注组合体的尺寸,应以形体分析法为基础,标注出:

①定形尺寸:即确定各基本形体的大小尺寸。基础部分(cm):长 720,宽 420,高 200(100+100);挡土墙部分:长与基础相同,宽 160,高 680(其中挡板高 130 等)。

②定位尺寸:即确定各基本形体之间的相对位置尺寸。在正面投影中,台身与基础的定位

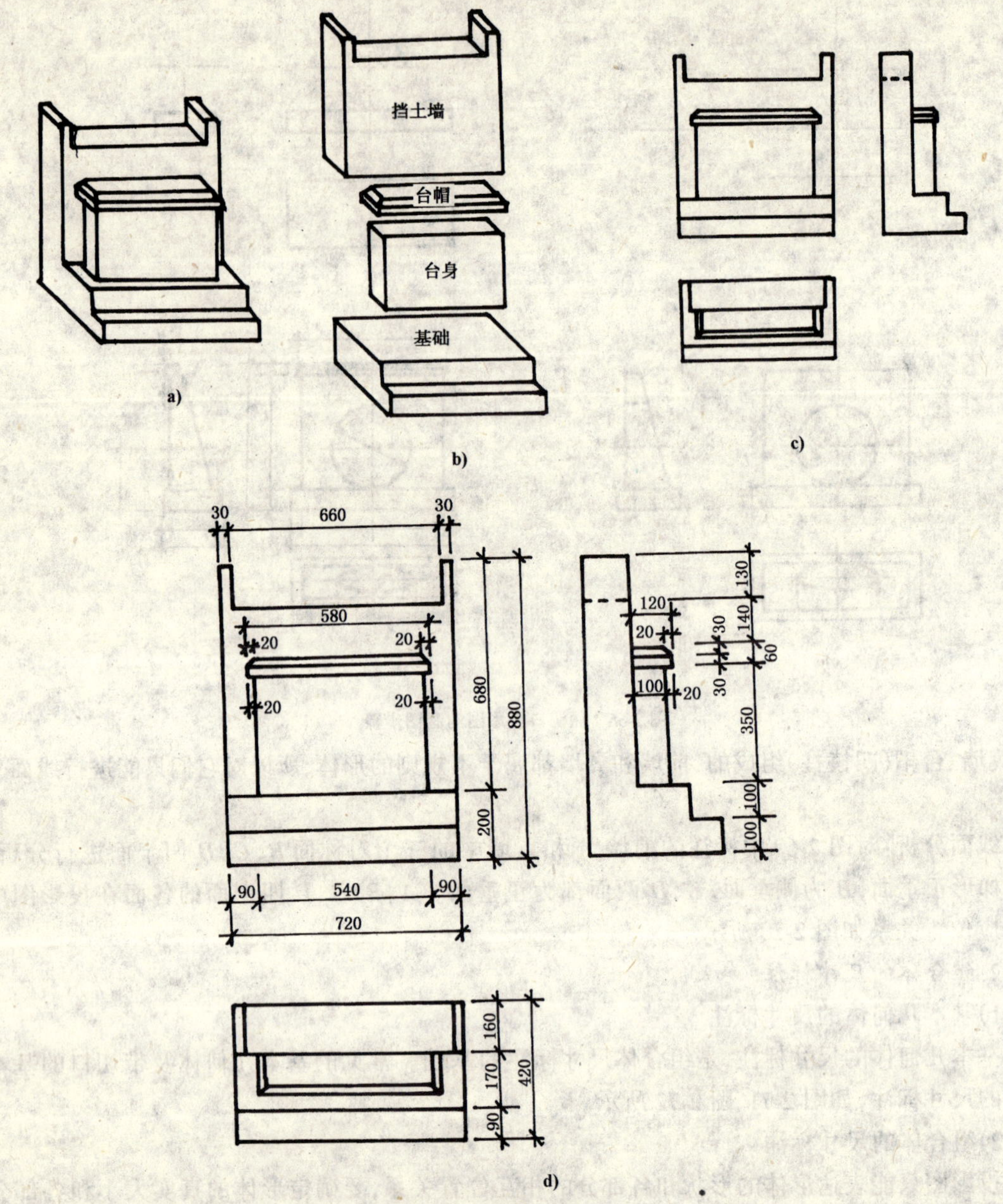

图 2-66 桥台的投影图画法

a)混合式组合体;b)桥台的形体分析;c)桥台的三面投影

尺寸是 90、90,台帽与台身的定位尺寸是 20、20;在侧面投影中,台帽与台身的定位尺寸是 20。

③总体尺寸:即确定组合体外形的总长、总宽、总高尺寸。桥台总长 720,总宽 420,总高 880。

(2)尺寸的标注

①标注尺寸的顺序是:先标注定形尺寸,再标注定位尺寸,最后标注总体尺寸。

②标注组合体的定位尺寸时,必须选择一个或几个标注尺寸的起点,即尺寸基准,才能确定各组成部分的左右、前后、上下关系。尺寸基准一般长度方向选择左侧面或右侧面;宽度方向选择前面或后面;高度方向选择顶面或底面。若物体是对称的,还可选择对称中心轴线作为

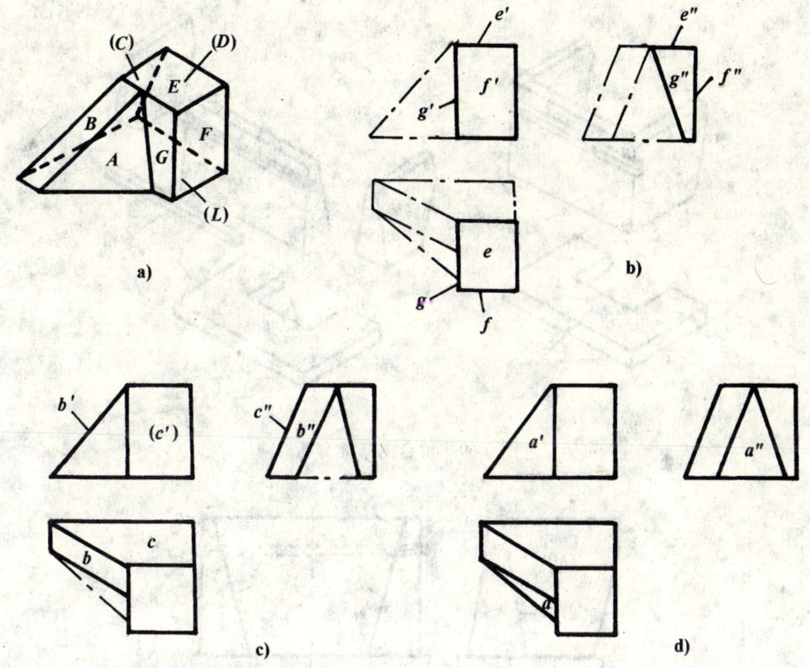

图 2-67 用线面分析法作形体的投影图

a)组合体的直观图；b)作水平面 E、正平面 F、侧平面 G 的投影；c)作正垂面 B、侧垂面 C 的投影；d)作一般面 A 的投影，整理加深各面

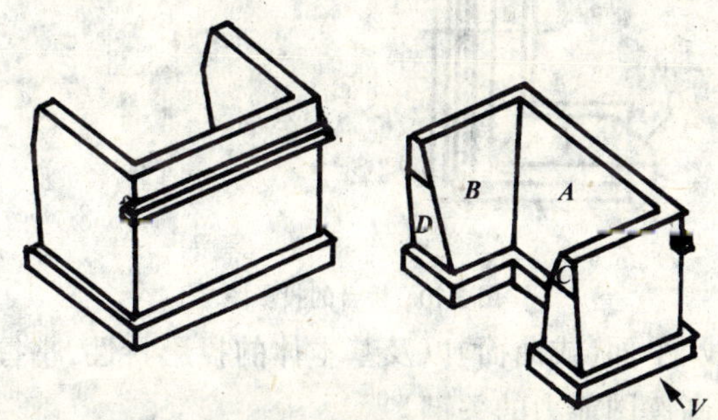

图 2-68 桥台立体图

尺寸基准。

③组合体尺寸标注中应注意以下几点：

a.尺寸标注要符合国家《制图标准》的规定；

b.尺寸标注要求完整、清晰、易读；

c.同一形体的定形、定位尺寸，尽量注在反映该形体形状、位置特征的投影图上，且排列整齐，小尺寸在内，大尺寸在外，采用封闭式；

d.尺寸标注要明显，一般标注在图形之外和两投影图之间，便于读图；

e.以形体分析法为基础，按顺序标注出各基本体的定形、定位尺寸，不得遗漏。

3.组合体投影图的读图

画图是将空间的形体用投影图表达在一个平面上，读图是根据投影原理，通过对投影图的分析，想像出形体的空间形状，读图和画图是相反的思维过程。

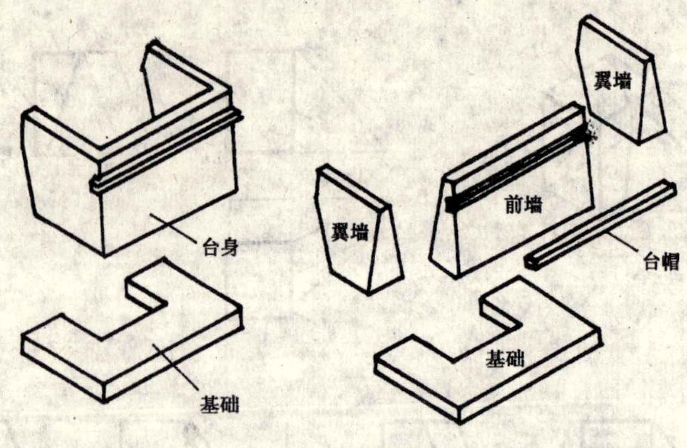

图 2-69　桥台的形体分析

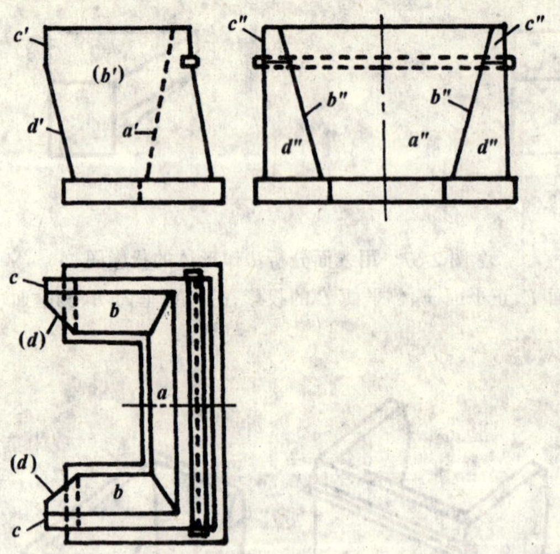

图 2-70　桥台的投影图

熟悉各种位置的直线、平面(或曲面)以及基本体的投影特性,掌握投影规律及正确的读图方法和步骤,是培养和提高读图能力的关键。

形体的形状通常不能根据一个投影图来确定,至少要根据两个或两个以上的投影图。读图时,必须把几个投影图联系起来思考,才能准确地确定形体的空间形状。如图 2-73 所示,a)、b)、c)三个投影图中的正面、水平投影都一样,但从侧面可以看出,三个形体的结构形状是不一样的。

根据读图分析的侧重点不同,读图方法可分为形体分析法和线面分析法。

1)形体分析法

形体分析法就是根据投影图来分析组合体的组成方式及组成部分的形状和与投影面的相对位置,然后再综合起来想像出其整体形状。如图 2-74 所示为一组合体的读图步骤。

读图时,应先从较为清晰的投影图着手。图中正面投影能够反映组合体的形状特征,因此,应以正面投影为主,从图中可以看出组合体由三部分组成;再根据三等关系在其他投影图中找出对应的图形轮廓,由此想像出几何体的形状;最后把想像出的三个几何体综合到一起,确定出组合体的整体形状。

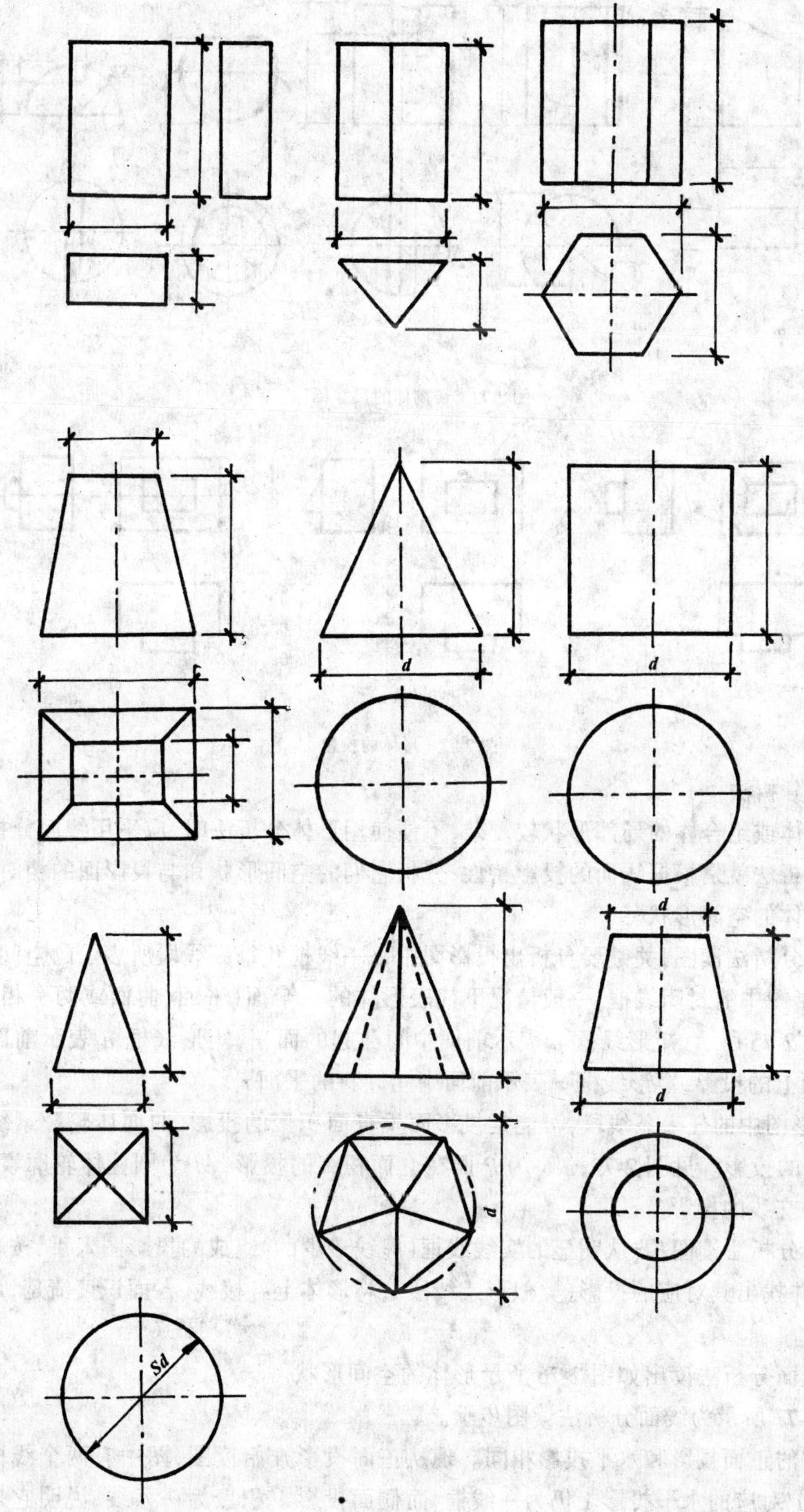

图 2-71　基本体的尺寸标注

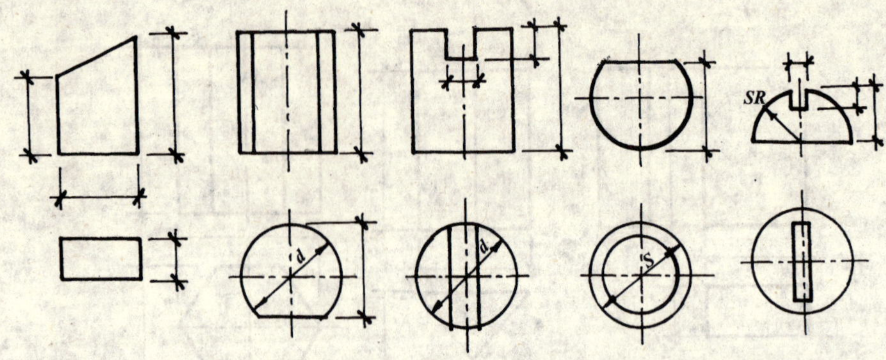

图 2-72 切割体的尺寸标注

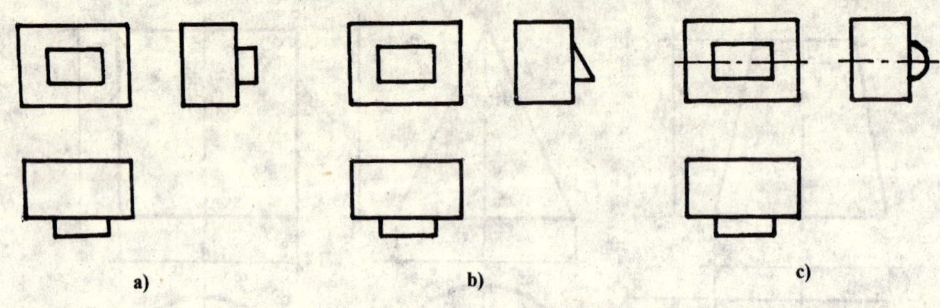

图 2-73 形体的投影

2)线面分析法

当组合体或组合体的局部形状较复杂,不便使用形体分析法时,应采用线面分析法。

线面分析法就是根据线面的投影特性,分析它们的空间形状和与投影面的相对位置,从而想像出组合体的空间形状。

用线面分析法读图,关键要分析出投影图中每一线框和每一线段所表示的空间意义。

(1)投影图中的封闭线框,一般情况下代表形体的一个面(平面、曲面或两个相切的面)的投影。如图 2-75 所示,矩形线框 p 表示前面中间凸起的面 p',矩形线框 q 表示前面中间半圆柱体在 H 面上的投影,矩形线框 r 表示前面中间倾斜的平面 r'。

(2)投影图中的任一条线段,可能是投影面垂直面积聚的投影、曲面体轮廓素线的投影或两平面交线的投影。见图 2-75, $a'b'$ 为 P 面在 V 面积聚的投影, cd 为圆柱体轮廓素线的投影, ef 为两平面交线的投影。

用线面分析法读图,要从明显的实线线框(虚线最少的)组成的投影图入手,按顺序确定每一个线框,并找出其对应的投影(类似形或线段),将形体上各棱线、各面识读清楚,最后想像出整体形状。

试用线面分析法读出如图 2-76 所示形体的空间形状。

如图 2-77 所示为线面分析法读图步骤。

该形体的正面投影和水平投影相同。现从正面投影开始读图,图中有两个线框和五条线段,与线框 1′对应的水平投影 1 仍为一线框,而侧面投影 1″积聚为一条线,说明它是一个侧垂面;与线框 3′对应的水平投影 3、侧面投影 3″都积聚为一条线,说明线框 3′为正平面;水平投影中的线框 2 与正面投影 2′对应的是一条线,而侧面投影 2″为一线框,说明线框 2 是正垂面,该

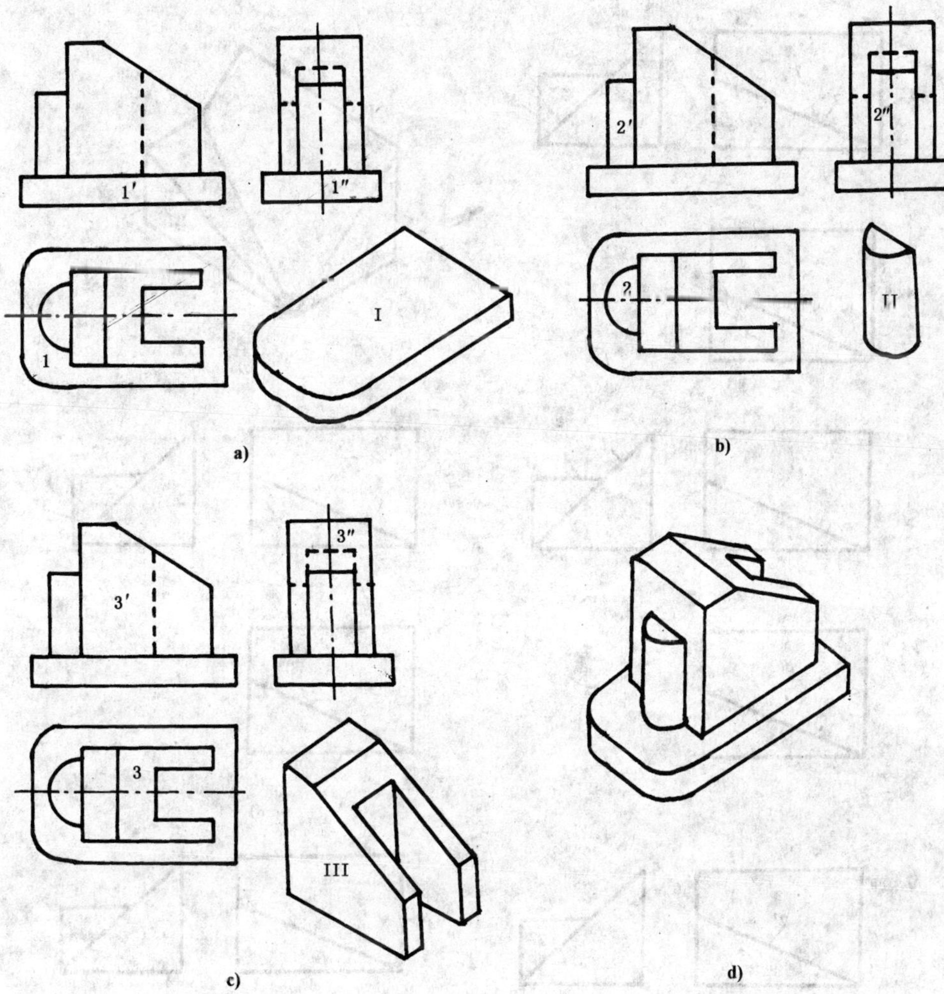

图 2-74　形体分析法读图

面与侧垂面 1、正平面 3 相连；侧面投影的线框 4″，与其对应的正面投影 4′、水平投影 4 都为一条线，说明线框 4″为一侧平面。将投影图中的各表面的形状、位置、相互关系读懂后结合起来就可以想像出形体在空间的形状。

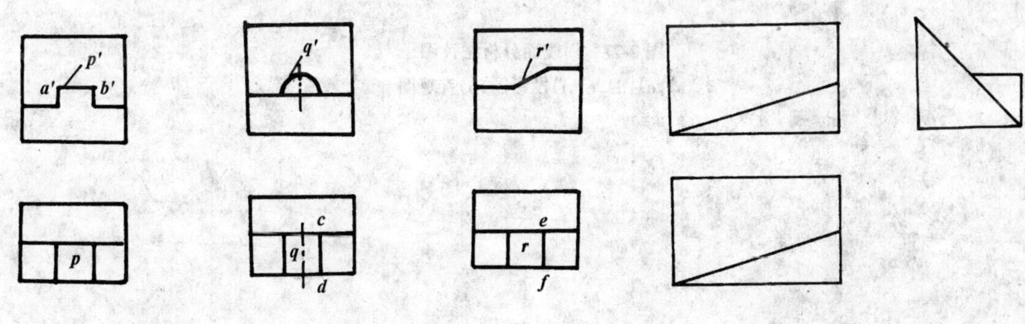

图 2-75　线框及图线的含义

图 2-76　形体的投影

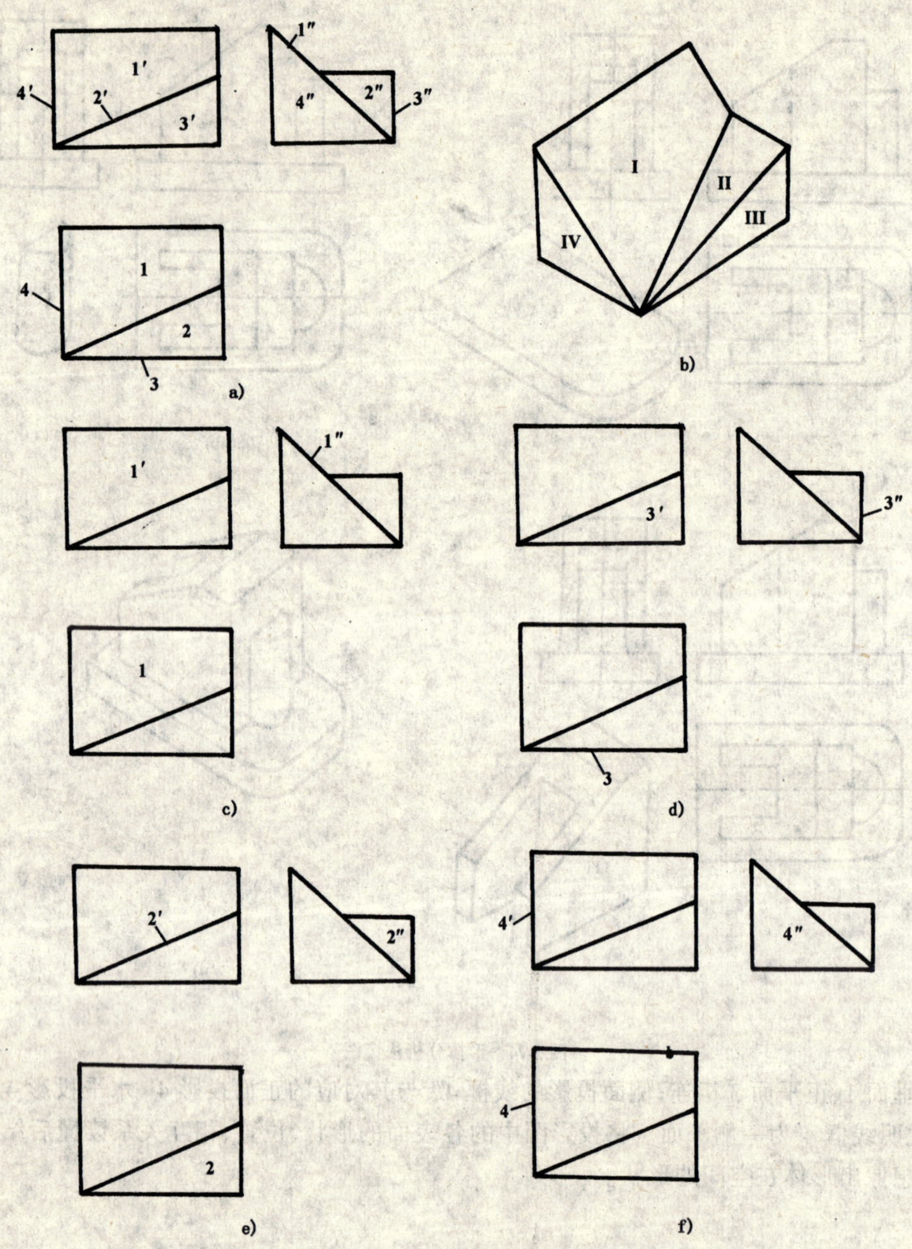

图 2-77　用线面分析法读图

a),c),d),e),f)投影图;b)直观图

第三章 轴测投影

第一节 轴测投影的基本知识

在前面的章节中，我们所讲的正投影图能够完整、准确地表达形体的形状和大小，且作图简便，所以在工程中被广泛使用。但是，这种图中的每一面投影，只反映形体长、宽、高三个向度中的两个向度，缺乏立体感，因此不易看懂形体的形状。这就要求读图者具有一定的读图能力，把三面正投影图综合阅读，才能读懂形体的空间形状，如图 3-1a)所示。

为了帮助读图，以便更直观地了解空间形体的结构，工程中常用富有立体感的轴测投影来表达工程设计的结果或作为辅助图样，如图 3-1b)所示。因轴测投影图能在单面投影图中同时反映出形体的三个向度，所以轴测投影图被广泛地应用于工程实践中。但是，轴测投影图也有缺点，首先对形体的形状表达不全面；其次是没有反映出形体各个侧面的实形，量度性差，其绘制方法也比较麻烦。

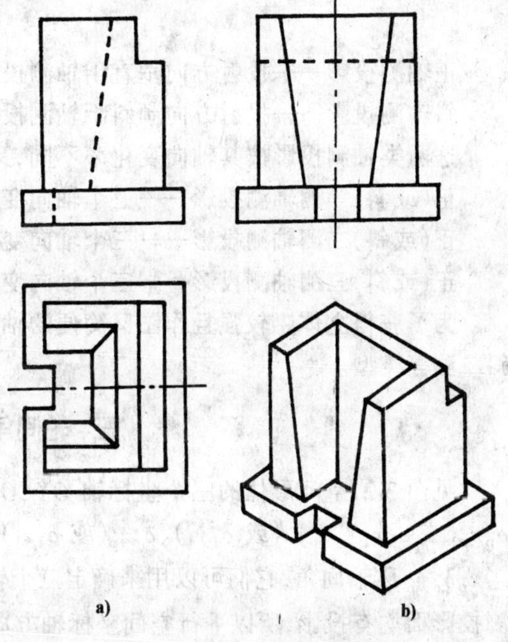

图 3-1 正投影图和轴测投影图

a)投影图；b)轴测图

一、轴测投影图的形成

前面介绍作正投影图的基本条件之一，就是投射线与投影面垂直，如图 3-2 所示。从图中不难看出，量度物体长度及高度的 OX 轴及 OZ 轴在正面图上都能如实地反映出来，而量度物体宽度的 OY 轴在正面图上的投影积聚成一点，也即是说正投影的每个投影图只能表示形体两个方向的向度，这是它缺乏立体感的问题所在。如果采用平行投影的方法，在适当地方设置一个投影面 P，选择一个不平行于形体棱线的投影方向 S，然后将形体连同确定该形体位置的空间直角坐标系一起，按投射方向投射到投影面 P 上，这样在 P 面上得到的投影图称为轴测投影图，简称“轴测图”。接受轴测投影图的投影面 P，称为轴测投影面；投射到轴测投影面上的空间坐标轴，称为轴测投影轴，简称轴测轴。

二、轴测投影的分类

轴测投影图虽然仍采用平行投影的方法绘制，但是它不像正投影那样有三个投影面，而是只有一个投影面。投射线与投影面可以是垂直的，也可以是倾斜的。按投射线与投影面的相对位置不同，可将轴测投影分为正轴测投影和斜轴测投影两类。

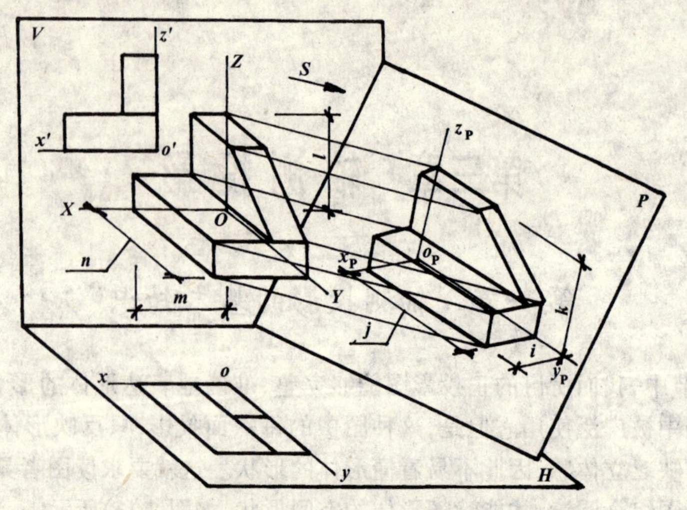

图 3-2 轴测图的形成

正轴测投影——投射方向垂直于轴测投影面。

斜轴测投影——投射方向倾斜于轴测投影面。

这两类轴测投影按其轴向变化率不同,又可分为三种:

正(或斜)等测轴测投影——三个轴向变化率都相等,简称正(或斜)等测;

正(或斜)二测轴测投影——三个轴向变化率有二个相等,简称正(或斜)二测;

正(或斜)三测轴测投影——三个轴向变化率都不相等,简称正(或斜)三测。

为了获得立体感较强且作图又简便的轴测图,工程上常采用正等测(或正二测)、斜等测、斜二测等类型。

三、轴间角和轴向变化率

见图 3-2,空间形体的三个坐标轴 OX、OY、OZ 在轴测投影面 P 上的投影(轴测轴)分别用 o_px_p(或 o_1x_1)、o_py_p(或 o_1y_1)、o_pz_p(或 o_1z_1)表示,三个轴测轴间的夹角$\angle x_po_pz_p$、$\angle y_po_pz_p$ 及 $\angle x_po_py_p$ 称轴间角,它们可以用来确定三个轴测轴间的相对位置。因空间形体的坐标轴在轴测投影面均有投影,所以平行空间坐标轴方向的线段在轴测投影面上都有其投影长度,故将其投影长度与空间对应的实际长度之比称为轴向变化率(又称轴向变形系数)。沿 X、Y、Z 轴的轴向变化率,分别用 p、q、r 表示,则

$$p = o_px_p/OX;q = o_py_p/OY;r = o_pz_p/OZ$$

四、轴测投影的特性

轴测投影具有下列特性:

(1)凡与空间坐标轴平行的线段,其轴测投影平行于相应的轴测轴,且与相应坐标轴的轴向变化率相等。

(2)在轴测图中,沿着三个轴测轴方向可以量度长度(但必须通过一定的轴向变化率换算,然后进行度量)。

五、轴测投影图绘制的基本画法

轴测图绘制的基本方法有:坐标法、叠加法和切割法,基中坐标法是最基本的方法,其他方法都是在坐标法基础上进行的。

1.坐标法

首先将空间坐标系确定在形体的适当位置,根据形体的尺寸和各坐标轴的关系,得出形体各控制点的坐标,画出这些控制点的轴测图;然后连接各控制点;最后整理,即可得到各形体的轴测图。

2.叠加法

根据形体分析的方法,将组合体分解成几个基本形体;再依次根据各基本形体之间的相对位置逐个作出轴测图;最后即可得到该组合形体的轴测图。这种方法适用于叠加型组合体。

3.切割法

将形体看作一个简单的基本形体,绘出轴测图;然后将多余的部分逐步切割掉;最后即可得到该形体的轴测图。这种方法适用于切割型组合形体。

当绘制比较复杂的轴测图时,则需综合上述方法绘制。不论采用哪种作图方法,都应注意:画轴测投影图时,应先确定轴向变化率和轴间角,然后根据两个特性画出轴测投影图。至于在空间不与坐标轴平行的任意线段的轴测图画法,则只能作出该直线两端点的轴测投影,然后相连即可,而不能沿非轴测轴方向直接量度。

下面我们主要介绍正等测、斜等测、斜二测的绘制方法。

第二节　正等测投影

在正轴测投影中,当空间直角坐标轴 OX、OY、OZ 与轴测投影面的倾角都相等时,所得到的轴测投影图称为正等测投影图,简称正等测图,如图 3-3a)所示。

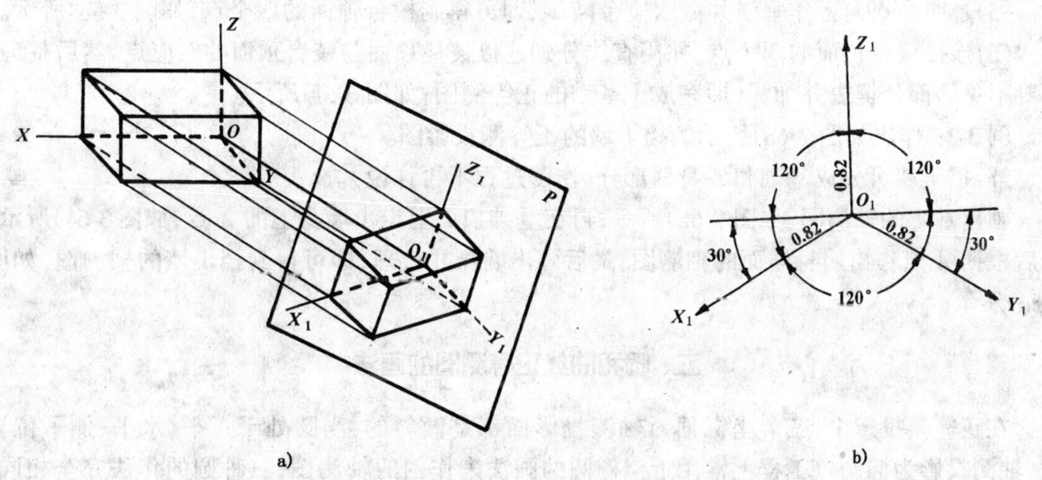

图 3-3　正等测投影

a)正等测投影的形成;b)轴间角和轴向变化率

在正等测投影中,由于三个坐标轴与轴测投影面的倾角相等,根据几何知识可知,在轴测投影面上三个轴测轴之间的夹角均为120°;三个轴测轴的轴向变化率也相等,通过空间几何知

识计算得出三个轴向变化率为：$p=q=r\approx0.82$

按照这个轴向变化率作图，量度长度时需要计算。为使作图简便，在实际画图时，通常采用简化系数作图，即 $p=q=r\approx1$。用简化系数画出的轴测图比实际投影得到的轴测图，每一个轴向尺寸都放大了 $1/0.82\approx1.22$ 倍。

一、正等测图的画法

首先，按轴间角均为120°画出轴测轴。画时应先画 z_1，使 z_1 处于铅直方向，然后画出 x_1、y_1，如图3-4所示。然后对形体进行形体分析，确定空间坐标轴位置，得出形体各控制点的坐标后，即可按照轴测投影图的基本绘制方法进行作图。

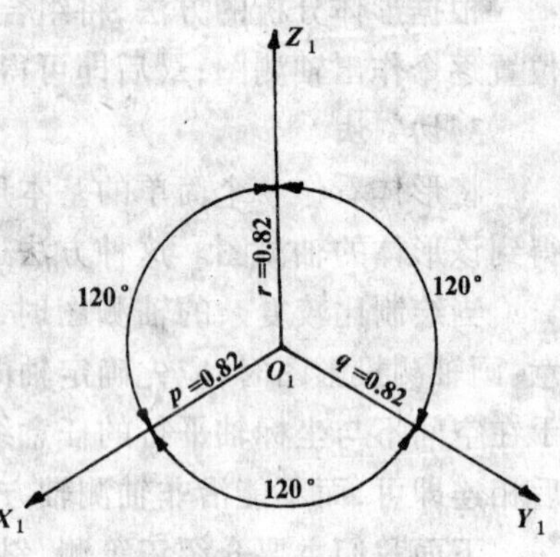

图3-4 正等测轴

例3-1：已知基础的两面投影，如图3-5a)所示，求作它的正等测图。

作图步骤如下：

(1)分析形体的组成：基础是由棱柱和棱台组成，画出轴测轴 O_1X_1、O_1Y_1、O_1Z_1，再建立空间坐标轴，然后绘制出棱柱、棱台。

(2)画棱柱的底面：沿 O_1X_1 方向截取底边长度 x_1，沿 O_1Y_1 截取 y_1，通过此两点分别作 O_1X_1、O_1Y_1 的平行线并交于一点，如图3-5b)所示。

(3)过底面的四个交点向上作垂线并截取棱柱高 z_1，连接各顶点即得到棱柱的正等测图，如图3-5c)所示，不可见棱线不画。

(4)画棱柱顶部的棱台部分：棱台的侧棱为一般线，与坐标轴不平行，所以先画斜线的两个端点再连接，在棱柱顶面沿 O_1X_1 方向截取 x_1、x_2、x_3，沿 O_1Y_1 截取 y_1、y_2、y_3，通过截取点分别作 O_1X_1、O_1Y_1 的平行线，即可得出棱台顶面的水平面投影，如图3-5d)所示。

(5)过四个点向上作垂线并截取棱台高 z_2，即可得到棱台顶面的四个点，如图3-5e)所示。

(6)连接棱台顶面的四个点，并用直线分别连接棱柱顶面与棱台顶面的对应点，然后整理，将看不见的部分擦去并加深，即完成了基础的正等测图，如图3-5f)所示。

例3-2：作出如图3-6a)所示的挡土墙的正等测投影图。

解：挡土墙可分成基础和墙身两部分(作图过程不再详说)。

画出基础的轴测图，如图3-6b)所示；再在基础顶面上定出墙身上的 A 点，如图3-6c)所示；然后根据 A 点作出墙身端面的轴测图；最后画出墙身并整理，即可得到挡土墙的轴测图，如图3-6d)所示。

二、圆和曲线正等测图的画法

在正等测投影中，三个坐标面对轴测投影面都是倾斜的，当圆处于正平、水平、侧平位置时，轴测投影为椭圆。工程上常用近似椭圆的画法来作圆的轴测图，三种圆的作法完全相同。现以水平圆为例，如图3-7所示，首先在圆的正投影图上确定坐标轴；再作圆的外接正方形；然后作正方形的轴测投影菱形，a_1、b_1、c_1、d_1 为菱形的各边中点，连接 a_13_1、d_13_1、b_11_1 和 c_11_1 交 2_1、4_1；最后分别以 1_1、3_1 为圆心，以 1_1c_1 或 b_1d_1 为半径作圆弧，以 2_1、4_1 为圆心，以 2_1b_1 或 4_1d_1 为半径作圆弧。由四段圆弧连接成的椭圆，是水平圆的正等测投影的近似画法。

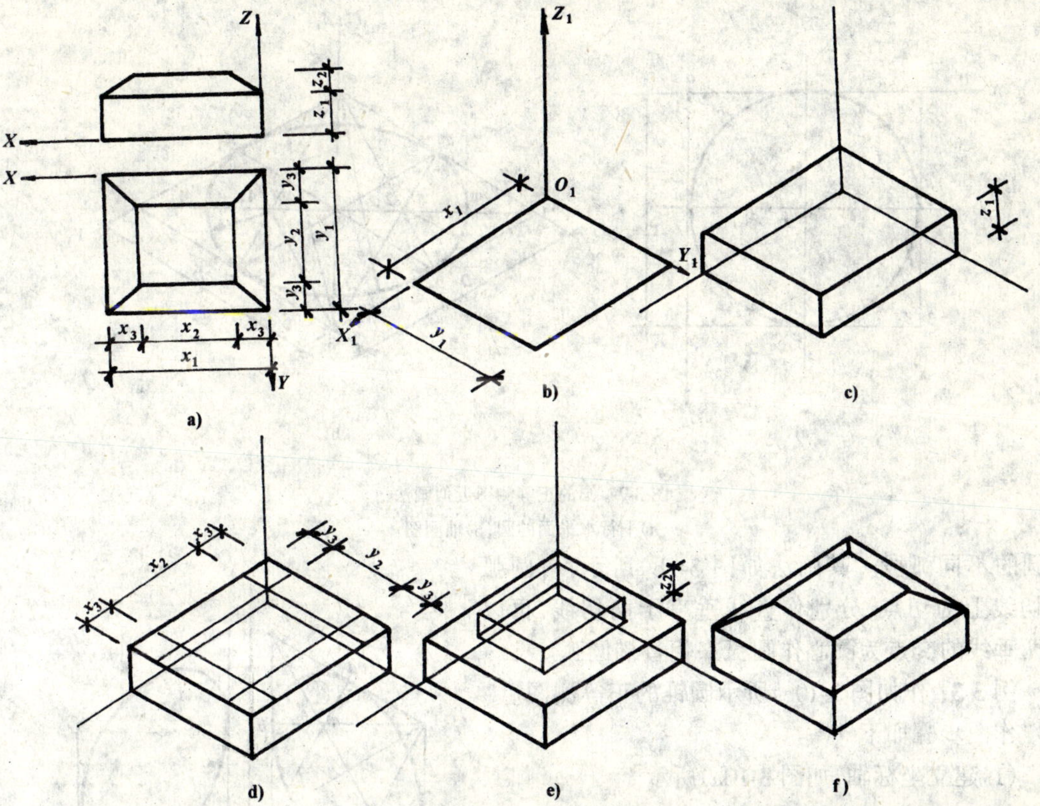

图 3-5　基础正等测图的画法

a)已知正投影图；b)画基础底面；c)画基础边厚度线；d)在棱柱顶面上画棱台顶面的水平投影；e)画出棱台顶面；f)连接棱台侧棱

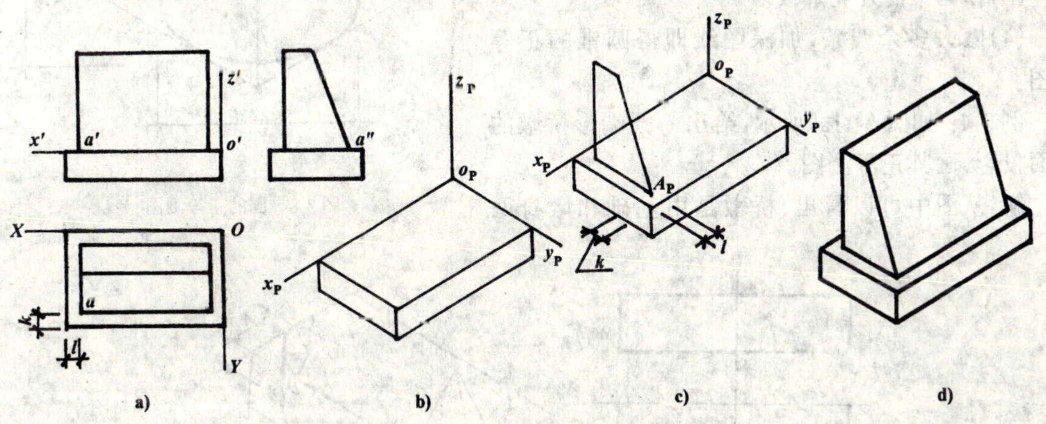

图 3-6　挡土墙的正等测图

a)投影图；b)、c)、d)作图过程

如图 3-8 所示，从图中可以看出：平行于坐标面 XOY、XOZ、YOZ 的圆的正等测椭圆的长轴都在菱形的长对角线上，短轴都在短对角线上；椭圆采用简化系数的长轴、短轴长度。

在实际工作中，有时还会遇到 1/4 圆的正等测投影。如图 3-9a)所示，平面图中有四个圆角，即四段圆弧分别与四边形四条边相切。在正等测图中，这四段圆弧的轴测投影可视为同一

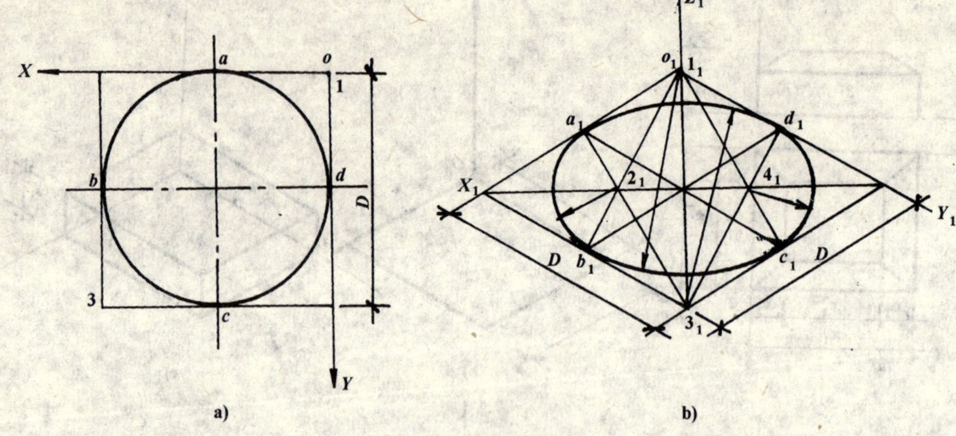

图 3-7　圆的正等测图近似画法

a)平行水平面的圆；b)轴测图

椭圆的不同弧段。其画法如图 3-9b)所示，自圆弧两切线上的切点，分别作直线垂直于两切线，再以此两垂线的交点为圆心作圆弧来代替椭圆弧。

例 3-3： 作如图 3-10c)所示圆锥的正等测图。

作图步骤如下

(1)建立坐标轴，如图 3-10a)所示。

(2)画出轴测轴，根据底圆直径 D 作该圆的外切正方形的正等测图，画出圆锥的高，如图 3-10b)所示。

(3)作圆锥的外轮廓线。

(4)擦去多余线条，加深图线即得圆锥的正等测图。

例 3-4： 如图 3-11a)所示，给出一圆端形桥墩的两面投影，画其正等测图。

解：从图中可以看出，桥墩是由基础和墩身两

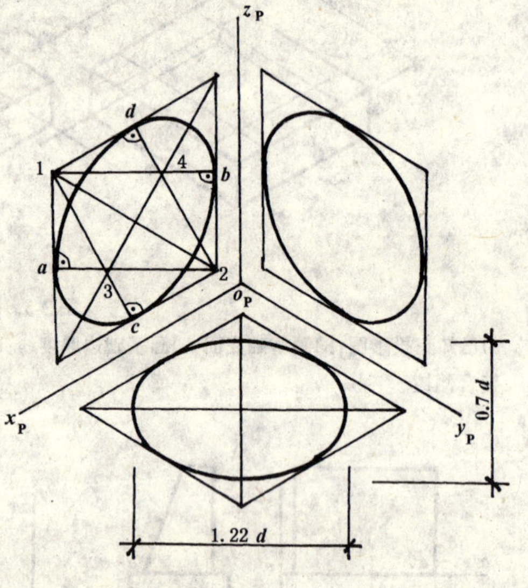

图 3-8　圆的正等测图

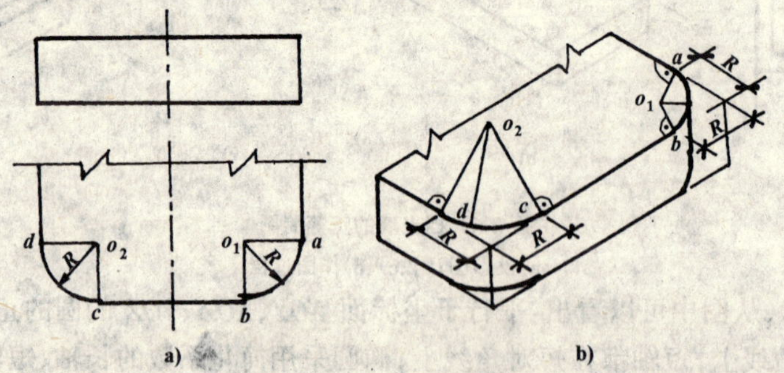

图 3-9　1/4 圆的正等测图

a)投影图；b)轴测图

部分所组成,其具体作图步骤如下:

(1)先画轴测轴,再画长方形的基础,如图3-11b)所示。

(2)在基础顶面上作出墩身底面和顶面两端的半圆形,其轴测投影为椭圆的一部分,如图3-11c)所示。

(3)作上、下椭圆的切线,擦去多余的线条,整理,即得桥墩的轴测图,如图3-11d)所示。

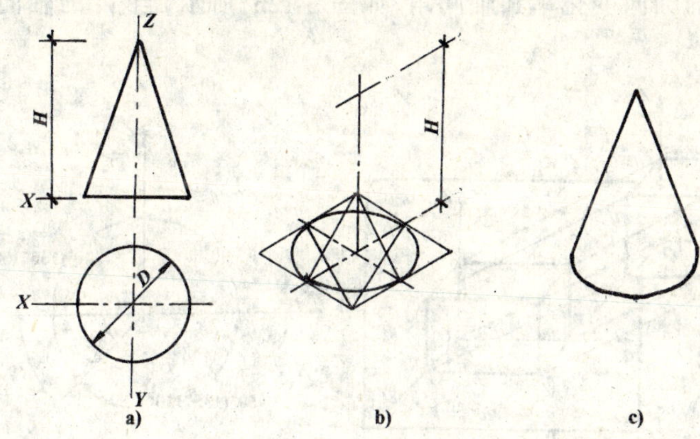

图3-10 圆锥正等测图画法

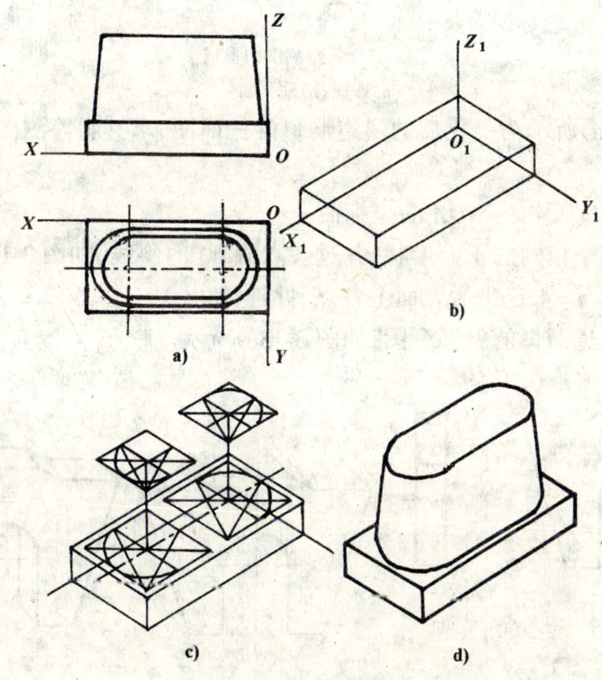

图3-11 桥墩的正等测图

a)投影图;b)、c)、d)轴测图作图过程

第三节 斜轴测投影

在轴测投影中,如果投射线与投影面倾斜时,则称为斜轴测投影。通常取 XOZ 坐标面平行于轴测投影面,则 X 轴和 Z 轴的轴向变化率为1,两轴测轴的轴间角为90°。当正立面的斜

轴测投影反映实形时，这种斜轴测投影，又叫正面斜轴测投影，如图 3-12a）所示。

在正面斜轴测投影中，由于投射方向有无穷多，故 Y 轴投影后，可以形成任意的轴向变化率和任意的轴间角，因此，Y 轴的轴向变化率和轴间角可以任意选择，一般选 y_1 的轴向变化率为 1、1/2 等，y_1 轴与水平方向的夹角可以选择 30°、45°、60°等。当 y_1 的轴向变化率为 1 时，称为斜等测图。当 y_1 的轴向变化率不等于 1 时，称为斜二测图。图 3-12a）为长方体正面斜轴测图的形成，它们常用的轴向变化率和轴间角，如图 3-12b）所示，当 y_1 的轴向变化率采用 1/2 时，即为斜二测。

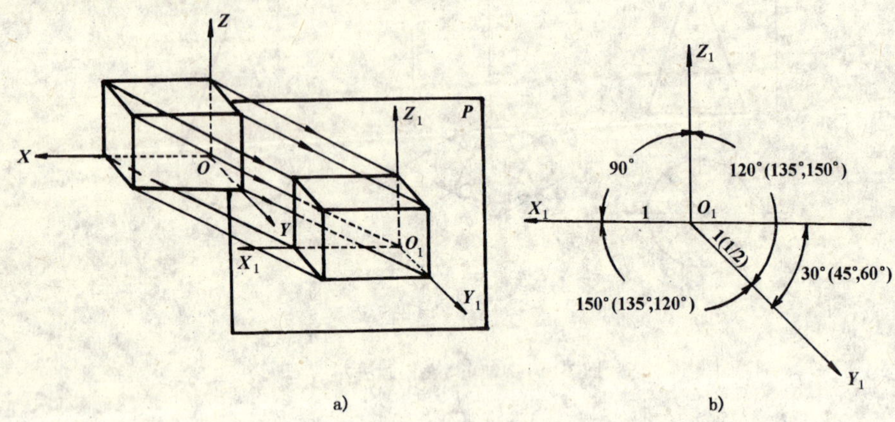

图 3-12 斜轴测图的形成

a）形成；b）轴测轴

例 3-5： 如图 3-13a）所示为简化后的隧道洞口的三面图，求其斜等测图。

解：

（1）选取隧道洞口前面作为 XOZ 的坐标面。

（2）画出与立面完全相同的正面形状，并过各点画 60°的斜线，如图 3-13b）所示。

（3）再在斜线上按 $q=1$ 定出后表面上各点，并连接。

（4）整理后即得隧道洞口的斜等测图，如图 3-13c）所示。

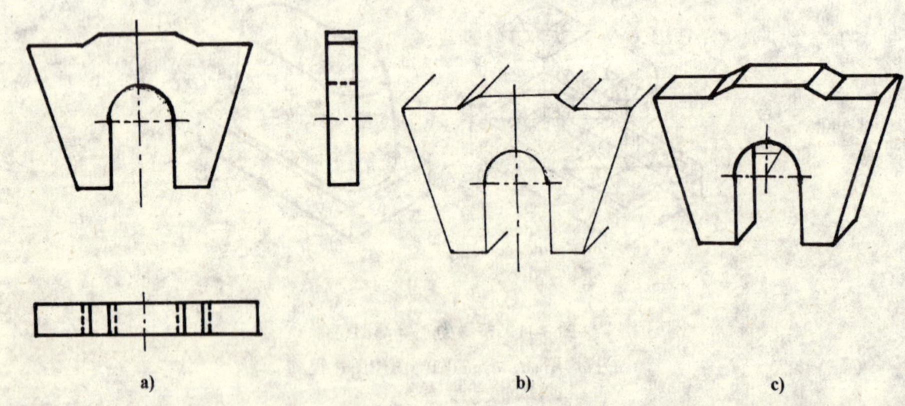

图 3-13 隧道洞口的斜等测图

a）投影图；b）、c）轴测图的作图过程

例 3-6： 作如图 3-14a）所示涵洞洞口的斜二测图。

解：

(1)选涵洞洞口前表面作为 XOZ 坐标面。

(2)画出与 V 面完全相同的正面形状,并过各点画 60°的斜线,如图 3-14b)所示。

(3)再在斜线上按 $q=0.5$ 定出后表面上各点,并连接。

(4)整理加深后即得涵洞洞口的斜二测图,如图 3-14c)所示。

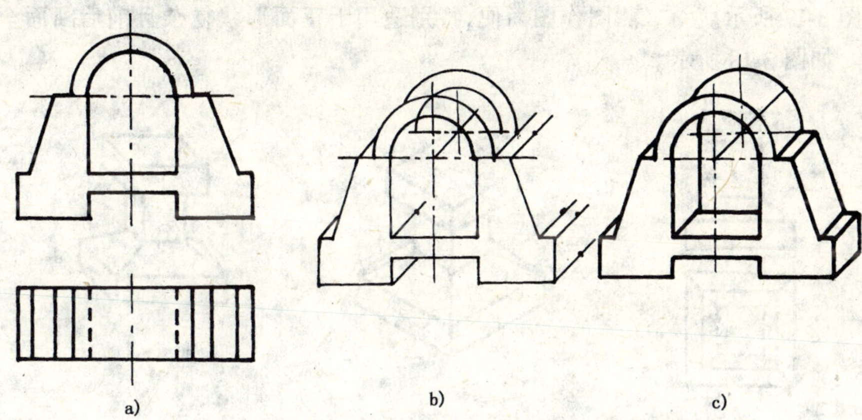

图 3-14 涵洞口的斜二测图

a)投影图;b)、c)轴测图的作图过程

例 3-7: 写出立体字“中”。

解:

(1)先按笔划宽度写出“中”字,如图 3-15a)所示。

(2)然后沿 y_1 轴方向按设定字体厚度定出对应各点,如图 3-15b)所示。

(3)连接,整理加深即得立体字,如图 3-15c)所示。

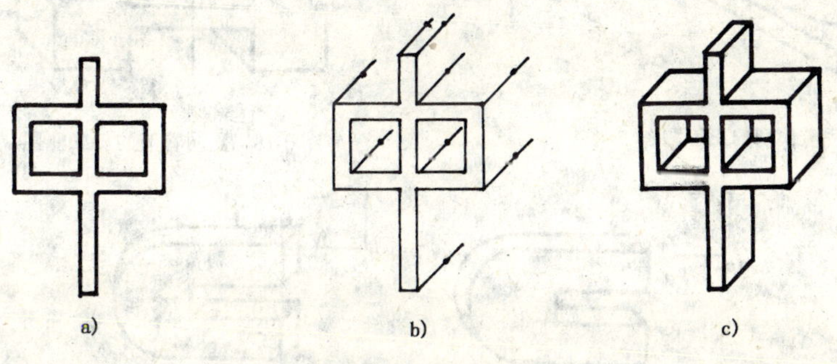

图 3-15 写立体字

第四节 轴测投影的选择

通过对正等测图、斜轴测图的分析,不难看出轴测图比较直观地表现出形体的立体形状。但是,在这些方法中,用哪一种方法效果更好?形体如何摆放更能表现形体面貌?投影方向如何选择?则必须根据形体的形状特征来分析确定。

一、轴测投影类型的选择

轴测图最重要的特性就是立体感强,直观性好。为了更直观地表达形体,应选择对形体表现有利的轴测投影类型,以提高图样的直观性,尽量减少分析阅读。如图 3-16 所示的柱墩轴测图,如果采用正等测表现时,正等测的投影方向恰好使前角的竖向棱线重合,显得图样呆板;如果采用斜二测图表现该柱墩,则图样的直观性增强了。在正等测图中,三个轴间角和轴向变化率均相等;平行于三个坐标平面的,圆的轴测投影(椭圆)画法相同,且作图方便。因此,被广泛应用,如图 3-17 所示。斜二测图作图简便,特别适用于正面形状复杂且前后断面全等、曲线较多的形体,如图 3-18 所示。

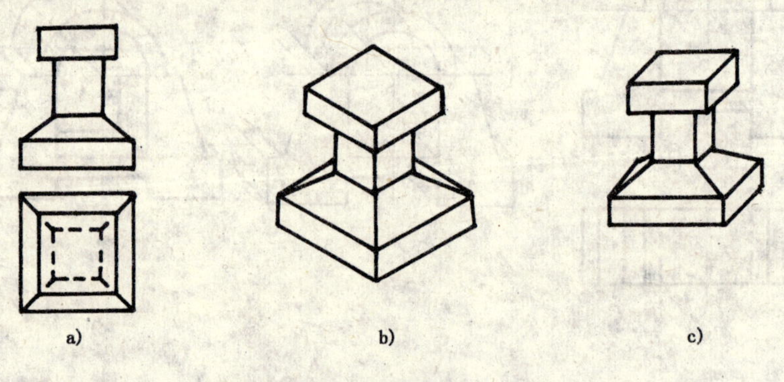

图 3-16 柱墩的正等测图和斜二测图

a)正投影图;b)正等测图;c)斜二测图

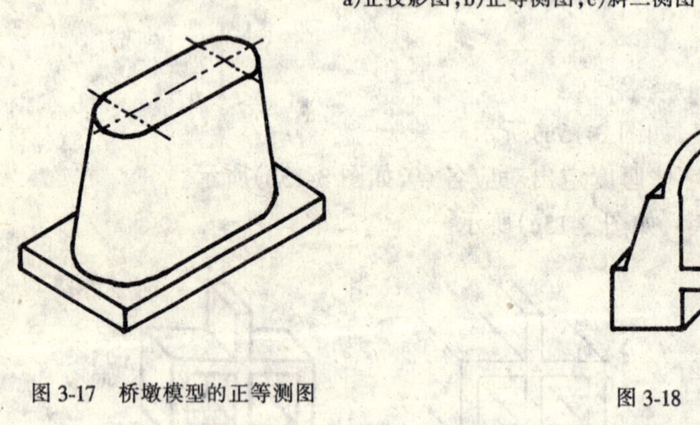

图 3-17 桥墩模型的正等测图

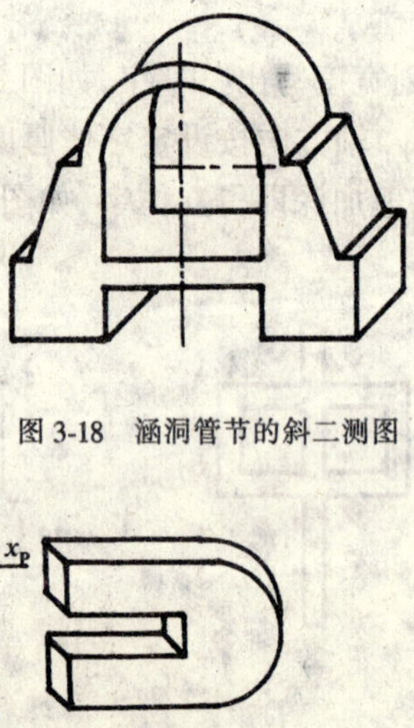

图 3-18 涵洞管节的斜二测图

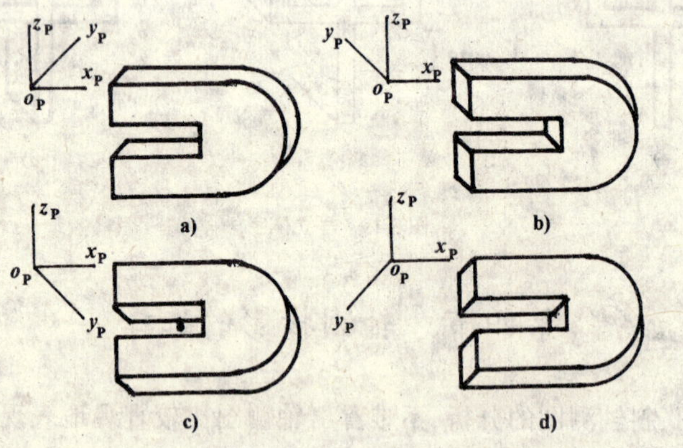

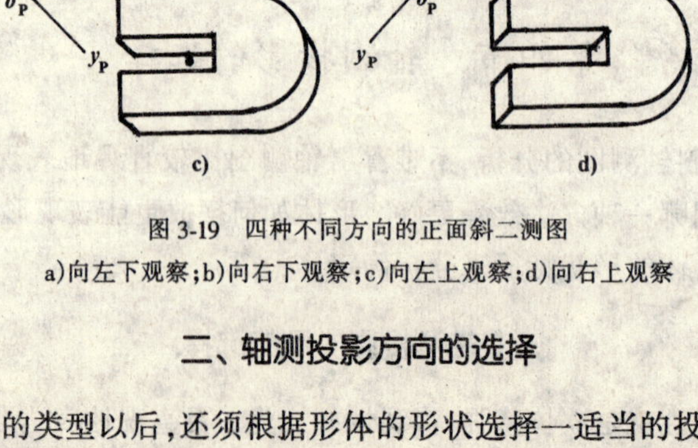

图 3-19 四种不同方向的正面斜二测图

a)向左下观察;b)向右下观察;c)向左上观察;d)向右上观察

二、轴测投影方向的选择

在确定了轴测图的类型以后,还须根据形体的形状选择一适当的投影方向,使需要表达的部分更为明显。投影方向的选择,也即是观察者从哪个方向去观察形体。如图 3-19 所示,画出了四种不同观察方向的斜二测图。

如图 3-20 所示为形体从不同方向投影所得的三个正等测图。其中图 b)主要显示形体的上、前、左部分;图 c)显示形体的上、前、右部分;图 d)显示形体的底、前、右部分。从图形的直观性来看,图 b)最好;图 c)次之;图 d)主要表现形体底部的形状,底部为一平板,而复杂的部分未表达出来,所以效果较差。

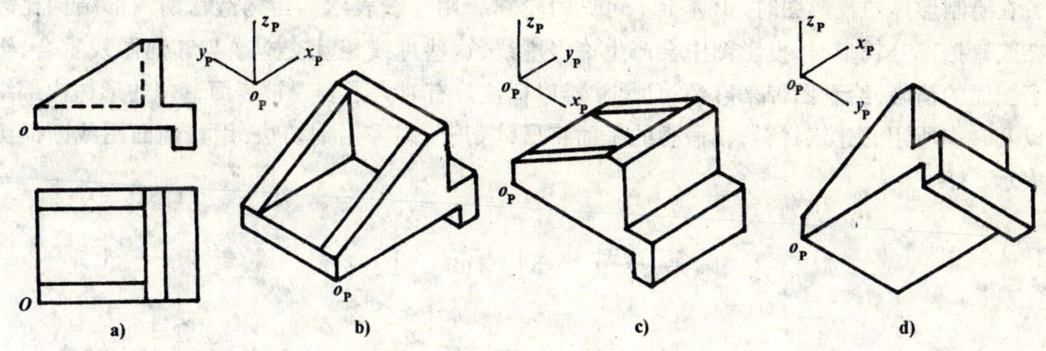

图 3-20 三种不同投影方向的正等测图

a)投影图;b)明显性较好;c)明显性次之;d)明显性较差

第四章 剖面图和断面图

在绘制形体的投影图时，形体上不可见的轮廓线用虚线表示。当构造物的内部结构比较复杂或遮挡部分较多时，投影图中会产生许多虚线，这些虚线相互交迭或与其他图线重合，影响了图面的清晰，给看图带来麻烦，且尺寸难以标注。有时为了表现被表面遮盖的形体内部结构以及它们所用的建筑材料，用假想的平面将形体切开，即采用剖切法，用其剖面图或断面图来表示。

第一节 剖 面 图

一、剖面图的形成

假想用一个剖切平面在形体的适当位置剖切开，移去剖切平面与观察者之间的部分，将余下的部分按垂直于剖切面的方向投影，所得到的投影图称为剖面图。

如图4-1a)所示是台阶的投影图，侧面图上的“踏步”是用虚线表示的。如图4-1c)所示，假

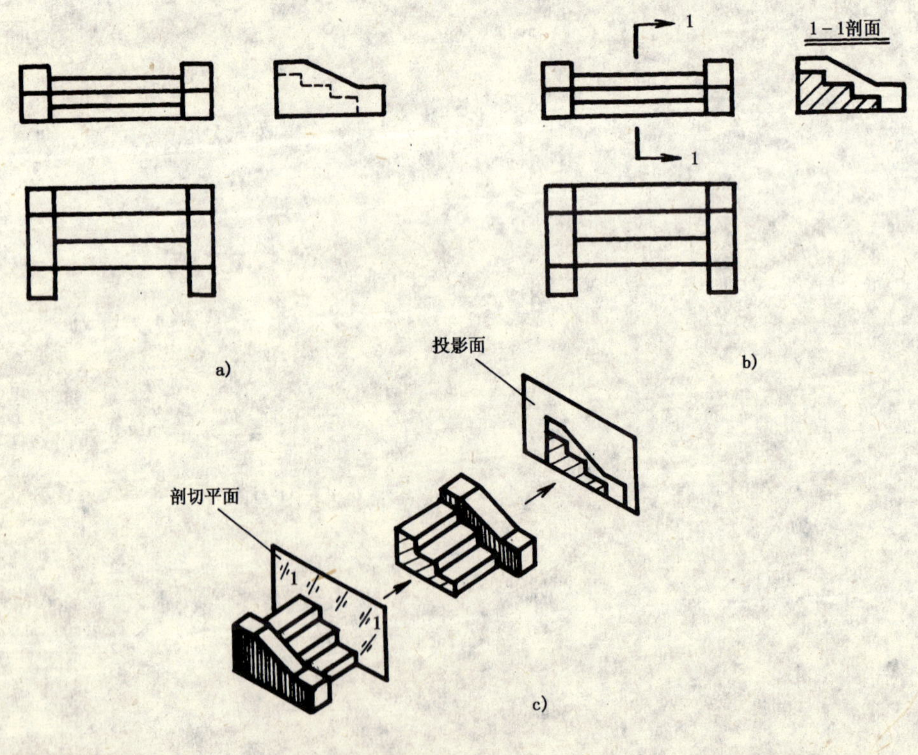

图4-1 剖面图的形成

a)投影图；b)剖面图表示法；c)立体图

想用一个平行于侧立面的剖切平面 1-1 将台阶剖切开,并把剖切平面左边的部分移开,然后从左向右投影,把剩下的部分画成投影图,并将剖切平面与台阶的接触部分画上平行等间距 45°的细实线,即剖面线,如图 4-1b)所示。

在剖面图上为了分清形体被剖切的部分和没有被剖切的部分,剖切平面与形体接触的部分要画上剖面线或材料图例,以表明结构物的材料,常用的材料图例如表 4-1 所示。

常用的材料图例符号

表 4-1

材料名称	图例	材料名称	图例	材料名称	图例
水泥混凝土	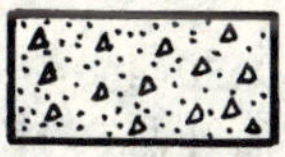	细粒式沥青混凝土		干砌片石	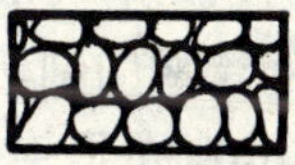
钢筋混凝土	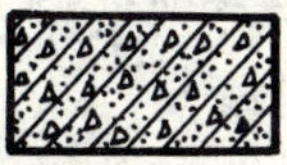	中粒式沥青混凝土		浆砌片石	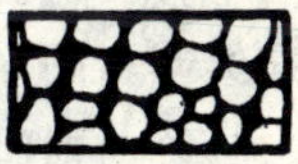
水泥稳定土	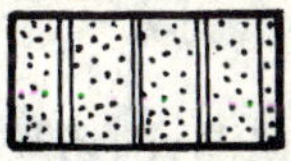	粗粒式沥青混凝土		浆砌块石	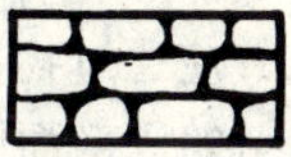
水泥稳定砂砾	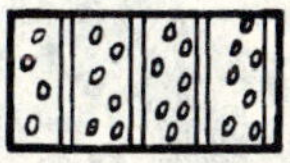	沥青碎石		木材横断面	
水泥稳定碎砾石		沥青贯入碎砾石	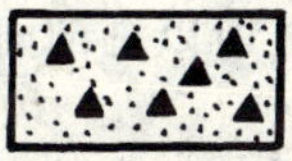	木材纵断面	
石灰土	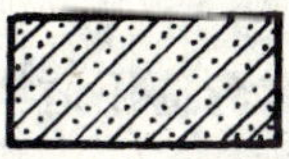	沥青表面处治		自然土壤	
石灰粉煤灰	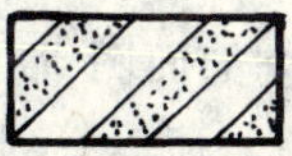	泥结碎砾石	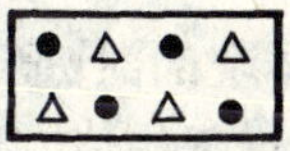	夯实土壤	
石灰粉煤灰土	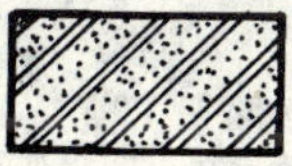	泥灰结碎砾石	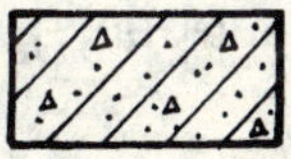	天然砂砾	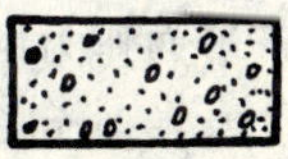
石灰粉煤灰砂砾	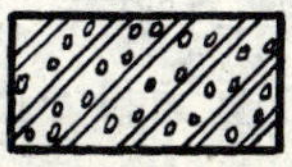	级配碎砾石	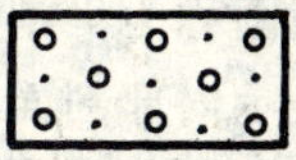	橡胶	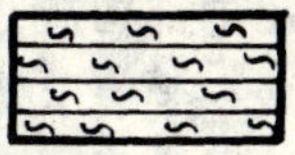
石灰粉煤灰碎砾石		填隙碎石	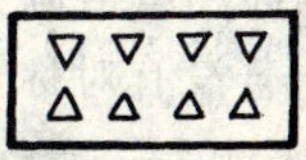	金属	

二、剖面图的标注

1.剖面的剖切符号

剖面图的剖切位置用剖切位置线来表示,即在剖切位置的起、止处各画一短粗实线,长度宜为6~10mm,绘图时此线尽可能不与形体的轮廓线相交。

投影方向线在剖切位置线的两外端垂直于剖切位置线,也用粗实线绘制,其长度宜为4~6mm,用单边箭头表示剖切后的投影方向。

剖切位置线和投影方向线合在一起称为剖切符号。

2.剖面的编号及注法

剖面的剖切符号要进行编号,编号应采用一组阿拉伯数字或英文字母。顺序宜按由左至右、由上至下连接编排,并标注在剖切位置线的端部,水平书写。剖面代号应标注在投影图上方居中,剖面代号应成对的采用,并以一根5~10mm长的细实线将成对的代号分开。图名底部应绘制与图名等长的粗、细实线,两线间净距为1~2mm。

3.绘制剖面图应注意的几点

(1)剖切平面的位置要选在能完整表达形体特性的位置。剖切平面一般选用特殊位置平面,并应通过物体内部结构的主要轴线。

(2)画剖面图时,在剖切平面后方的可见轮廓线均应画出,不能遗漏;剖切平面与形体接触的部分,一般要绘出材料图例,在不指明材料时,用45°斜细实线绘出图例线,间隔要均匀,一般为2~6mm。在同一形体的各剖面图中,剖面线方向、间距应一致。

(3)剖面图中,形体剖切后,不可见部分变为可见,应将原有虚线改画成实线,剖面图中一般不画虚线。

(4)由于剖切平面是假想的,所以画剖面图后,并不影响其他投影图的完整性,其他投影图要完整地绘出。

三、剖面图的种类

形体的形状多种多样,我们可以根据形体的内部构造和外形构造选用适当的剖切方法。下面介绍常用的几种剖面图:

1.全剖面图

假想用一个剖切平面把形体全部剖切开后画出的剖面图称为全剖面图,简称全剖面。采用全剖面,可以清楚表示形体的内部构造,但外部形状不能表示出来。所以全剖面适用于形状不对称或外形比较简单、内部结构比较复杂的形体。如图4-2所示,为一重力式U形桥台用一个正平面作为剖切平面把它剖切,图中b)是桥台的全剖面图。

2.半剖面图

当形体的某投影图对称时,在该投影图上可以以对称轴线为界,一半画出投影图,另一半表示内部构造,这样画出的剖面图称为半剖面图,简称半剖面,如图4-3所示。相当于把形体画成一半表示外形投影,一半表示内部剖面的图形。图b)中画在正立面投影图位置的图形,即为一圆形沉井的半剖面图。

根据形体的对称情况,半剖面图一般画在右半边、下半边或前半边,如图4-3、图4-4所示。对称线规定用点划线,投影图上若没有对称轴线,一般不采用半剖面。由于半剖面图上同时显示了形体的内、外部结构,在不影响表达完整的情况下,在半剖面图的外形半边虚线可以省略

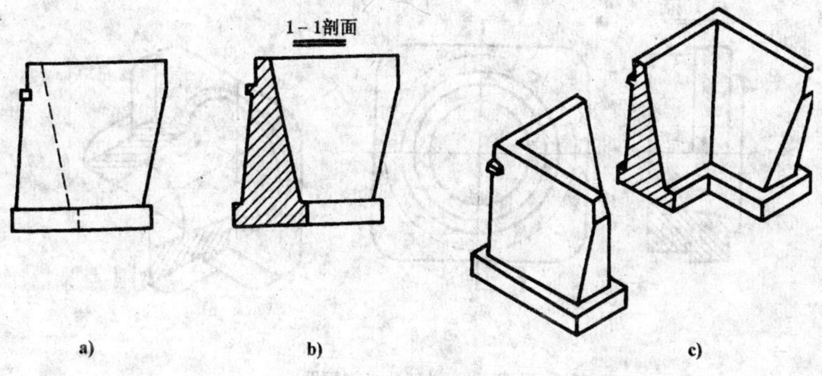

图 4-2　重力式桥台的全剖面图
a)立面图;b)全剖面图;c)立体图

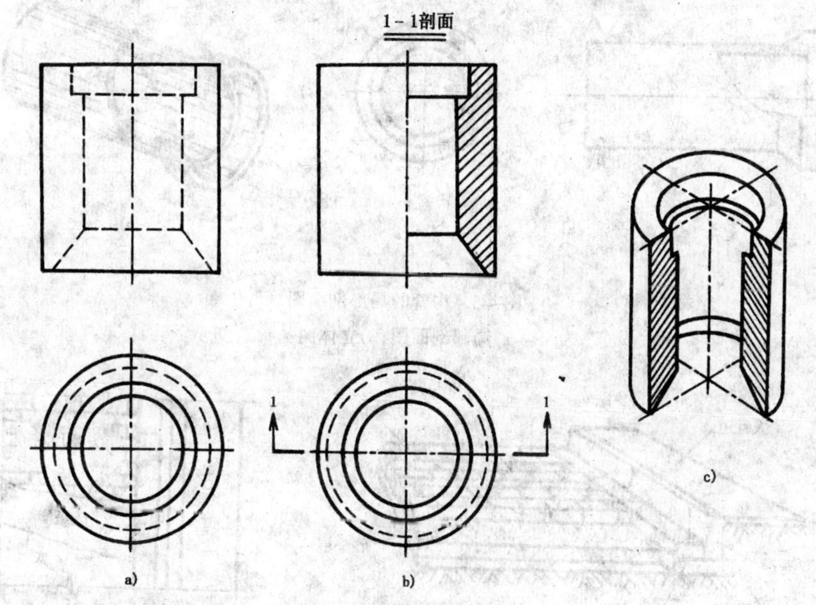

图 4-3　圆形沉井的半剖面图
a)剖切前;b)剖切后;c)立体图

不画。半剖面图和全剖面图的标注方法相同。

3.局部剖面图

如果要表达形体某一局部的内部形状,可以采用局部剖面图。局部表达范围可根据需要而定,局部剖面图与投影图的分界线选用折断线或波浪线,不得用形体的轮廓线,也不得超出图形轮廓线。

如图 4-5 所示是用局部剖面图表示沟管内部构造的情况。

如图 4-6 所示是路面的结构分层局部剖面图。

局部剖面是一种比较灵活的表达方法,在不应作全剖面(须要保留部分外形)和不宜作半剖面(没有对称平面)的情况下,局部剖面弥补了其他表达方法的不足。

如图 4-7 所示是一种特殊情况(对称轴线与可见、不可见轮廓线重合),不宜作半剖面。只

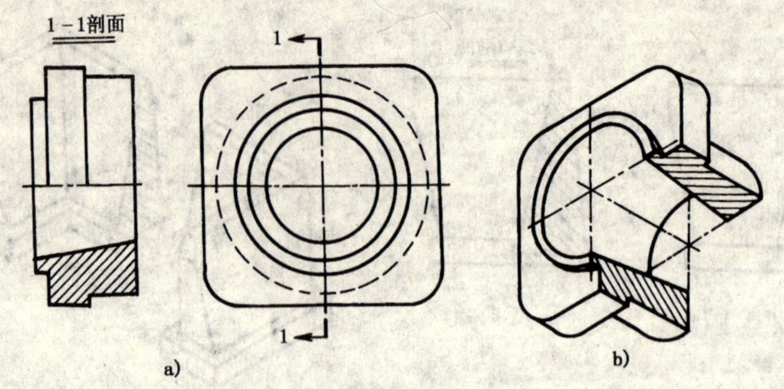

图 4-4　锚环的半剖面图

a)半剖面图；b)立体图

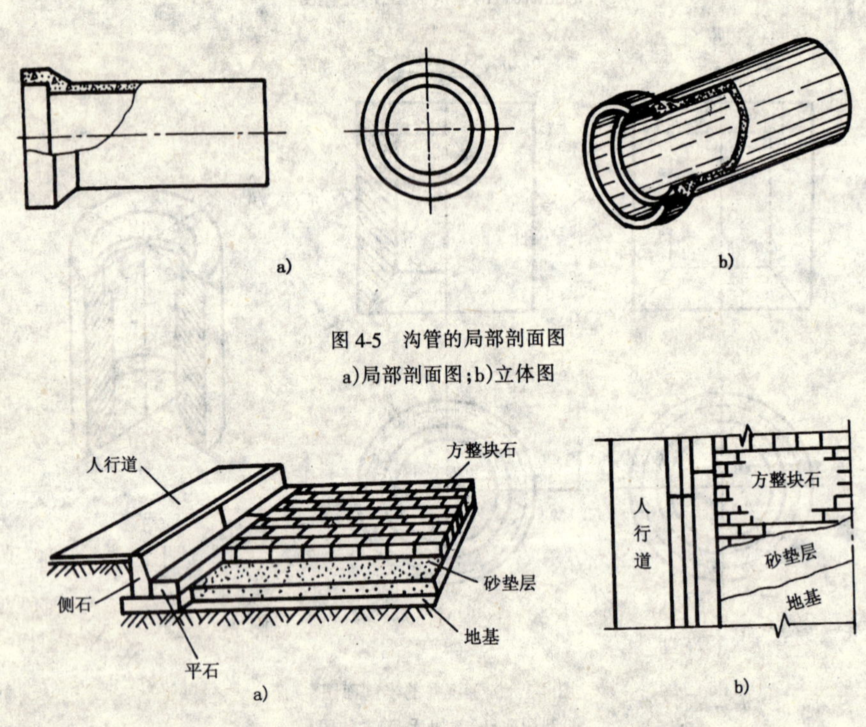

图 4-5　沟管的局部剖面图

a)局部剖面图；b)立体图

图 4-6　路面的结构分层局部剖面图

a)立体图；b)局部剖面图

有局部剖可以作出合理的剖视。

图中 a)少剖了一些，表达了外部中间的轮廓实线；图中 b)则多剖了一些，表达了内部中间的轮廓实线；图中 c)综合了 a)、b)的内容，同时表达了内、外部中间的轮廓实线。

4.阶梯剖面图

如果采用单一剖切平面难以将形体内部的构造情况表达清楚，可用两个或两个以上平行的剖切平面剖切形体，这样剖切后得到的剖面图称为阶梯剖面图。

如图 4-8a)、b)所示为圆井的水平面投影图，是采用两个相互平行的平面 1-1 剖切后画出的。

由于剖切平面到另一个剖切平面必然会有转折，在剖切的起止点和转折处都要画出剖切

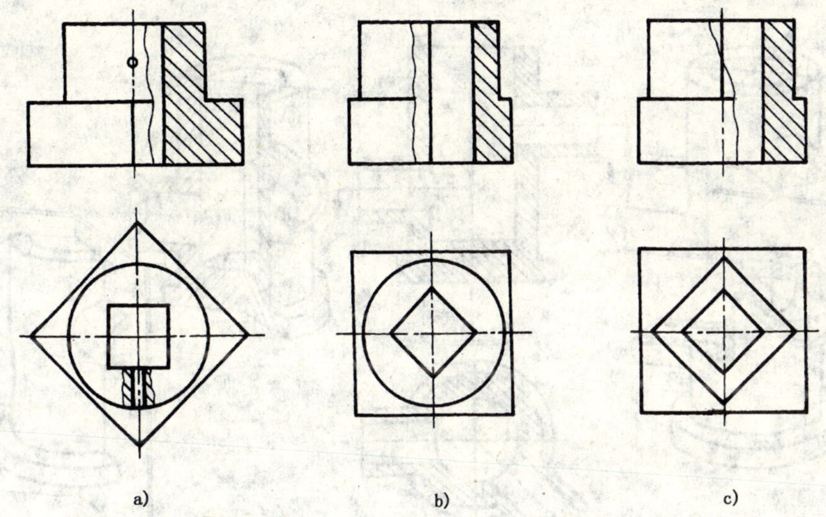

图 4-7 中心线和轮廓线重合的局部剖面图

a)中心线和外部轮廓线重合;b)中心线和内部轮廓线重合;c)中心线和内、外轮廓线重合

线,但应注意转折处的剖切线不能与轮廓线相重合。由于剖切是假想的,采用阶梯剖剖切图形时,不应画剖切面转折处产生的交线。

作阶梯剖面图的标注时,图线外的剖切符号处应注明编号,转折处可以不注;但如与其他图容易发生混淆时,转折处也应在转角的外侧加注相同的编号,在所画的剖面图上方用同样的字母标注其名称。

5.旋转剖面图

采用两个相交的剖切平面剖切物体,且其交线垂直于某一投影面,将被剖切平面剖开的结构及其有关的部分旋转到与选定的投影面相平行的位置再进行投影,这样画出的剖面图称为旋转剖面图。

如图 4-8b)、c)所示,用包含并相交于圆井轴线上的两个铅垂面 2-2(交线垂直于 H 面)去剖切圆井,再把左边剖切得到的图形旋转成正平面,连同右边剖面剖切得到的图形(右边已是正平面,不用旋转)一起投影,便得到 2-2 剖面图。

旋转剖面图的标注要求同阶梯剖面图。画旋转剖面图时,在剖切平面后面的其他结构仍按原来的位置投影。

6.展开剖面图

剖切面是用曲面或用平面与曲面组合而成的铅垂面(随着工程构造物中线的弯曲而弯曲),然后将剖切后的形体展开(拉直),使它平行于正平面并进行投影,这样画出的剖面图称为展开剖面图。

如图 4-9 所示为一弯道桥,桥的平面图为直线和圆弧合成的图形,它的纵剖面图是展平后画出的,路线的纵断面图就是展开剖面图。

四、举　例

例 4-1: 如图 4-10 所示为窨井的投影图,其中三个图均采用剖面图绘出。

(1)立面图

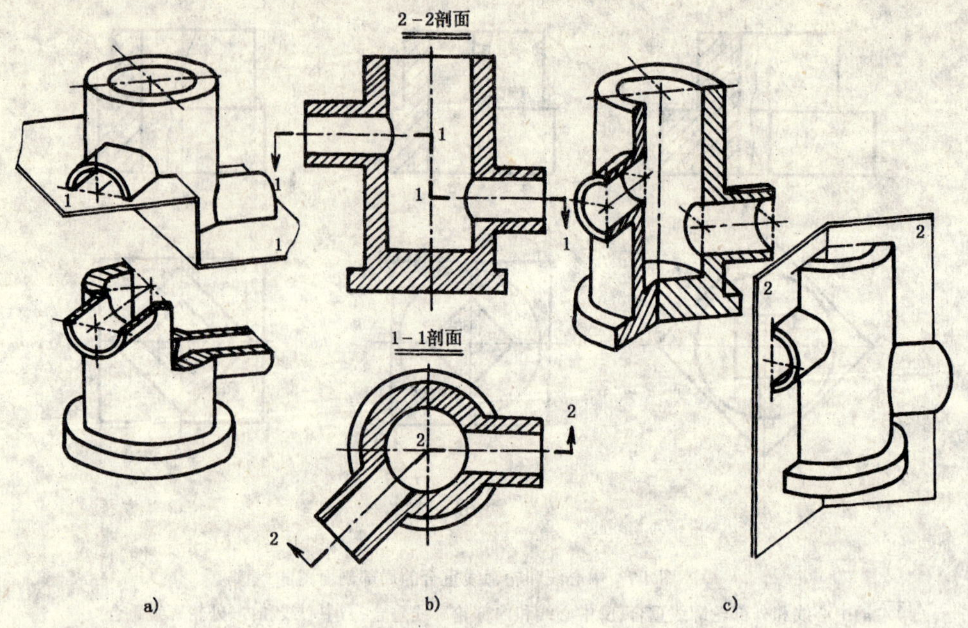

图 4-8　圆井的阶梯剖面图和旋转剖面图

a)、c)立体图；b)阶梯剖面图和旋转剖面图

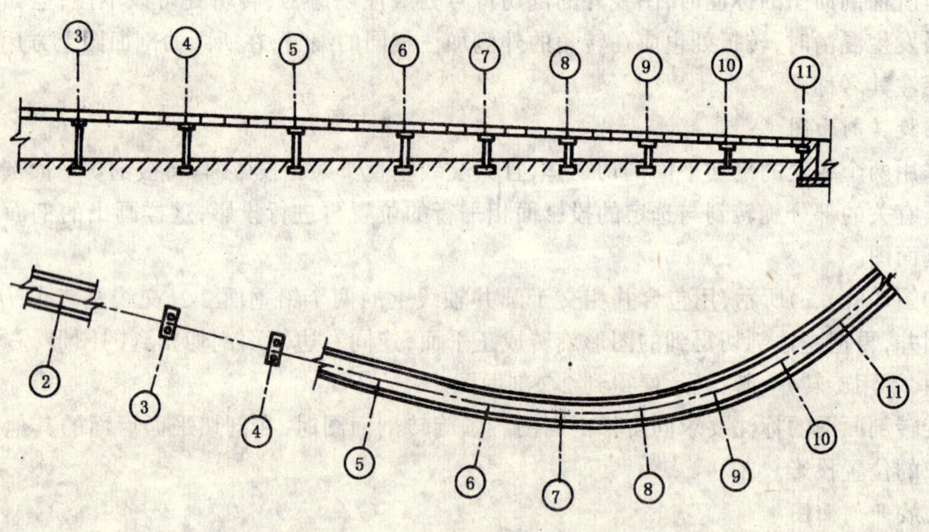

图 4-9　弯桥的展开剖面图

采用全剖面图，从剖切符号 1-1 可以看出剖切平面是通过窨井的前、后对称面的，这样可以看出其内部构造情况。

(2)平面图

采用阶梯剖面图，从正面投影图的剖切符号 3-3 可以看出两个水平剖切平面通过圆管的中心线。

(3)侧面图

采用半剖面图，左半部表示外形，右半部表示内部构造。

例 4-2：如图 4-11d)所示为一桥梁上部结构的行车道板的投影图，其中三个图均分别被剖切。

(1)立面图

采用半立面和 2-2 剖面合并而成。2-2 剖面平行于 *V* 面，从而显示了行车道板的纵向构造情况，这个图为半纵剖面图。

(2)平面图

采用半平面和 1-1 剖面合并而成。1-1 剖面平行于 *H* 面，从而显示了行车道板纵横梁的布置情况，为梁格布置系统。

(3)侧面图

采用阶梯剖面，为了表示跨端剖面和跨中剖面，用平行于 *W* 面的 3-3 剖面将行车道板横向剖切，称为横剖面图。

行车道板的直观剖切情况如图 4-11a)、b)、c)所示。

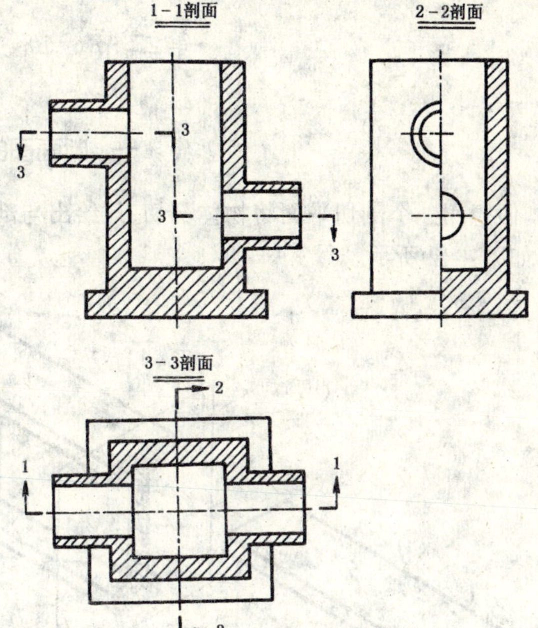

图 4-10　窨井的投影图

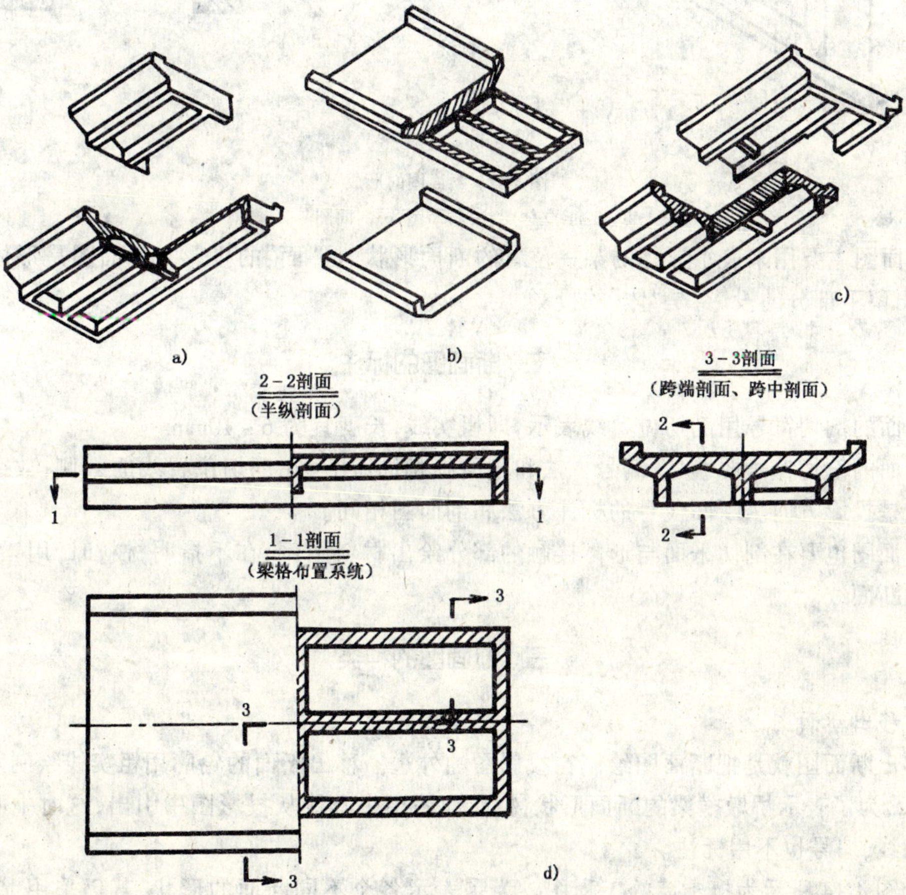

a)　b)　c)

2-2剖面
(半纵剖面)

3-3剖面
(跨端剖面、跨中剖面)

1-1剖面
(梁格布置系统)

d)

图 4-11　行车道板
a)、b)、c)立体图；d)投影图

第二节 断 面 图

一、断面图的形成

假想用一个剖切平面将物体剖切，只绘出与剖切平面相接触部分的图称为断面图，简称断面，如图 4-12 所示。

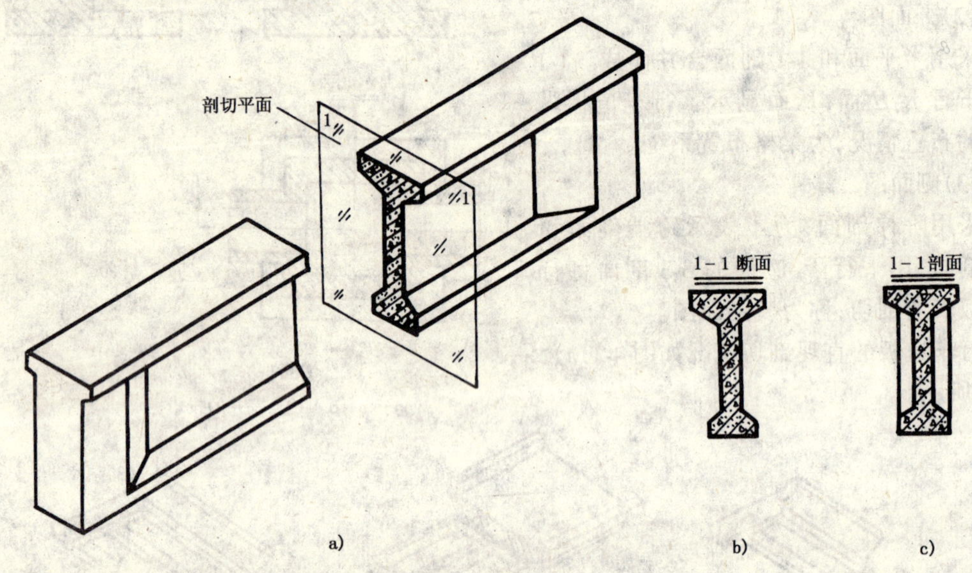

图 4-12 断面图的形成
a)立体图；b)断面图；c)剖面图

断面图主要用来表示形体的某一位置的断面形状，是“面”的投影。剖面图是形体被剖切后，画出留下部分的投影，是“体”的投影。

二、断面图的标注

断面的剖切符号用剖切位置线表示，即粗实线，长度宜为 6～10mm。

断面的剖切符号要编号，编号方法和剖面图相同，注写在剖切位置线的一侧，数字所在的一侧就是投影方向。断面代号的标注方法和剖面图相同。

断面图也要在剖切平面与形体接触的部分绘出材料图例，在不指明材料时，用 45°斜细实线绘出断面线。

三、断面图的种类

1.移出断面图

移出断面图就是把断面图绘制在投影图的外边。移出断面的轮廓用粗实线绘制。如图 4-13 所示，为了表示桥墩横梁的断面形状，把断面图用中心线从投影图中引出，这时中心线代表了剖切线，编号也不用标注。

如图 4-14 所示为挡土墙的工程图。为了表示各个不同断面的形状，若仍采用上述办法，将使各个断面图排列不整齐，且不便于绘图工作。这时可在投影图中根据需要定出不同位置的剖切线，在投影图外适当位置把各断面图画出，并对应注明编号。本图中挡土墙的各个断面均采用较大比例画出。

2.重合断面图

重合断面图就是把断面图和投影图画在一起，重合断面图的轮廓线用细实线画出，当重合断面的轮廓线与投影图的轮廓线重合时，投影图的轮廓线不可间断。

如图 4-15 所示，用重合断面表示水平放置的角钢。

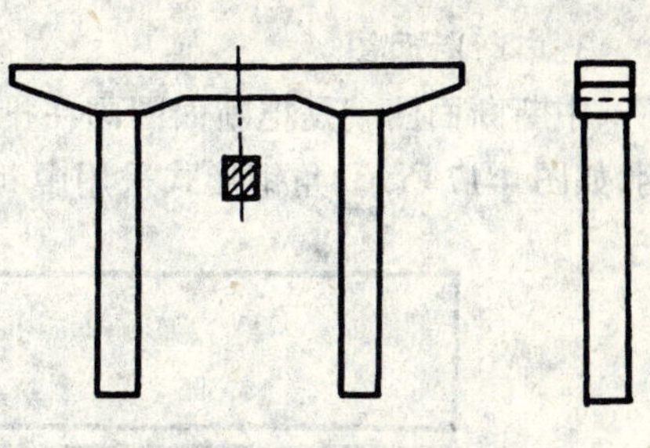

图 4-13 桥墩横梁的移出断面图

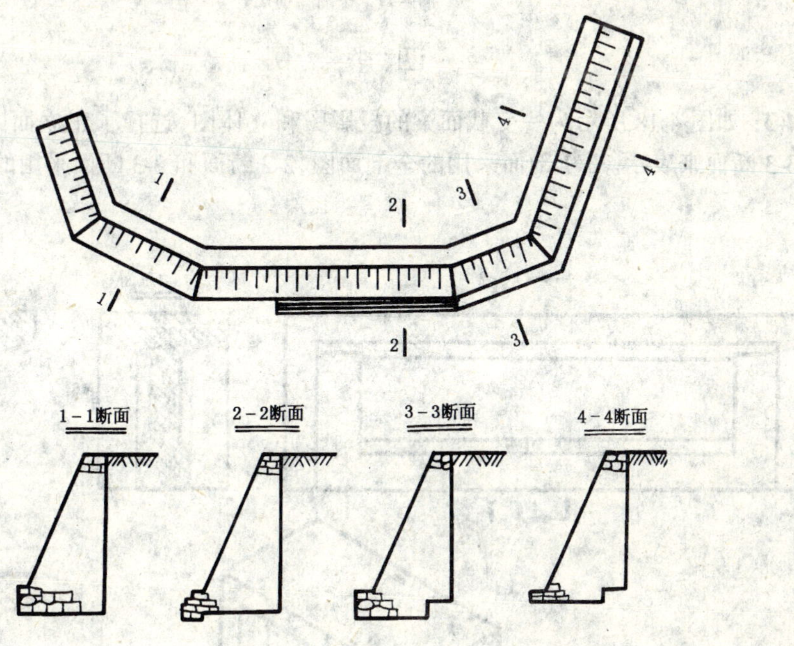

图 4-14 挡土墙的移出断面图

如图 4-16 所示，是桥台两边的锥形护坡，采用重合断面把护坡和挡土墙的材料和轮廓线表示出来。

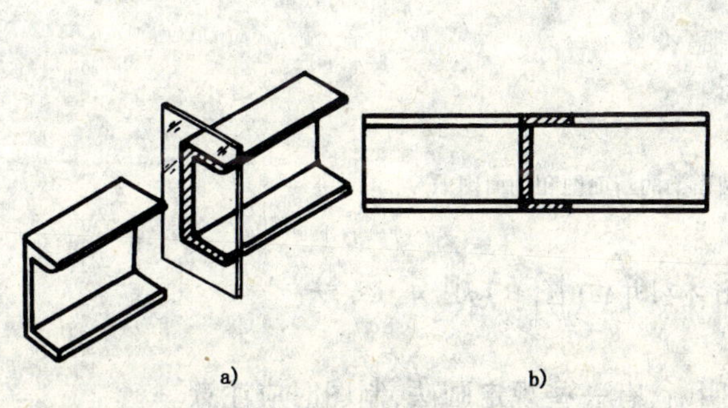

图 4-15 水平放置角钢的重合断面图

a)立体图；b)投影图

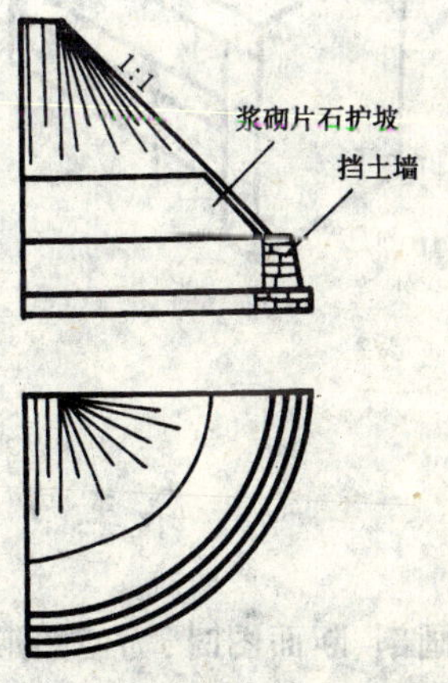

图 4-16 桥台护坡及挡土墙的重合断面图

3. 中断断面图

中断断面图就是把断面图画在投影图的断开处。这种断面图适用于较长的杆件和各种型钢，如图 4-17 所示，角钢形式采用中断断面画出。画中断断面图应采用折断线。

图 4-17　中断断面图

四、举　例

例 4-3： 如图 4-18 所示为一变截面梁的投影图和立体图，选择了正立面图与 1-1 剖面、2-2 断面和 3-3 断面来表示。1-1 剖面采用的全剖面图，2-2 断面和 3-3 断面采用的是移出断面图。

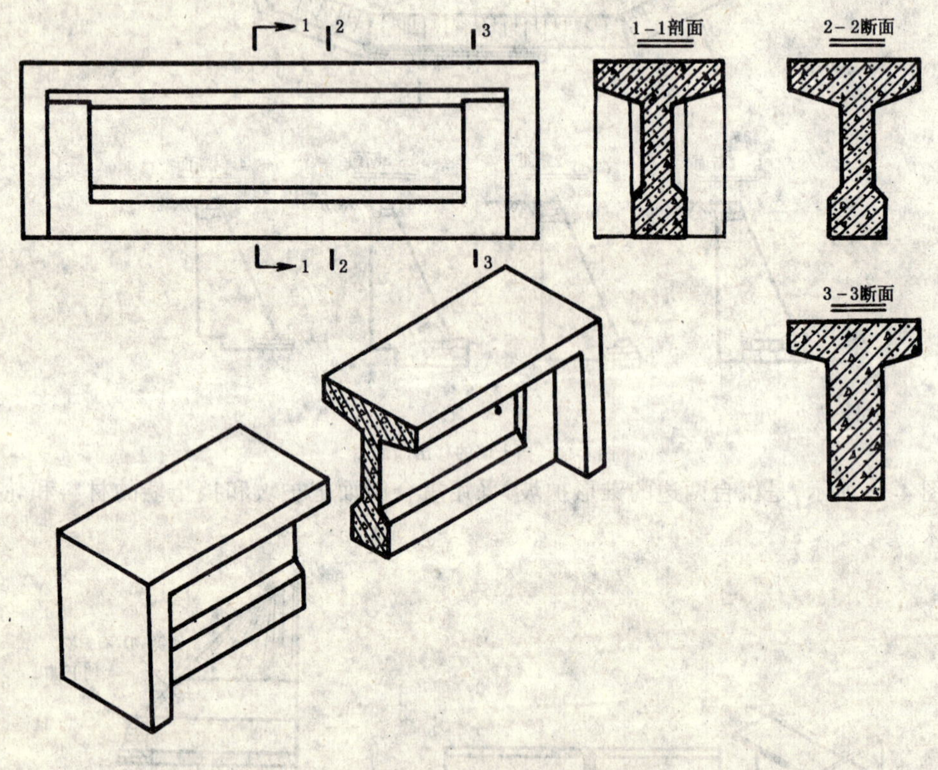

图 4-18　变截面梁的断面图和剖面图

第三节　剖面图和断面图的规定画法

在画剖、断面图时，为使图形表达更为明晰，有一些规定画法，制图时应注意。

(1)较大面积的断面符号可以简化。如图 4-19 所示为一道路的横断面图，由于面积较大，可只在其断面轮廓的边沿画等宽断面线。

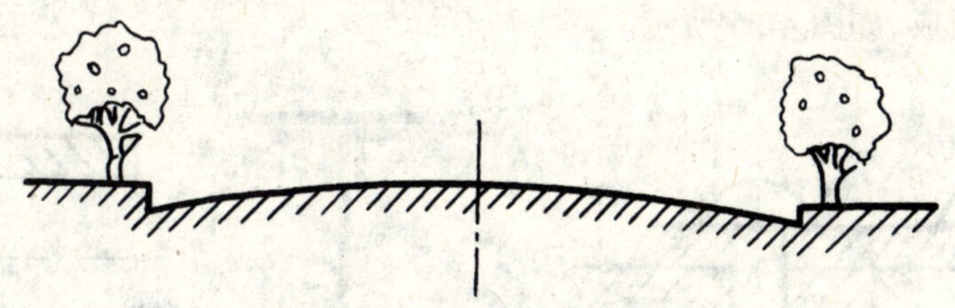

图 4-19　较大面积的剖面表示法

(2)薄板、圆柱状等构件(如横隔板、桩、轴等),凡剖切平面通过其对称中心线或轴线,均不画剖面线,但材料断面符号允许画出。如图 4-20 所示的桩均未画剖面线。

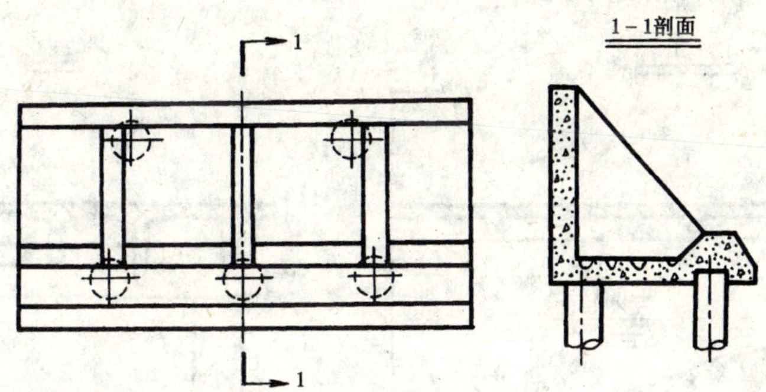

图 4-20　桩作为不剖切表示

(3)在工程图中,往往为了表示构造物的不同材料,可在同一断面上把分界线画出来。对不同材料应该用它们的材料符号示明,或用文字说明,如图 4-21 所示。

(4)在剖、断面图中,有部分轮廓线与该图的基本轴线成 45°的倾斜度时,剖面线应画成与基本轴线成 30°或 60°的倾斜细实线,如图 4-22 所示。

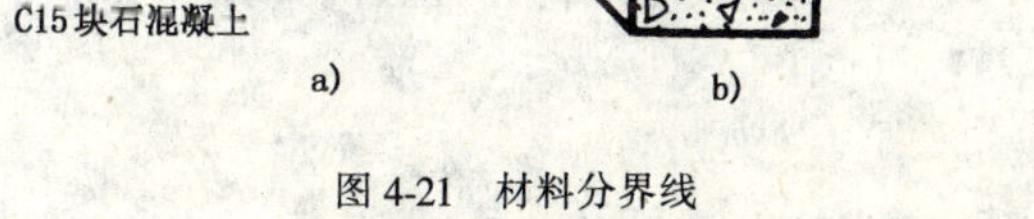

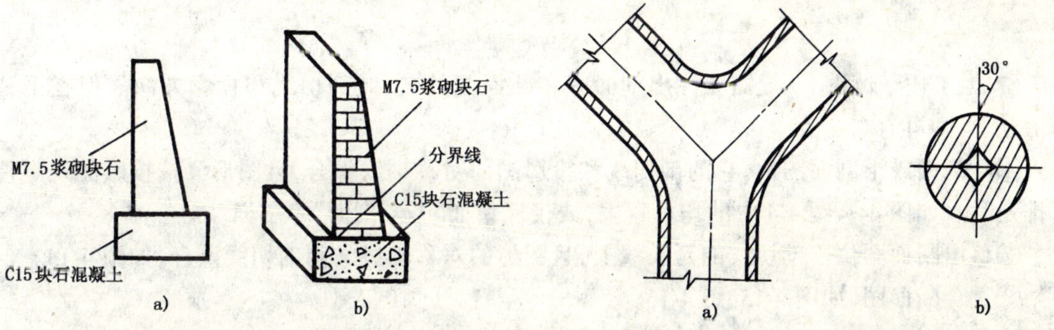

图 4-21　材料分界线

a)投影图;b)立体图

图 4-22　有 45°倾斜方向的轮廓线时的剖面线画法

对于两个或两个以上相邻构件的剖面,为表示区别起见,剖面线应画成不同倾斜向,或不同的间隔,如图 4-23 所示。

(5)在满足图形表达清楚的情况下,断面也可不画阴影线。当图形断面较小时,可采用涂黑的断面表示,但涂黑的断面间应有空隙,如图 4-24 所示。

(6)对称图形可以采用绘制一半或 1/4 图形的方法表示。除总体布置图外,在图形的图名前,应标注“1/2”或“1/4”字样。也可以以对称中心线为界,一半画一般构造图、另一半画断面图;也可以画两个不同的 1/2 断面。在对称中心线的两端,可标注对称符号。对称符号应由两条平行的细实线组成，如图 4-25 所示。

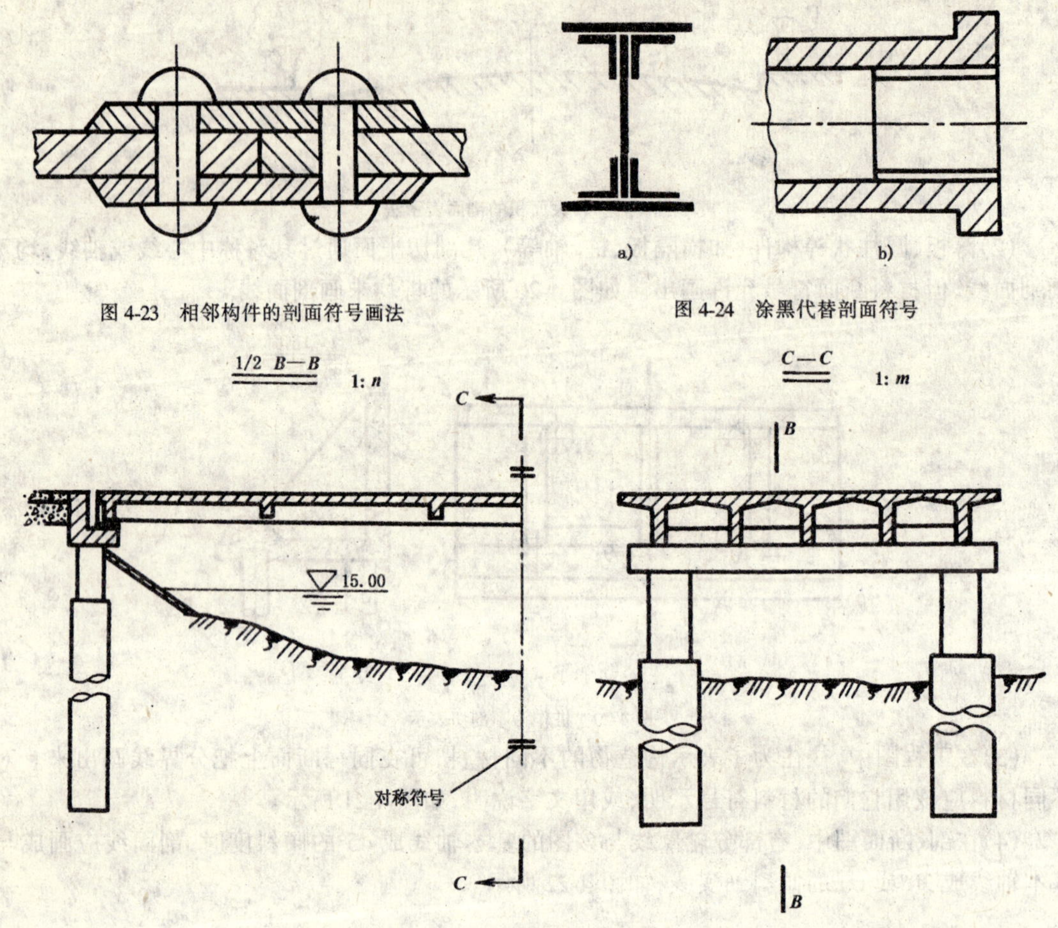

图 4-23 相邻构件的剖面符号画法

图 4-24 涂黑代替剖面符号

图 4-25 对应断面相互切取

(7)为了便于读图，一般需要注出剖面图和断面图的名称、剖切线和投影方向。但在下列的情况下，则可省略：

①全剖面或半剖面图中，它的剖切线和投影图的对称轴线重合，且图形又按投影图规定位置排列时。如图 4-3、图 4-4 中的均可省去，或仅保留如"*X-X* 剖面"等字样。

②移出断面图位于剖切线的延长线上，且图形的对称轴线又和剖切线重合，如图 4-13。

③重合断面图，如图 4-15、图 4-16。

第四节 各种视图和第三角投影法简介

工程图要求图形能清楚、简单、明晰地表达出物体的形状和结构，但仅用三视图这一表达方法难以表达各种物体的需要。还有多种表达方法，下面介绍其中常用的几种。

一、六面视图

根据物体的结构特点，有时并不适合用三面投影图来表达；或物体的外部形状在各个方向上都比较复杂时，仅用三面投影图就难于把它们表达清楚。所以规定再增加三个基本投影图，它们是:右侧面图——从右向左投影得到的投影图;底面图——从下向上投影得到的投影图;背面图——从后向前投影得到的投影图。六个投影面的展开方法是:正立投影面保持不动,其他投影面如图4-26a)所示,展开后各投影之间仍保持一定的投影关系,六个投影图的位置排列如图4-26b)所示。

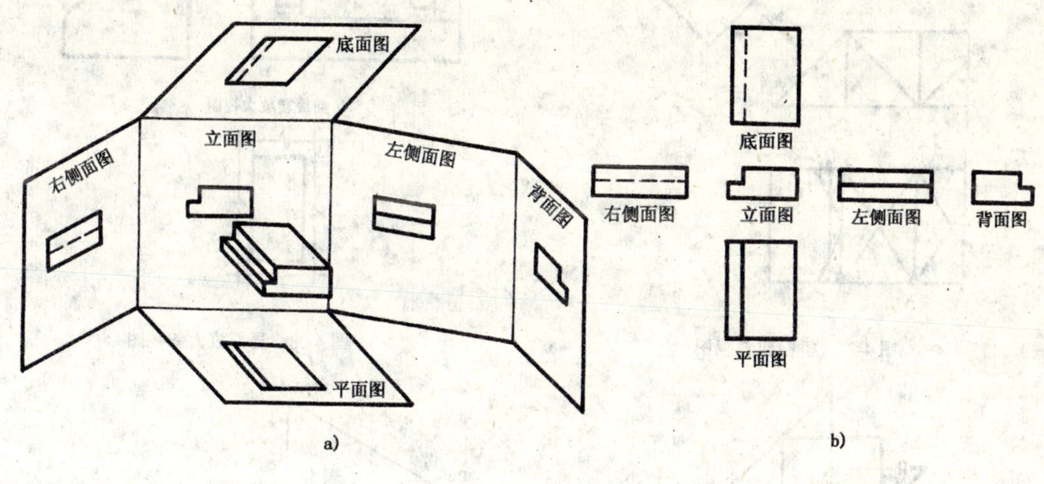

图4-26 六面视图
a)展开示意;b)投影图的排列位置

二、斜 视 图

平面与投影面平行,其在该投影面上的投影才能反映实形。要把物体的某一斜面(不平行于基本投影面的表面)表示清楚,就需要设立与斜面平行的辅助投影面,然后将斜面向辅助投影面进行投影,得到斜面的实形,此投影图称为斜视图,又称为方向视图。如图4-27所示,从斜视图中可以看出钢桥桥门架斜面的实形。

斜视图中,在反映斜面的积聚投影的视图中,用单向箭头表示斜视图的观看方向,注上字母(如图中"*A*");并在斜视图上方注写"*A* 向"两字,字沿水平方向书写。

斜视图一般按投影关系配置,布置在箭头所指的方向。有时也可将斜视图旋转或放大而布置在合适的位置。如图4-28所示采用 *B* 向旋转的局部放大斜视图,显示了双曲拱桥拱座斜面上插孔(孔内线条未画出)必须注明如:"*B* 向旋转放大"等字样。

三、第三角投影法简介

国标GB50162—92中规定:结构物的视图宜采用第一角正投影法绘制,也可采用第三角正投影绘制。我国采用第一角投影法,但有些国家采用第三角投影法。为了更好进行国际间技术交流,现对第三角投影法简介如下:

如图4-29所示,*W* 面在右侧时,相互垂直的投影面把空间分成四个分角Ⅰ、Ⅱ、Ⅲ、Ⅳ。

通常把物体放在第一角进行正投影,所得的三视图称为第一分角投影。第一分角投影法是把物体放在投影面与观察者之间,投影时,人、物体、投影面的相对位置是:人→物体→投影面。

第三分角投影即把物体放在第三角进行正投影,这种方法假定投影面是透明的。投影时,人、物体、投影面的相对位置是:人→投影面→物体。

投影面展开的方法如图 4-30 所示。

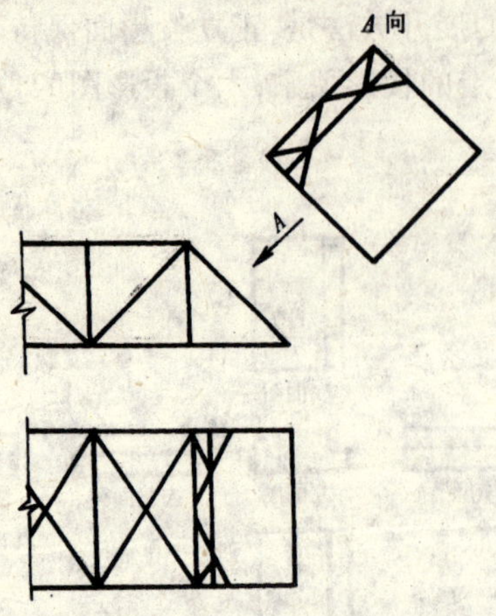

图 4-27　桥门架斜视图

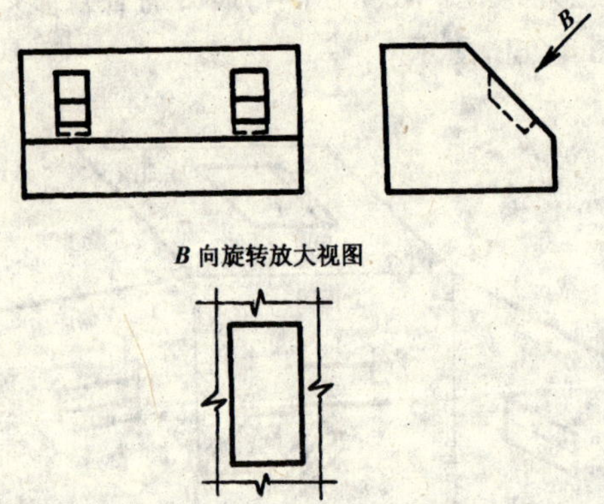

图 4-28　局部放大斜视图

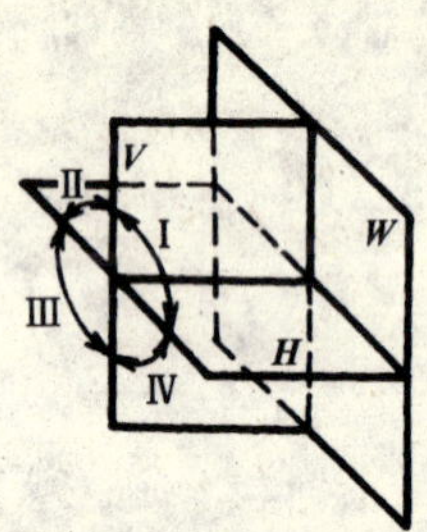

图 4-29　四个分角

展开后视图的位置如图 4-31 所示。

在看第三分角投影的视图时，应注意，由于物体和投影面的位置关系及投影面的展开方法都和第一分角投影不同，所以在三视图上反映出来的物体前后关系和第一分角投影也不同。

在国际标准 ISO 中规定，为了区分第一、第三分角正投影，规定在标题栏内(或外)用一个标志符号表示，如图 4-32 所示。

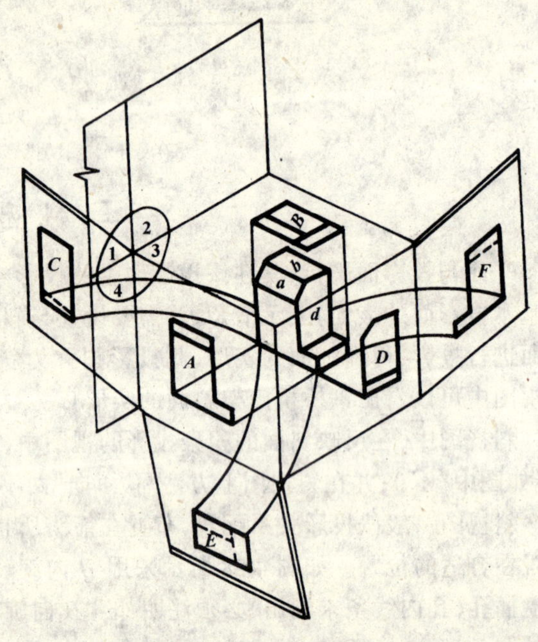

图 4-30　六个基本投影面的展开

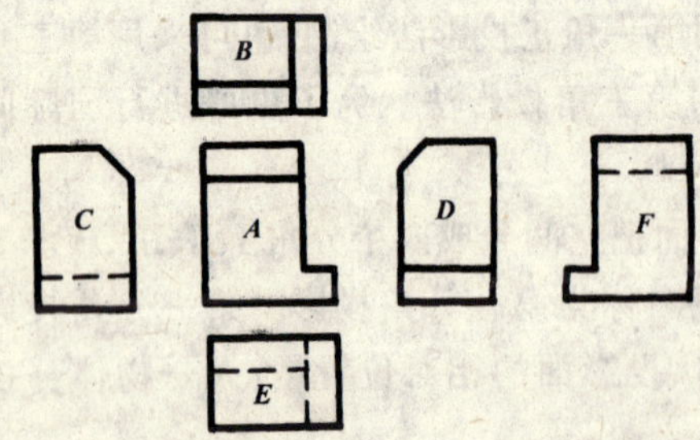

图 4-31　第三角六个基本视图的配置

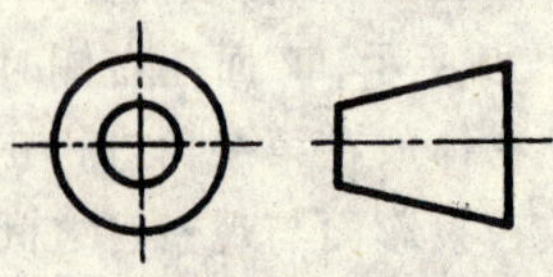

图 4-32　第三分角投影的识别符号

第五章　标 高 投 影

在工程建筑物的设计和施工中，常常需要绘制地形图，并在图上表示与工程建筑物和图解有关的问题。道路是处于大自然中的带状构造物，是在地面上修建的，地面是不规则的曲面，且水平尺寸比高度尺寸大得多，用多面正投影法或轴测投影法都不能表示清楚。

在生产实践中，人们创造了一种适于表示地形面和复杂曲面的投影方法，即标高投影法。

标高投影法就是在水平投影图上加注某些特殊点、线、面的高程，以高程数字代替立面图的作用。

第一节　点、直线的标高投影

一、点的标高投影

如图 5-1 所示，设水平面 H 为基准面，设其高程为零。空间有三个点 A、B、C，A 点高出 H 面 5 个单位；B 点在 H 面内；C 点低于 H 面 3 个单位。作出它们在 H 投影面上的水平投影 a、b、c，并在投影图上字母的右下角分别标出它们与 H 面的高差 5、0、-3，即得 A、B、C 三点的标高投影，5、0、-3 为 A、B、C 三点的标高。点高于 H 面时，标高为正；低于 H 面时，标高为负；恰在 H 面上时，标高为零。

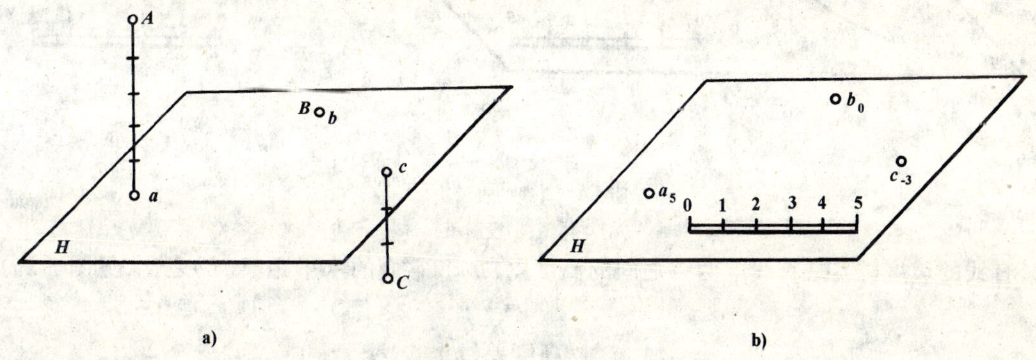

图 5-1　点的标高投影

a)立体图；b)投影图

为了根据标高投影确定形体的形状和大小，在标高投影图上必须注明绘图比例尺及其长度单位。比例尺可以用文字注明或画出图示比例尺，常用长度单位为：m，以 m 为单位时，在图上不需注明，见图 5-1b)。

在道路工程中，一般采用与测量一致的水准面作为基准面。

二、直线的标高投影

1. 直线的表示法

1)连接两点的标高投影

如图 5-2 所示,图中的 a_5b_3、c_4d_4 为直线 AB、CD 的标高投影,其中 CD 为一水平线。

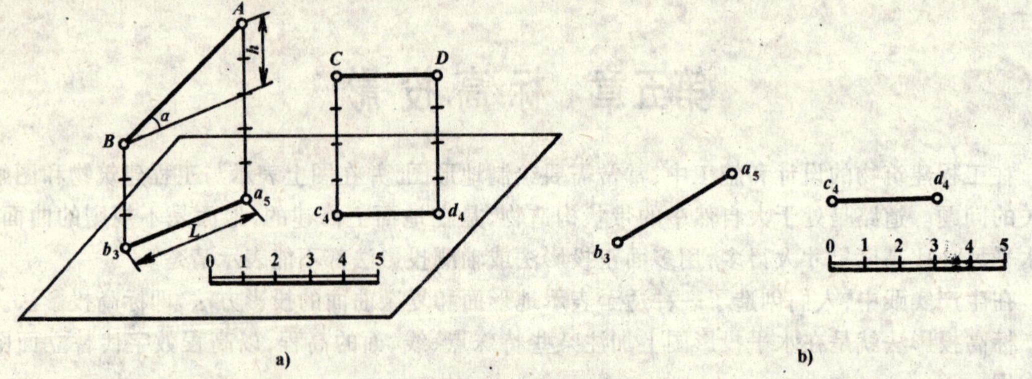

图 5-2 直线的标高投影

a)立体图;b)投影图

2)直线上一点的标高投影,并标注直线的坡度和方向

如图 5-3 所示,图中直线的方向是用箭头表示的,箭头指向下坡。

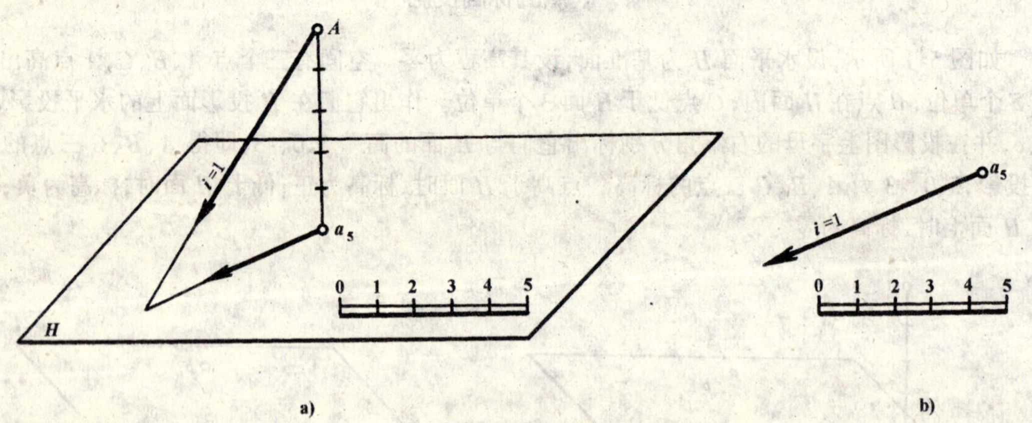

图 5-3 直线的表示法

a)立体图;b)投影图

直线的坡度(i):是直线上两点之间的高度差(h)和它们的水平距离(L)之比,见图 5-2a)。即:

$$坡度(i) = \frac{高度差(h)}{水平距离(L)} = \text{tg}\alpha$$

上式表明:直线上两点间的水平距离为 1 单位(m)时的高度差即等于直线坡度。

作图中常需用“平距”。

直线的平距(λ):是指直线上两点的高度差为 1 单位(m)时,两点间水平距离数值。即:

$$平距(\lambda) = \frac{水平距离(L)}{高度差(h)} = \text{ctg}\alpha = \frac{1}{i}$$

由此可见,直线的平距与坡度互为倒数,坡度大则平距小,坡度小则平距大。

若已知直线上两点之间的高度差(h)和平距(λ),就可利用公式 $L = \lambda \times h$ 计算出两点间的水平距离 L。

2. 直线的实长及定整数标高点

1)直线的实长

在标高投影中,求直线的实长,是应用直角三角形求出。以直线的标高投影为直角三角形的一直角边,以直线两端点的高差为另一直角边,作直角三角形,其斜边为实长,α 为直线对基准面的倾角,如图 5-4 所示。

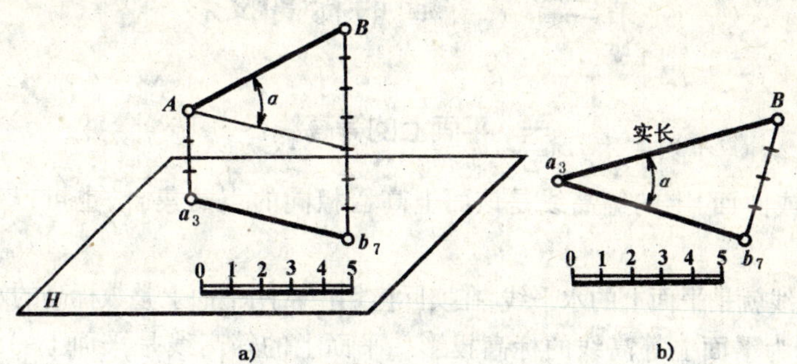

图 5-4 求直线的实长及倾角

a)立体图;b)投影图

2)定整数标高点

在实际工作中常需要在直线投影上定出各整数标高点。如图 5-5 所示,已知 AB 的标高投影 $a_{2.3}b_{5.8}$,求 AB 上整数标高点。为此,平行于 $a_{2.3}b_{5.8}$ 作五条任意等距的平行线,令最下一条为 2m,最上一条为 6m。由 $a_{2.3}$、$b_{5.8}$ 作直线垂直于 $a_{2.3}b_{5.8}$,在其垂线上分别按其标高数字 2.3 和 5.8 定出 A、B 两点。连接 A、B,直线 AB 与各平行线的交点即为 AB 上的整数标高点。再把它们投影到 $a_{2.3}b_{5.8}$ 上去,得到直线上各整数标高点的投影。如果平行线的距离按比例尺绘出,就可同时求出 AB 的实长及其对 H 面的倾角 α。

例 5-1: 求如图 5-6 中所示的直线的坡度与平距,并求直线上 C 点的标高。

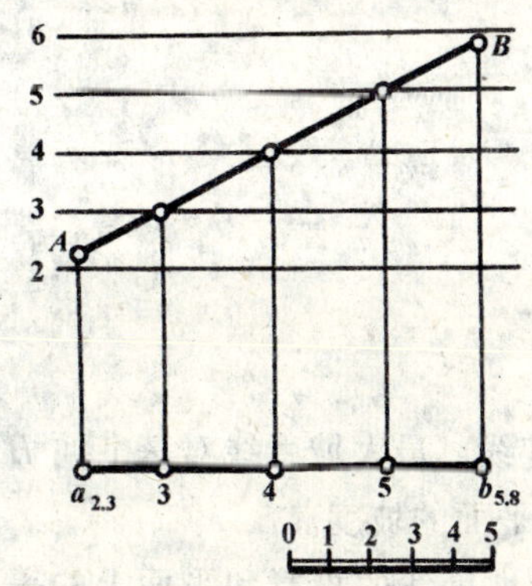

图 5-5 定直线上整数标高点

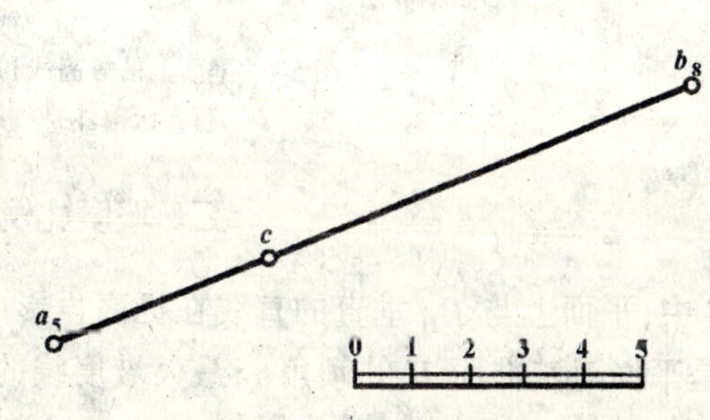

图 5-6 求直线的坡度和平距

解:为求坡度与平距,先求 h 和 L,然后用 $i=h/L$ 及 $\lambda=1/i$ 来确定直线的坡度与平距。

$$h_{AB}=8-5=3(\text{m})$$

根据比例尺量得

$$L_{AB}=12(\text{m})$$

因

$$i=h/L=3/12=1/4$$

得

$$\lambda=1/i=4$$

又量得 $L_{AC}=4(m)$

因 $i=h/L$，即 $1/4=h_{AC}/4$

得 $h_{AC}=1(m)$

故 C 点的标高为：$5+1=6(m)$

第二节　平面的标高投影

一、平面上的等高线

某个面(平面或曲面)上的等高线是该面上高程相同的点的集合，也可以看成是水平面与该面的交线。

平面上的等高线就是平面上的水平线，在实际应用中常用平面上整数标高的水平线为等高线。

如图 5-7 所示为平面上等高线的标高投影。平面上的等高线是平面上一组互相平行的直线，其投影也互相平行。当相邻等高线的高差相等时，其水平距离也相等。

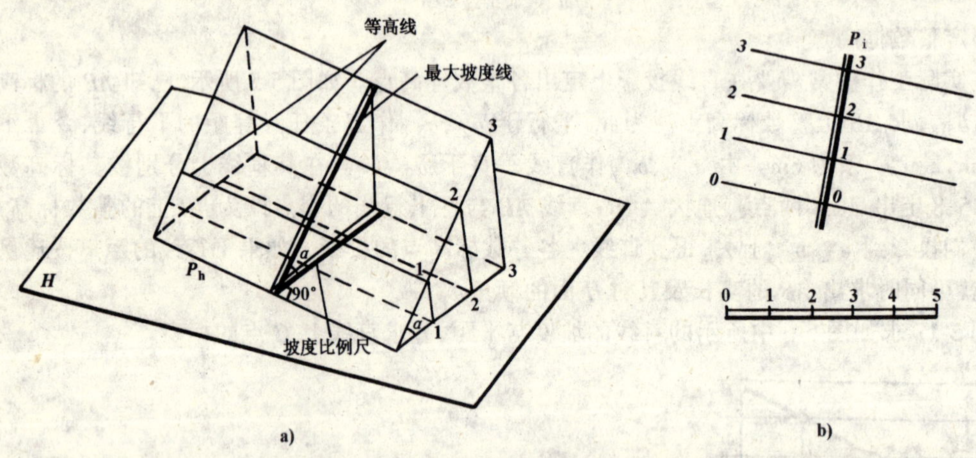

图 5-7　平面上的等高线和坡度比例尺

a)立体图；b)投影图

二、坡度比例尺

图 5-7 中，平面上与 P_H 垂直的直线在标高投影中叫最大坡度线。最大坡度线对基准面 H 的倾角就是平面对基准面 H 的倾角 α；最大坡度线的坡度就代表平面的坡度。

最大坡度线与 P_H 垂直，也和平面上的水平线相垂直，则最大坡度线的投影和平面上的等高线的投影互相垂直。最大坡度线的平距就是等高线的平距。

将平面上最大坡度线的投影附以整数标高，并画成一粗一细的双线，使其与一般直线有所区别，这种表示法称为平面的坡度比例尺。

三、平面的常用表示法及等高线的作法

1.几何元素表示平面

由平面几何可知，平面的空间位置可由以下方式确定：

(1)不在同一直线上的三点；

(2)一条直线及其外一点；

(3)两条相交直线；

(4)两条平行直线；

(5)任意的平面图形。

以上五种几何元素表示平面的方法在标高投影中仍适用，其中，用不在同一直线上的三点表示平面这种表示法常用在地质测绘工作中。

2.坡度比例尺表示平面

坡度比例尺的坡度代表平面的坡度，坡度比例尺的位置和方向一经给定，平面的方向和位置就随之确定了下来。如图5-8所示，等高线与坡度比例尺垂直，过坡度比例尺上的整数标高点作坡度比例尺的垂线，即得平面上的等高线。

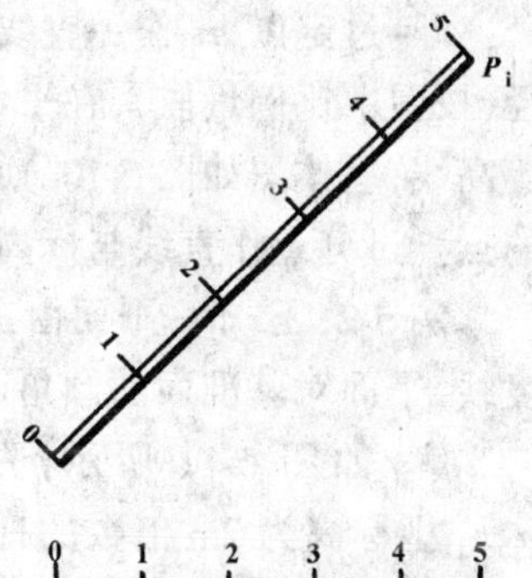

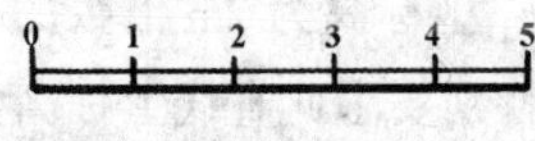

图5-8 用坡度比例尺表示平面

3.用一条等高线和平面坡度表示平面

知道了平面上的一条等高线就可以确定最大坡度线的方向，由于平面的坡度为已知，所以平面的位置就可以确定，并能根据它作出平面上任意高程的等高线。

如图5-9所示，欲求平面上高程为4m的等高线，该等高线必与已知等高线平行，且通过坡度线上高程为4的点，$L = \lambda \times h = 3 \times 1 = 3(\mathrm{m})$。在坡度线上自高程为5m的点向下坡方向量3m得点，过此点作直线与已知等高线平行，此直线即该平面上高程为4m的等高线。同理可作出平面上高程为3m的等高线。

图5-9 用平面上的等高线和坡度表示平面

a)等高线和坡度；b)变成一组等高线

4.用一条非等高线和平面坡度表示平面

如图5-10a)所示的平面是用该面上一条倾斜直线、平面的坡度和大致坡向(图中的虚线箭头)表示的。其坡度的准确方向需待作出平面上的等高线后才能确定。

如图5-10b)所示为平面上等高线的作法，分析一下作图理由：

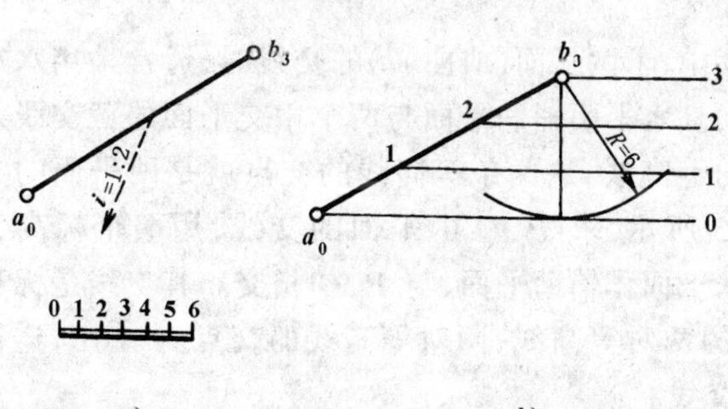

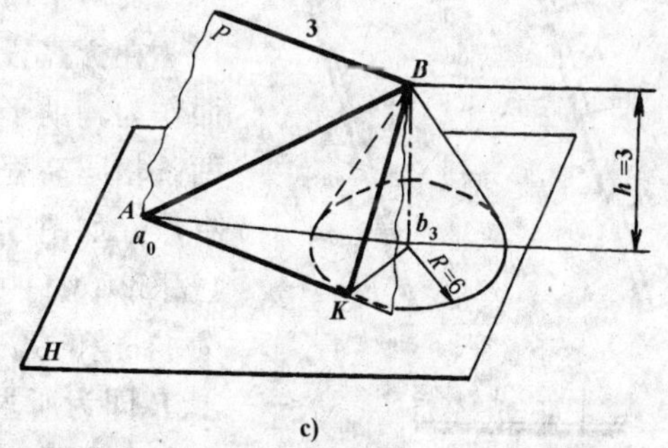

图5-10 用一条非等高线和平面坡度表示平面

a)已知条件；b)作法；c)立体图

过 a_0 有一条标高为 0m 的等高线，过 b_3 有一条标高为 3m 的等高线，这两条等高线之间的水平距离应等于它们之间的高度差除以平面的坡度。

即：过定点 a_0 作一直线与另一定点 b_3 的距离为定长 6m，因此以 b_3 为圆心，$R=6\text{m}$ 为半径（按图中比例量取），在平面的倾斜方向画圆弧；再过 a_0 向圆弧作切线，就得到标高为 0m 的等高线，立体图如图 5-10c）所示。如图 5-10b）所示，三等分 a_0b_3，就得到直线上标高为 1m、2m 的点。过分点作直线与标高为 0m 的等高线平行，就得到标高为 1m、2m 的等高线。

例 5-2： 已知一平面由三点 a_5、b_{11}、c_9 所给定，试求平面上的等高线（每 2m 一根）、最大坡度线，平面对基准面的倾角 α。

解：如图 5-11 所示，先求直线 a_5b_{11} 上标高为 2m 倍数的标高点，另外特别要求此直线上标高为 9m 的这个点，以便和 C 点相连确定等高线的方向。然后过直线 a_5b_{11} 上标高为 6m、8m、10m 的各点作直线与标高为 9m 的等高线平行，即得平面上的等高线。

作等高线的垂线，就是平面上的最大坡度线。以最大坡度线上标高为 8m、10m 两点的水平距离为直角三角形的一个直角边；按图中比例取 2m 长为直角三角形的另一个直角边，作直角三角形，其斜边与最大坡度线的夹角，即平面对基准面的倾角 α。

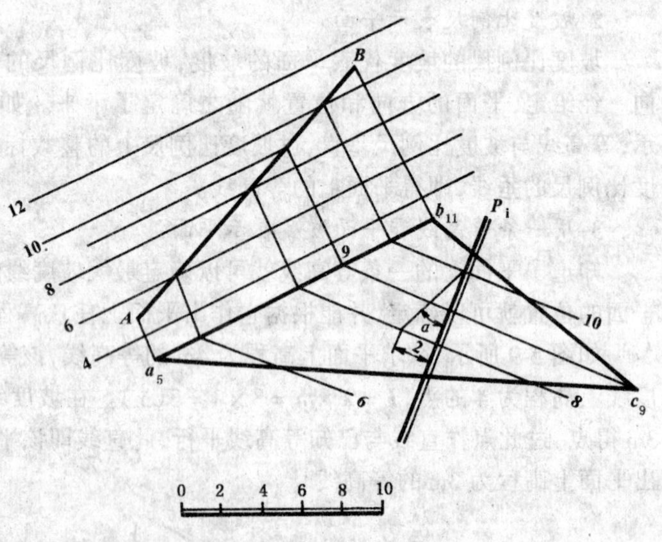

图 5-11　求平面上的等高线和最大坡度线

四、两平面的相对位置

1. 两平面平行

若两平面平行，则它们的坡度比例尺平行，平距相等，且标高数字的增减方向一致，如图 5-12 所示。

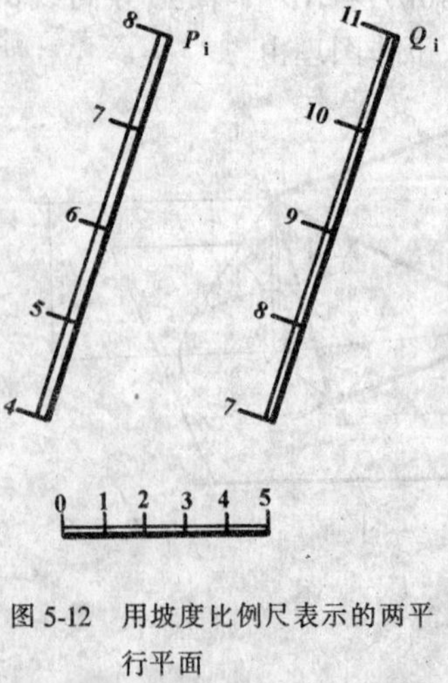

图 5-12　用坡度比例尺表示的两平行平面

2. 两平面相交

在标高投影中，求两平面（或曲面）的交线时，通常采用水平面作为辅助平面。水平面辅助平面与两个相交平面的截交线是两条相同高程的等高线，这两条等高线的交点就是两平面的共有点。如图 5-13 所示，求 P、Q 两平面的交线，用两个标高为 11m 和 14m 的水平面作辅助平面，与 P、Q 相交。其交线是标高为 11m 和 14m 的两对等高线，两对等高线的交点为 A、B，连接 A、B 即为所求交线。

在实际工程中，把建筑物上相邻两坡面的交线称为坡面交线，坡面与地面的交线称为坡脚线（填方）或开挖线（挖方）。

例 5-3： 如图 5-14a）所示，已知坑底的标高为 −2m，以及坑底

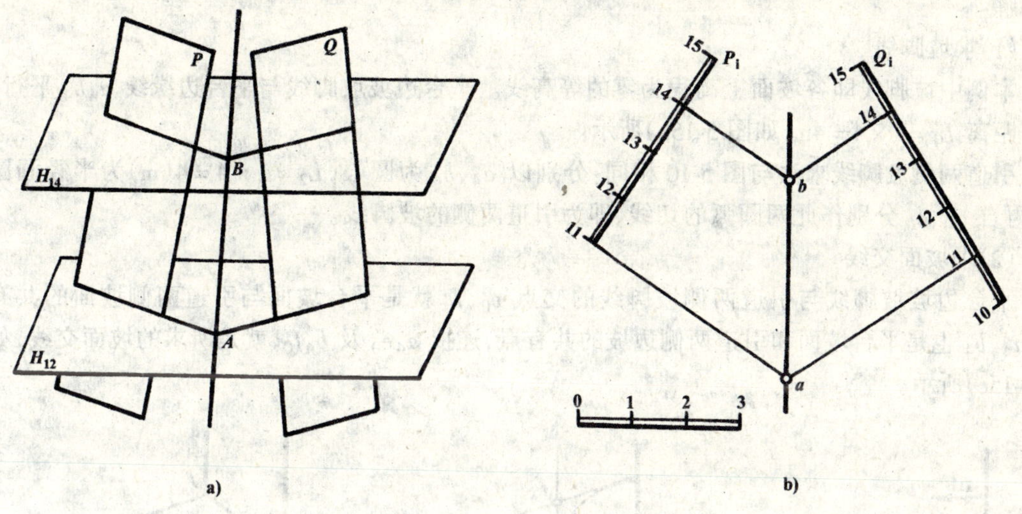

图 5-13 两平面相交求交线

a)立体图;b)投影图

的大小和各棱面斜坡的坡度。假设地面是一个标高为 2m 的平面,试作出此坑的平面图。

解:因坑底和地面均为平面,已知地面标高为 2m,故问题归结为画出各斜坡面上标高为 2m 的水平线以及各斜坡面彼此间的交线。为此,先算出各斜坡面的平距:左边、前边坡面的平距为 1m,右边坡面的平距为 2m,后坡面的平距为 1.5m。因坑底与坑顶的高差为 4m,故各斜坡面上标高为 2m 的水平线与坑底边缘的水平距离为:

$$L_1 = 1 \times 4 = 4(\mathrm{m}); L_2 = 1.5 \times 4 = 6(\mathrm{m}); L_3 = 2 \times 4 = 8(\mathrm{m})$$

按照算出的距离相应地作出各底边的平行线,即为坑顶线。连接坑底和坑顶的各对应顶点,得到各斜坡面的交线,所得的图形即为要求的平面图,如图 5-14b)所示。

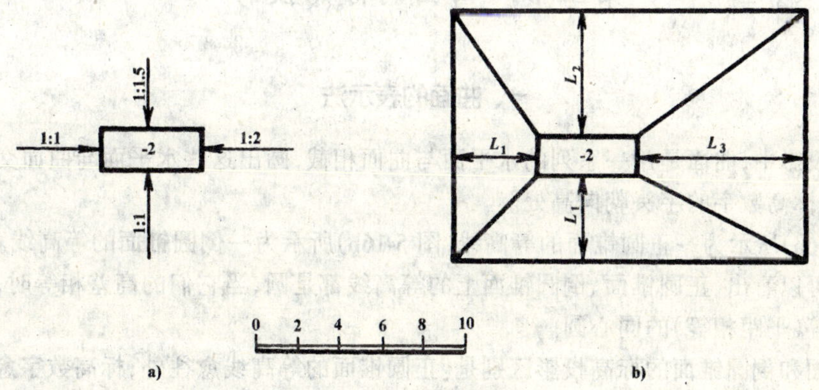

图 5-14 作坑的平面图

a)已知条件;b)作图结果

例 5-4: 如图 5-15a)所示,在高程为 0m 的地面上修建一平台,台顶高程为 4m,有一斜坡引道通到平台顶面,平台的坡面与引道两侧的坡面坡度均为 1∶1,试画出其坡脚线和坡面交线。

解：

(1)求坡脚线

本例中坡脚线即各坡面上高程为零的等高线。平台边坡坡脚线与平台边缘线 a_4b_4 平行，水平距离 $L_1 = 1 \times 4 = 4$m，如图 5-15b)所示。

引道两侧坡脚线求法与图 5-10 相同：分别以 a_4、b_4 为圆心，$L_2 = 1 \times 4 = 4$(m)为半径画圆弧，再自 d_0、c_0 分别作此两圆弧的切线，即为引道两侧的坡脚线。

(2)求坡面交线

平台边坡坡脚线与引道两侧坡脚线的交点 e_0、f_0 就是平台坡面与引道两侧坡面的共有点，a_4、b_4 也是平台坡面和引道两侧边坡的共有点，连接 a_4e_0 及 b_4f_0，就是所求的坡面交线，如图 5-15c)所示。

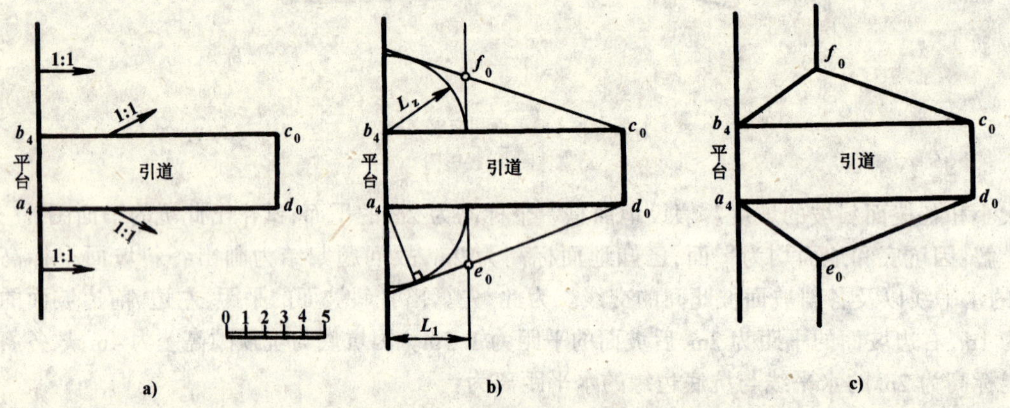

图 5-15　求平台坡面与地面的交线

a)已知条件；b)作图过程；c)作图结果

第三节　曲面的标高投影

一、曲面的表示法

在标高投影中，曲面是用一系列的水平面与曲面相截，画出这些水平面与曲面交线的标高投影，并规定标高数字的字头朝向高处。

如图 5-16a)所示为一正圆锥面的等高线，图 5-16b)所示为一倒圆锥面的等高线。

从图中可以看出，正圆锥面、倒圆锥面上的等高线都是圆，当它们的高差相等时，水平投影是半径差相等(平距相等)的同心圆。

正圆锥面和倒圆锥面的标高投影区别是：正圆锥面的等高线愈往外，标高数字愈小。

二、同坡曲面

如图 5-17a)所示为一弯曲斜坡道，它的两侧边坡是曲面，曲面上各处的坡度均相等，这种曲面称为同坡曲面。工程上常遇到同坡曲面，如道路在弯道处的边坡，无论路面有无纵坡，均为同坡曲面。

同坡曲面的形成如图 5-17b)所示。正圆锥的锥顶沿空间曲导线 *AB* 运动，在运动过程中，圆锥的顶角不变，轴线始终垂直水平面，则所有这些正圆锥的包络面就是同坡曲面。

由图 5-17b）可以看出，同坡曲面上的等高线和圆锥面上同标高的等高线一定相切，切点在同坡曲面与圆锥面的切线上。由于这个曲面上的每条素线也是圆锥面上的素线，则同坡曲面上所有素线的坡度都相等，同坡曲面的坡度就是运动的正圆锥的坡度。同坡曲面的等高线利用以上关系可以画出。

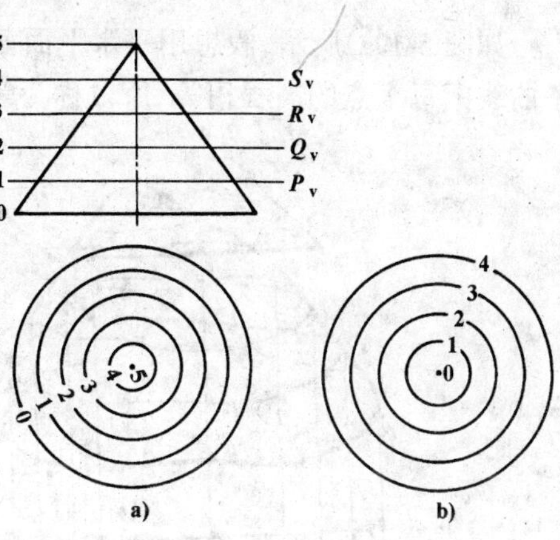

图 5-16 圆锥面的标高投影

a）正圆锥；b）倒圆锥

例 5-5： 过如图 5-18a）所示空间曲线 *AB* 作坡度为 1:1.5 的同坡曲面，画出这个曲面上高程为 0、1、2m 的等高线。

解：此同坡曲面可看作是图 5-17a）中弯道的内侧边坡。作出顶点分别在 $C(c_1)$、$D(d_2)$、$B(b_3)$ 位置、

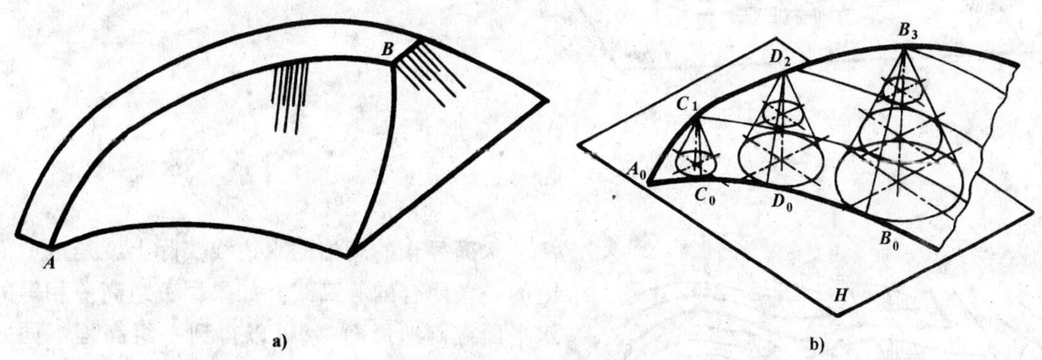

图 5-17 同坡曲面

a）弯曲斜坡；b）形成

坡度为 1:1.5 的正圆锥面上高程为 0m、1m、2m 的等高线——水平圆，公切于同高程水平圆的曲线，就是同坡曲面上的等高线，如图5-18b）所示。

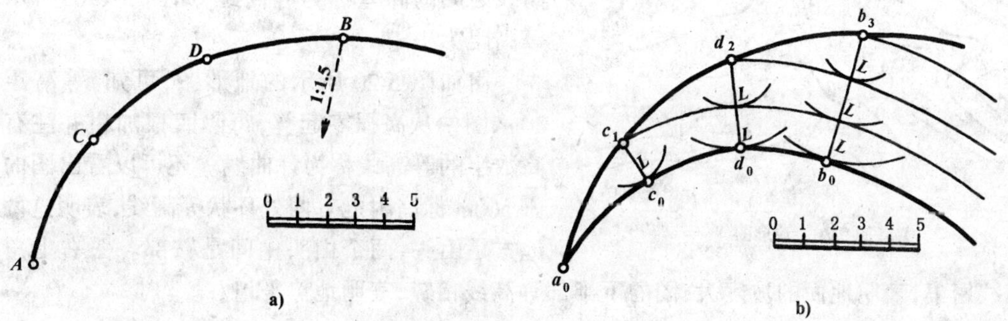

图 5-18 作同坡曲面上的等高线

a）已知条件；b）作图结果

三、地形面的表示法

地形面用等高线表示。用这种方法表示地形面能清楚反映地形面形状、地势的起伏变化及坡向等。

如图 5-19a)所示，假想用一水平面截割小山丘，可以得到一条形状不规则的闭合曲线，这条曲线上每个点的高程相等，所以称为等高线。

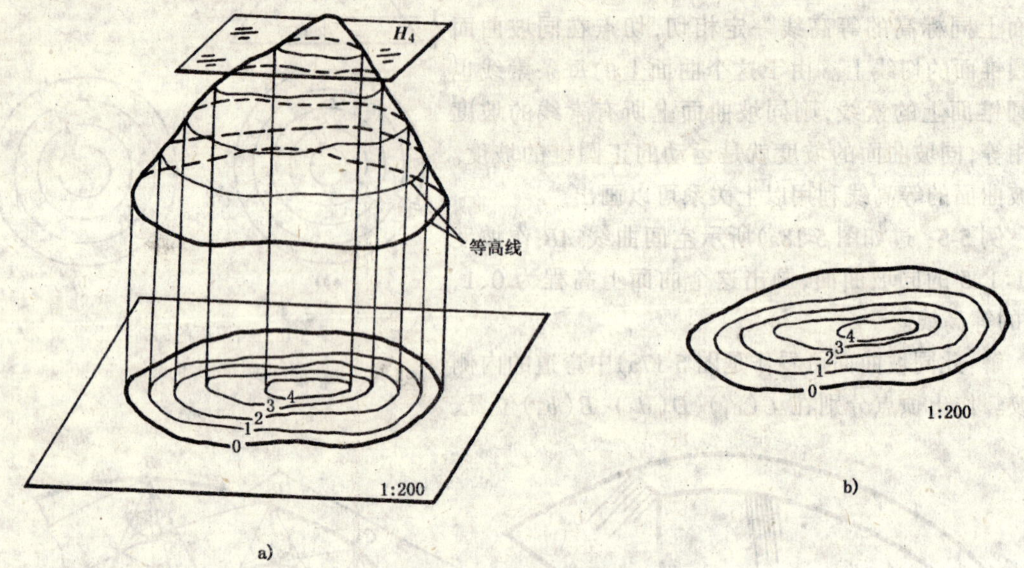

图 5-19　地形面的表示法

a)形成；b)地形图

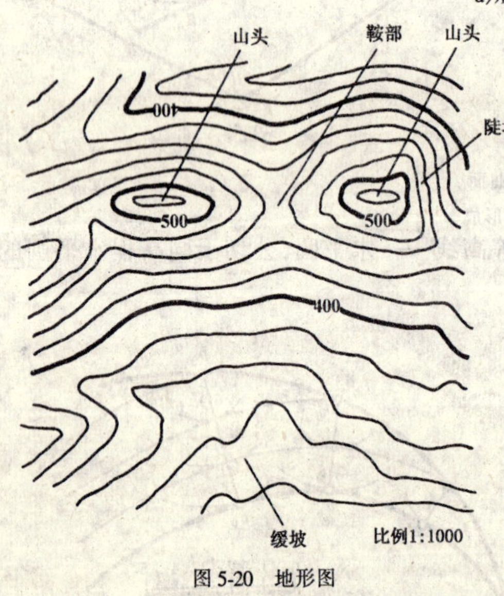

图 5-20　地形图

水面静止的湖泊的水边线实际上就是地形面上的一条闭合的等高线。如果用一组高差相等的水平面截割地形面，就可以得到一组高程不同的等高线。画出这些等高线的水平投影，明确每条等高线的高程并注明画图比例，就得到地形面的标高投影，这种图称为地形图。地形图上等高线高程数字的字脚规定朝向高程降低方向，相邻等高线之间的高差称为等高距，如图 5-19b)所示的等高距为 1m。

由如图 5-20 所示的地形图，可知，等高距为 20m，图中从高程零起算，每隔四根加粗并注有标高数字的等高线称为计曲线。还可以看出图的上方 500m 标高附近有两处环状等高线，表明这两个地方是山头，两个山头中间是鞍部。图右上角的等高线密集，表明地面的坡度大；图的下半部等高线稀疏，表明地势平坦。

第四节　平面、曲面与地形面的交线

一、平面与地形面的交线

求平面与地形面的交线，先求平面上与地形面上标高相同的等高线的交点，然后用平滑的曲线依次连接起来即得。

如图 5-21a)所示,求平面与地面的交线。地面的等高线已经有了,平面上的等高线尚未画出,要作平面上的等高线必须算出等高线的平距。因平面的坡度 $i=1/3$,故等高线的平距 $\lambda=1/i=3$。按平面的倾斜方向和图中所附的比例,作平行于标高为 25m 的等高线、间距为 3 单位的平行线,即得平面上的等高线;平面上和地面上标高相同的等高线的交点,即为交线上的点。作出平面与地面的交线,如图 5-21b)所示。

至于 25m 与 26m,以及 17m 与 18m 等高线之间的交线如何确定,可分别在平面和地面上用加密等高线的办法,求出更多的交点,此法称为内插法。

有时需要画出某一地段的断面,可用一个铅垂平面剖切地形面,所得的交线就是断面的轮廓线。

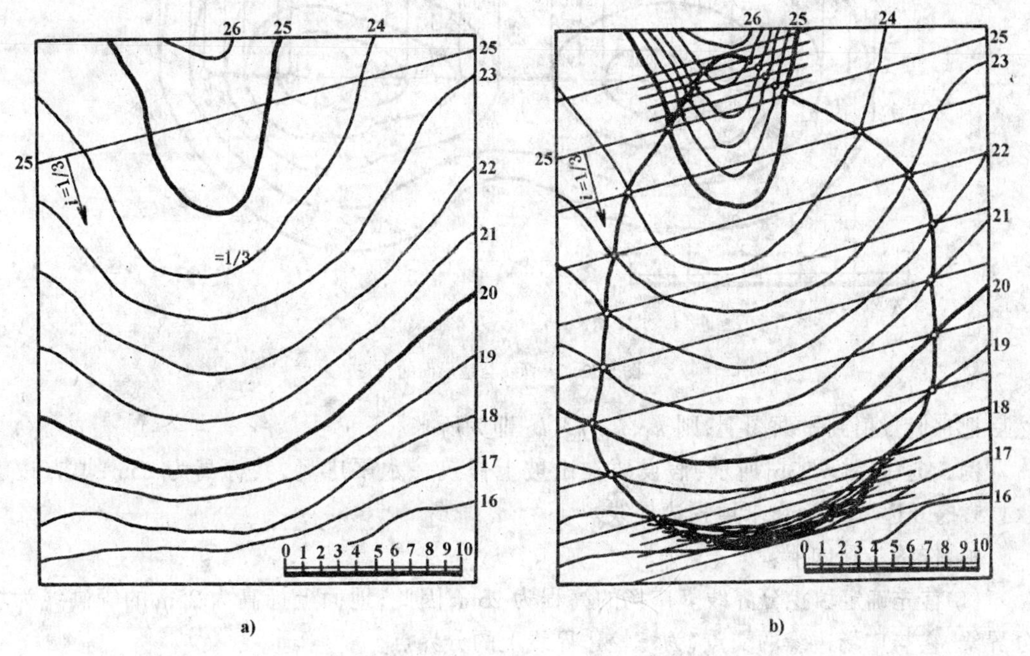

图 5-21 求平面与地面的交线

a)已知条件;b)作图结果

如图 5-22 所示,已知管线两端的高程分别为 21.4m 和 24.6m,求管线 AB 与地面的交点。

这一问题,实际上是直线和立体相交求贯穿点的问题。求直线与地面的交点,一般都是过直线作铅垂面。作出铅垂面与地面的交线,即断面的轮廓线;再求直线与断面的交点,就是直线与地面的交点。

过直线 AB 所作的铅垂面在投影图中有积聚性。所以等高线的水平投影与 AB 的水平投影的交点,就是断面上的点的标高投影。这些点的标高,与它们所在等高线的高程相同。知道断面上某些点的高程,就可以作出断面图。

在图 5-22 的上方作与直线 $a_{21.4}b_{24.6}$平行间距相等的平行线,并标出各线的高程数字。再包含管线 AB 作铅垂面,得平面与地面的交线。根据等高线的标高,依次连接各点得断面的轮廓线,画在图的上方;同时画出直线 AB,即可求得直线 AB 与地面的四个交点 K_1、K_2、K_3、K_4,

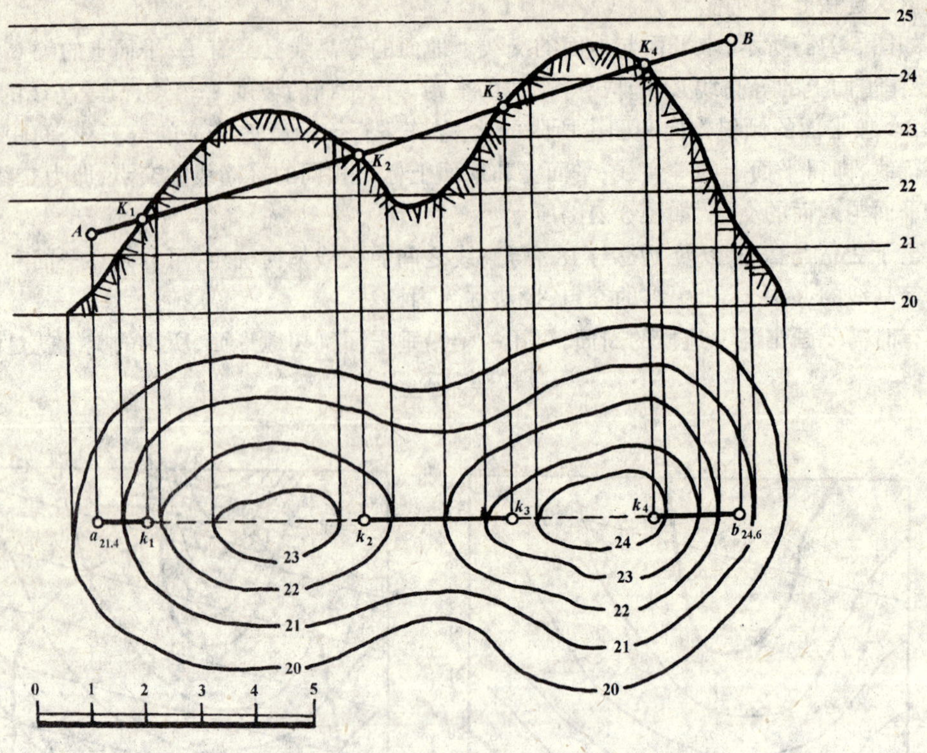

图 5-22 求管线与地形面的交点

然后把它们投射到平面图上，则 k_1,k_2,k_3,k_4 即为所求。

例 5-6：如图 5-23b)所示，假设要在山坡上修筑一水平广场，其标高为 25m，填方边坡为 1∶1.5，挖方边坡为 1∶1，求填挖边界线。

解：作图步骤如下：

(1)首先确定填挖分界线。广场的高程为 25m，因此，地面上标高为 25m 的等高线为填挖分界线，它与广场边缘的交点，为填挖边界线上的分界点。

(2)分界点以上为挖方，以下为填方。填方和挖方部分各有三个坡面，这些坡面不仅与地面相交，相邻坡面也相交。

(3)广场的边缘就是坡面上标高为 25m 的等高线。挖方边坡面上的等高线愈往外走，高程愈高；填方边坡面上的等高线愈往外走，高程愈低。

(4)边界线就是各坡面与地面的交线。按填挖坡度算出各坡面上等高线的平距，作出各坡面上的等高线，把各坡面上等高线与地面上同标高的等高线的交点连接起来，即得填挖边界线，如图 5-23c)所示。如图 5-23a)所示为立体图。

二、曲面与地面的交线

求曲面与地面的交线，即求曲面与地面上一系列标高相同等高线的交点，然后把所得的交点依次相连，即为曲面与地面的交线。

例 5-7：如图 5-24 所示，在所给的地面上修筑一条弯曲的道路，道路的顶面为平坡，假设标高均为 20m；路两边的边坡，填方为 1∶1.5、挖方为 1∶1。求填挖边界线。

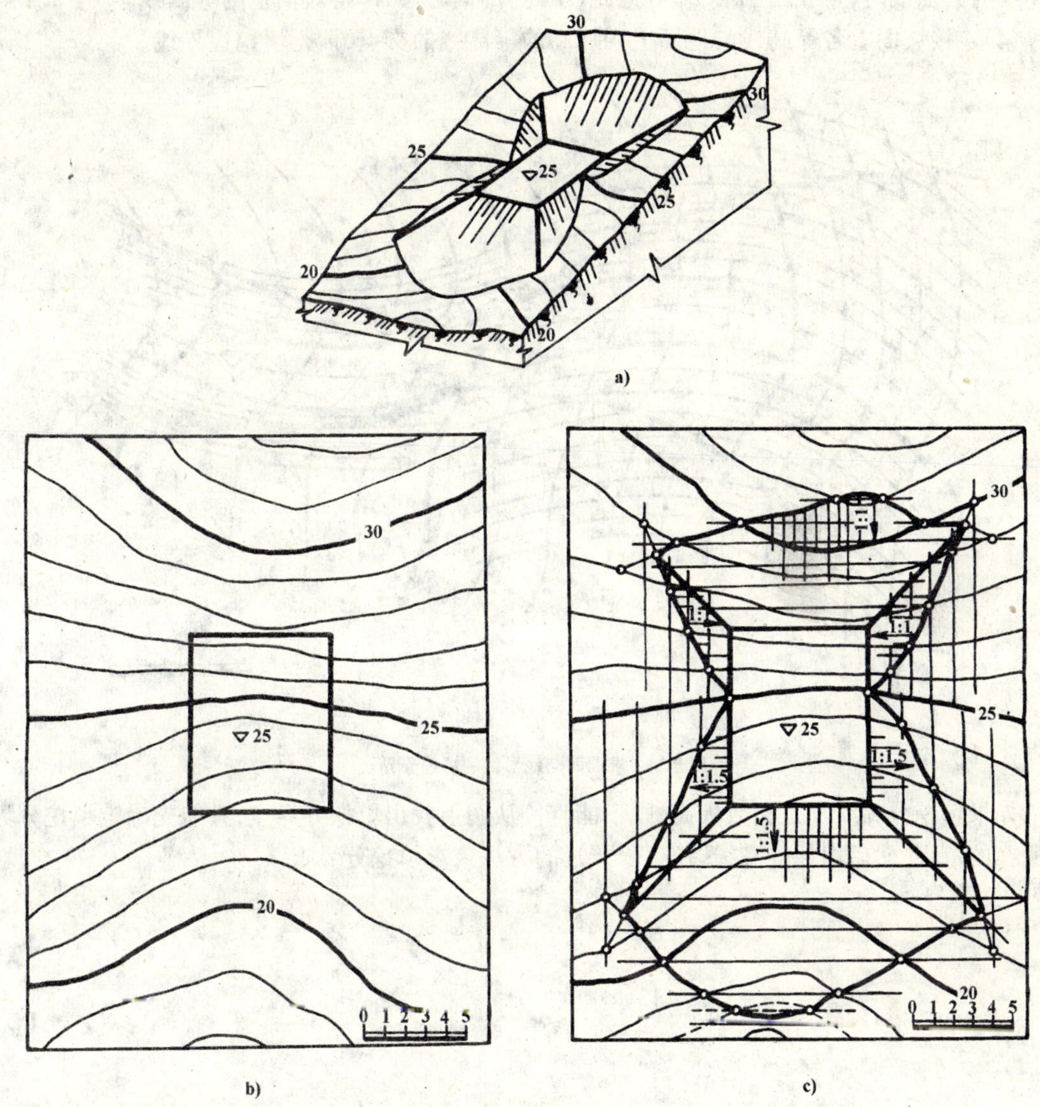

图 5-23 求广场的填挖边界线

a)立体图;b)已知条件;c)作图结果

解:作图步骤如下:

(1)先找出填挖分界点，地面上与路面上标高相同之点即为填挖分界点，如图中 a、b 两点。

填挖分界点左面部分的地面标高比路面标高低,故为填方;填挖分界点右面部分的地面标高比路面高,故为挖方。

(2)各坡面为同坡曲面,同坡曲面上的等高线为曲线,在填方地段,愈往外的等高线,高程递减,即地势愈低;在挖方地段,愈往外的等高线,高程递增,即地势愈高。路缘曲线就是标高为 20m 的等高线。

(3)可根据填方和挖方的坡度算出同坡曲面上等高线的平距,作出同坡曲面上的等高线。

当路线为圆曲线时,可找出圆心,作等间距(平距)的同心圆,即得坡面上的等高线。

(4)连接坡面上各等高线与地面上同标高的等高线的交点,即得填挖边界线。

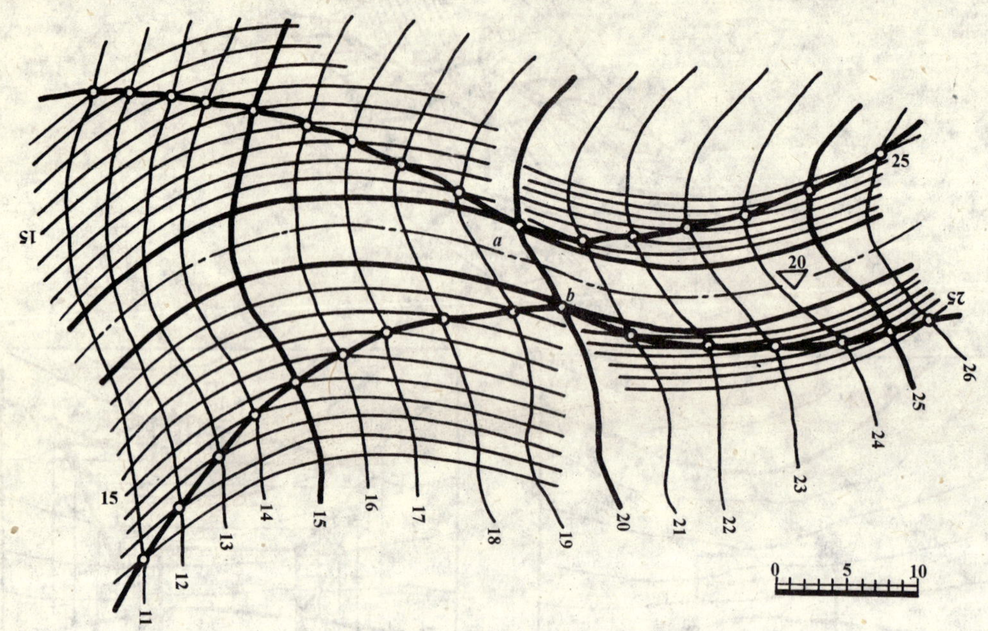

图 5-24 求曲面与地形面的填挖分界线

如果填挖分界线不是整数标高,则不能直接从图上找出填挖分界点,只能先确定填挖分界点所在的范围,然后内插等高线,用逐步接近的方法来求填挖分界点。

第六章　公路工程图的识读

公路路线是指公路沿长度方向的行车道中心线。公路路线的线形由于地形、地物和地质条件的限制，在平面上是由直线和曲线段组成；在纵面上是由平坡和上坡、下坡段及竖曲线组成。因此从整体上来看，公路路线是一条空间曲线。

公路路线设计的最后结果是以平面图、纵断面图和横断面图来表达。由于公路建筑在大地表面狭长地带上，公路竖向高差和平面的弯曲变化都与地面起伏形状紧密相关，因此公路路线工程图的图示方法与一般工程图不同。它是以地形图作为平面图、以纵向展开断面图作为立面图、以横断面作为侧面图，并且大都各自画在单独的图纸上，利用这三种工程图，来表达公路的空间位置、线型和尺寸。

第一节　公路路线工程图

一、路线平面图

路线平面图的任务是表达路线的平面状况（直线和曲线），以及沿线两侧一定范围内的地物、地面起伏情况、与路线的相互关系。路线平面图一般采用等高线及图例来表示。

1.路线平面图的内容

如图 6-1 所示为某公路 K88 + 500 至 K90 + 000 段路线平面图，其内容包括地形、路线两部分。

1)地形部分

(1)比例：为了清晰地表示图样，根据地形起伏情况的不同，地形图采用不同的比例。一般在山岭区采用 1:2000，丘陵和平原区采用 1:5000。本图比例采用 1:5000。

(2)坐标网与指北针：在路线平面图上应画出坐标网或指北针，作为指出公路所在地区的方位与走向，同时坐标网或指北针又可作为拼接图线时校对之用。本图采用坐标网，图中

E61 500 N32 500 表示两垂直线的交点坐标为距坐标网原点北 32 500、东 61 500(m)。

(3)等高线：用等高线表示地形起伏，图中每条等高线之间的高差为 4m。等高线愈密，表示地势愈陡；等高线愈稀，表示地势愈平坦。从图中可看出，该图的上方和下方都为丘陵地形，下方有三条小河流和一个水库的水流入到干流河道，中间是地势平坦川坝。图中还示出了地名、村庄房屋、桥梁、水库堤坝的位置。

2)路线部分

(1)路线表示：由于路线平面图所采用的绘图比例较小（本图为 1:5000），公路的宽度无法按实际尺寸画出，因此在路线平面图中，路线是用粗实线沿着路线中心线表示的，图中的粗实线表示了公路路线的位置和方向。

(2)路线长度与里程：为了清楚地看出路线的总长和各段之间的长度，一般在路线上从起

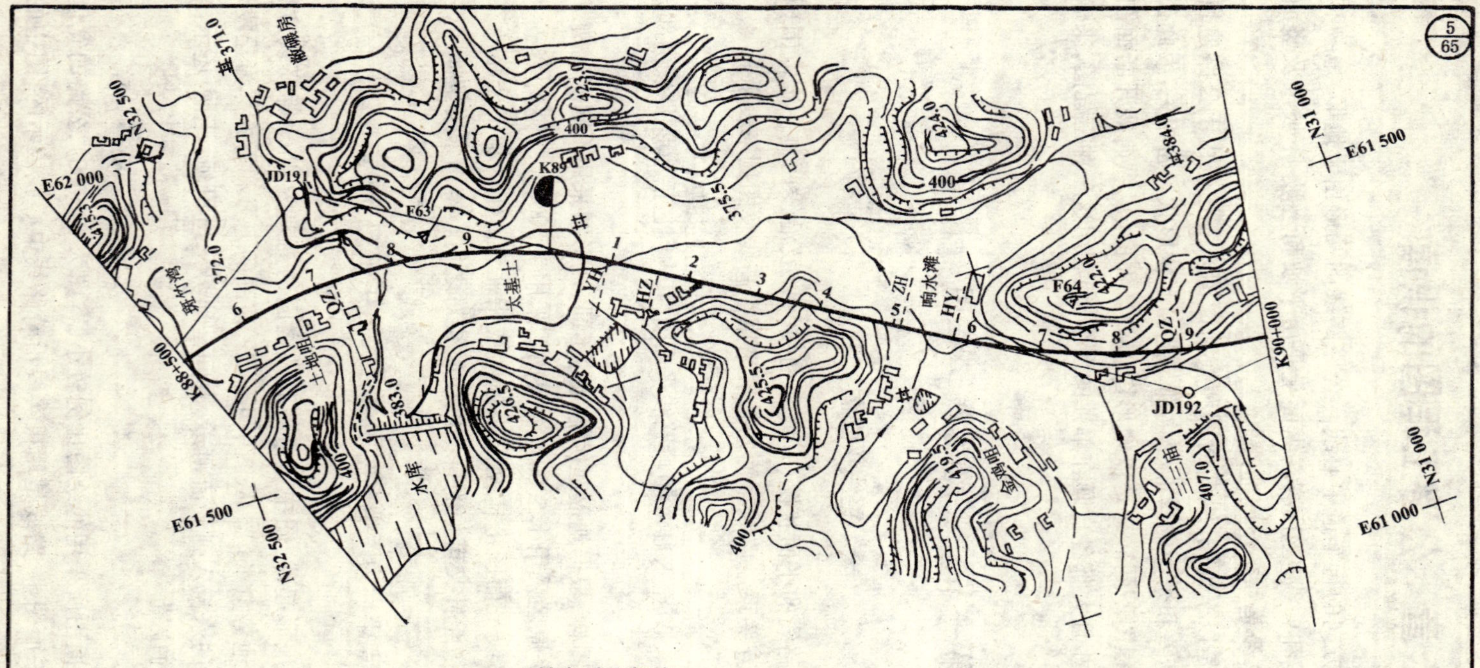

转角桩坐标表

JD	X	Y
191	32 325.000	61 890.000
192	31 280.000	61 250.000

导线点成果表

编号	X	Y	高程
F63	32 187.159	61 779.231	386.602
F64	31 391.237	61 421.357	420.158

×××设计院	××公路××合同段	路线平面图	设计		复核		审核		图号	

图 6-1　路线平面图

点到终点，沿前进方向的左侧注写里程桩(K)，通常以符号"◑"表示。在符号上面注写如K89，即距路线起点89km。公里桩之间路线上设有"|"标记者表示百米桩，按《道路工程制图标准》规定，数字写在短细线端部，字头朝向上方，如图6-1所示。图中所示路线的总长为1.5km。

(3)平面线形：路线的平面线形有直线形和曲线形。对于曲线形路线的公路转弯处，在平面图中是用交角点编号来表示，如图中JD_{191}表示为第191号交角点。路线平面图中，对曲线还需标出曲线起点ZY(直圆)、曲线中点QZ(曲中)、曲线终点YZ(圆直)的位置；对带有缓和曲线的路线则需标出ZH(直缓)、HY(缓圆)、QZ(曲中)、YH(圆缓)、HZ(缓直)的位置。由交角点JD_{191}和JD_{192}可以看出，公路是沿着路线前进方向，在JD_{191}处向右转弯，在JD_{192}处向左转弯。

(4)三角点：图中还标出了导线点(三角点)编号的位置(▽F63 ▽F64)。

(5)曲线表及坐标表：图中有两个表，一个是"转角桩坐标表"，列出了交点在大地坐标网中的位置；另一个是"导线点成果表"，列出了导线在大地坐标网中的位置。

平面图上路线前进的方向规定从左往右，以便和纵断面图对应。

2.*地物表示法及路线画法*

沿线地物及新建桥涵、挡土墙等构造物都用图例来表示。如表6-1所示列出了路线平面图中常用的地物图式(根据国家测绘总局出版的《地形图图式》)，涵洞和其他构造物除画出图式外，还应标出构造物的里程桩号。

路线平面图图式 表6-1

名称	符号	名称	符号	名称	符号
普通房屋		铁路		河流	
学校		涵洞		高压电力线 低压电力线	
医院		桥		菜地	
工厂		渡口		旱田	
水井		山洞		水稻田	
大车路		石碑		小草丘地	
小路		坟地		经济作物地	
乡村路		围墙		经济林	
土堤		篱笆		疏林	

由于公路路线具有狭长、曲折的特点，要将整条路线清晰地画在一张图纸上是不可能的，因此需要分段画在若干张图纸上，使用时将图拼接起来，如图6-2所示。路线分段应在直线部分取整数桩号断开，断开的两端均应画出垂直于路线的接图线（点画线）。接图时，应以相邻两图纸的路线中心线为准，并将接图线重合在一起。在每张图的右上角绘出角标，注明图纸序号及总张数；在每张图的下方或最后一张图的右下角绘出标题栏（图标）。

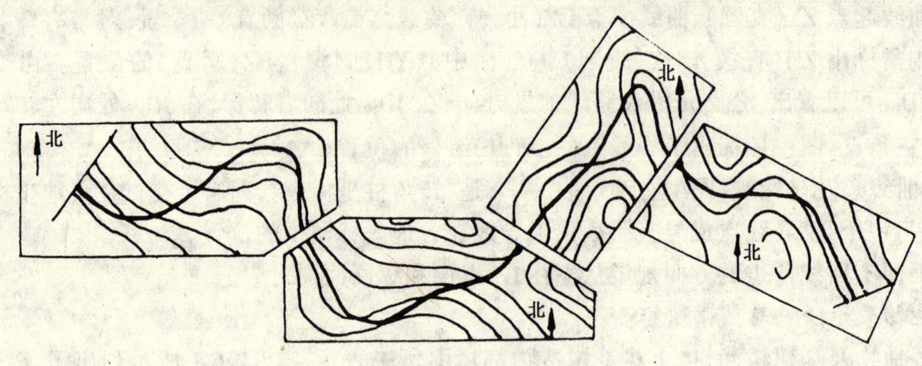

图6-2 路线图幅拼接示意图

在设计路线时如有比较线，可以同时绘出。正线一般用粗实线，比较线用虚实线。每张图纸上还应标出一些当地地名。

3.画路线平面图应注意的几点

(1)先画地形图，然后画路线中心线。

(2)等高线按先粗后细步骤徒手画出，要求线条顺滑。

(3)路线中心线用绘图仪器按先曲线、后直线的顺序画出。为了使中心线与等高线有显著的区别，一般以两倍左右的计曲线（粗等高线）的粗度画出。

(4)平面图的植物图例，应朝上或向北绘制。

(5)平面图中字体的方向，应根据图标的位置来定。

二、路线纵断面图

公路路线是根据地形来设计的，而地形又起伏曲折、变化很大，要画出明晰的路线立面图是不可能的，因此以路线纵断面图来代替一般图示中的立面图。

1.路线纵断面图的形成

路线纵断面图是通过公路中心线用假想的铅垂面进行剖切展平后获得的，如图6-3所示。由于公路中心线是由直线和曲线所组成，因此剖切的铅垂面既有平面又有柱面。为了清晰地表达路线纵断面情况，特采用展开的方法将断面展平成一平面，然后进行投影，形成路线纵断面图。

路线纵断面图的作用是表达路线中心纵向线形以及地面起伏、地质和沿线设置构造物的概况。

2.路线纵断面图的内容

路线纵断面图包括图样和资料表两部分，图样画在图纸的上方，资料表列在图纸的下方。资料表的格式较多，有简有繁，但作用是相同的。如图6-4所示是某公路一段路线的纵断面图，从K0+420至K1+165.86止，长745.86m。现将其内容简介如下：

图 6-3 路线纵断面图形成示意

1)图样部分

(1)比例:路线纵断面图水平向表示路线的长度,铅垂向表示地面及设计路基边缘的标高。由于地面线和设计线的高差比起路线的长度小得多,如果铅垂向与水平向用同一比例画就很难把高差明显地表达出来,所以规定铅垂向的比例比水平向的比例放大 10 倍,这样画法,图上路线坡度虽与实际不符,但能清楚地显示了铅垂向坡度的变化。一般在山岭区,水平向采用1:2000,铅垂向采用1:200;在丘陵区和平原区因地形变化较小,所以水平向采用1:5000,铅垂向采用1:500。一条公路纵断面图有若干张,应在第一张的适当位置(在图纸右下角图标内或左侧竖向标尺处)注明铅垂、水平向所用比例。本图铅垂向比例采用1:200,水平向比例采用1:2000。在图纸右上角注出图纸分式编号,分母表示图纸总张数,分子表示本张图纸的序号,从图中可知,纵断面图纸共有 13 张,本图图纸序号为 2。

(2)地面线:图上不规则的折线是地面线,它是根据一系列中心桩的地面高程连接而成的。具体画法是将水准测量所得各桩的高程按铅垂向 1:200 的比例,点绘在相应的里程桩上;然后顺次把各点用直尺连接起来,即为地面线,地面线用细实线画出。

(3)设计线:图上比较规则的直线与曲线相间的粗实线称为设计坡度,简称设计线,表示路基边缘的设计高程。它是根据地形、技术标准等设计出来的,设计线用粗实线画出。

(4)竖曲线:在设计线纵坡变更处,应按《公路工程技术标准》JTJ 01—97 的规定设置竖曲线,以利于汽车行驶。竖曲线分为凸形和凹形两种,分别用“┌──┴──┐”和“└──┬──┘”符号表示。并在其上标注竖曲线的半径 R、切线长 T 和外距 E。图中在 0+660 处设有一个凹形竖曲线。

如变坡处不设竖曲线,则在图上该处注明不设。

(5)桥涵构造物:当路线上有桥涵时,应在设计线上方(或下方)桥涵的中心位置处标出桥涵名称、种类、大小及中心里程桩号。并采用“○”符号来表示。如图中的$\frac{1-75\times75\text{ 石盖板涵}}{0+773}$表示在里程 0+773 处设有一座单孔石盖板涵,断面尺寸为 $75\times75\text{cm}^2$。在新建的大、中桥梁处还应标出水位标高。

(6)水准点:沿线设置的水准点,都应按所在里程注在设计线的上方(或下方),并标出其编号、高程和路线的相对位置,如图中$\frac{BM_2\text{ 左侧 10m 岩石上}}{57.493\qquad 0+580}$表示在里程 0+580 处的左侧 10m

比例尺
横1:2 000
纵1:200
2/13
1-75×75 石盖板涵 0+453
1-75×75石盖板涵 0+547
BM2 左侧10m岩石上 37.493 0+580
1-75×75 石盖板涵 0+773
1-200×150 干砌石拱涵 0+996
1-100×80 干砌石拱涵 1+080
地质说明
纵坡
坡长
挖
填
设计标高
地面标高
里程桩号
直线与平曲线

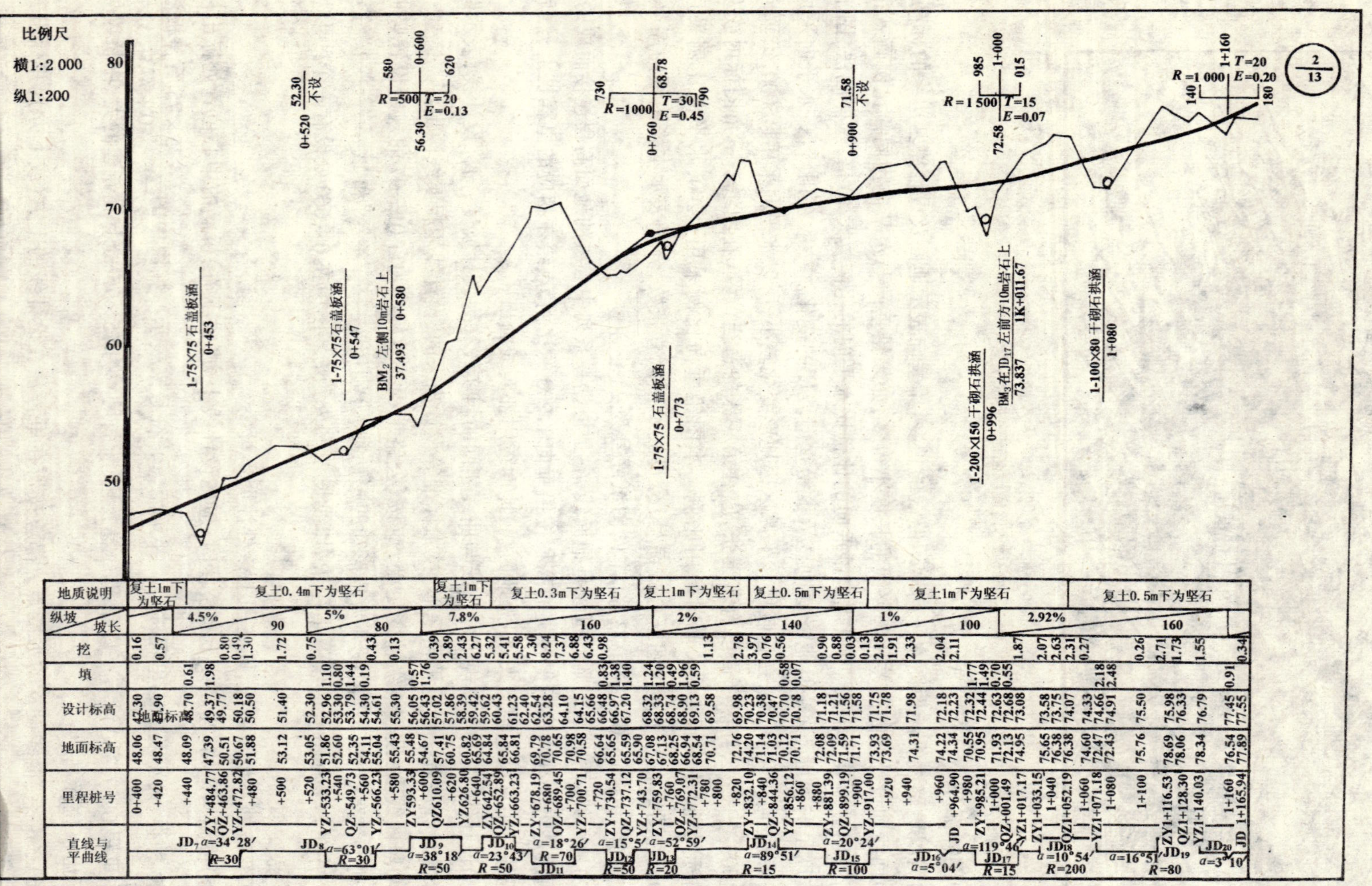

图 6-4 路线纵断面图

的岩石上，设有第二号水准点，其高程为57.493m。

2)资料表

(1)地质说明：标出沿路线的地质情况，为设计、施工提供资料。

(2)坡度/坡长：是指设计线的纵向坡度和其长度，表的第二栏中每一分格表示一坡度，对角线表示坡度的方向，先低后高表示上坡，先高后低表示下坡。对角线上方数字表示坡度，下方数字表示坡长，坡长以m为单位。如第三分格内注有"5%/80"，表示顺路线前进方向是上坡，坡度为5%、坡长80m。如在不设坡度的平路范围内，则在格中画一水平线，上方注数字"0"，下方注坡长。

各分格线为变坡点位置，应与竖曲线中心线对齐。

(3)挖：路线的设计线低于地面线时，需要挖土。这一项的各个数据是各点(桩号)的地面标高减设计标高的差。

(4)填：路线的设计线高于地面线时，需要填土。这一项的各个数据是各点(桩号)的设计标高减地面标高的差。

(5)设计标高：设计线上各点(桩号)的高程为设计标高。

(6)地面标高：地面线上各点(桩号)的高程。

(7)桩号：各点的桩号是按测量所测的里程填入表内，单位为m。有些数据前有ZY、QZ和YZ符号，表示圆弧的起点、中点和终点；后面的数据表示起点、中点和终点的里程桩号，里程桩号之间的距离在表中按横向比例列入。因此，图中的设计线、地面线、竖曲线和涵洞等位置以及资料表中的各个项目都要与相应的桩号对齐。

(8)平曲线：平曲线一栏是路线平面图的示意图。直线段用水平线表示，曲线(弯道)用下凹或上凸图线表示，如图中 JD_7 α=34°28′ R=30 表示第7号交角点沿路线前进方向左转弯，转折角 $\alpha=34°28'$，平曲线半径 $R=30$m。又如 JD_9 α=38°18′ R=50 表示第9号交角点沿路线前进方向右转弯，转折角 $\alpha=38°18'$，平曲线半径 $R=50$m。两铅垂线间的距离为曲线长度。

当转折角小于某一定值时，不设平曲线，"定值"随公路等级而定。如四级公路的转折角≤5°时，不设平曲线，但需画出转折方向。如 JD_{20} 用"∨"符号表示路线向左转弯，若是用"∧"符号则表示路线向右转弯。

3.画路线纵断面图应注意的几点

(1)路线纵断面图用透明方格纸画，方格纸上的格子一般纵横方向均按1mm为单位分格，每5cm处印成粗线，使之醒目，便于使用。用方格纸画路线纵断面图，既可省用比例尺、加快绘图速度，又便于进行检查。

(2)图宜画在方格纸的反面，使擦线时不致将方格线擦掉。

(3)画路线纵断面图与画路线平面图一样，从左至右按里程顺序画出。

(4)纵断面图标题栏绘在最后一张图或每张图的右下角，注明路线名称，纵、横比例等。每张纸右上角应有角标，注明图纸序号及总张数。

三、路基横断面图

在公路沿线设置的中心桩处，根据测量资料和设计要求顺次画出路基横断面图。它主要用来计算土石方数和作路基施工时的依据。

1.路基横断面图的形成

在路线每一中心桩处假设用一平面垂直于设计中心线进行剖切，画出剖切面与地面的交线；再根据填挖高度和规定的路基宽度和边坡，画出路基横断面设计线，即成为路基横断面图。如图 6-5 所示。

路基横断面图的水平和铅垂方向采用同一比例，通常用 1:200。

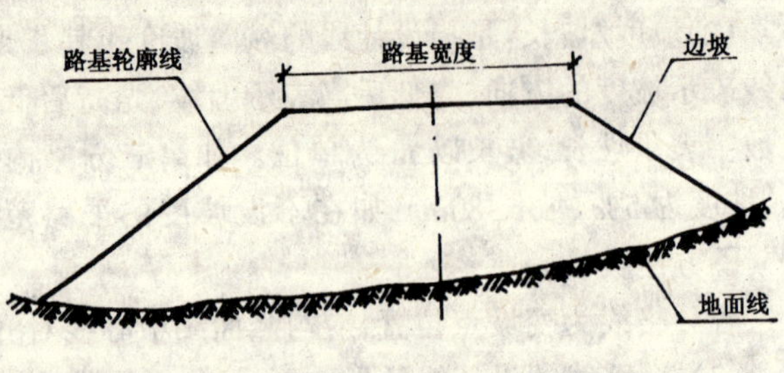

图 6-5　路基横断面图

2.路基横断面图的形式

路基横断面图形式基本上有三种：

(1)填方路基：即路堤，如图 6-6a)所示。在图下注有该断面的里程桩号、中心线处的填方高度 T(m)以及该断面的填方面积 A_T(m^2)。

(2)挖方路基：即路堑，如图 6-6b)所示。在图下注有该断面的里程桩号、中心线处挖方高度 W(m)以及该断面的挖方面积 A_W(m^2)。

(3)半填半挖路基：即前两种路基的综合，如图 6-6c)所示。在图下注有该断面的里程桩号、中心线处的填方高度和挖方高度以及该断面的填方面积和挖方面积。

3.画路基横断面图应注意的几点

(1)画路基横断面图使用透明方格纸，既便于计算断面的填挖面积，又给施工放样带来方便。路基横断面图应顺序沿着桩号从下到上，从左至右画出。

(2)横断面图的地面线一律画细实线，设计线一律画粗实线。

(3)在每张路基横断面图的右上角应写明图纸序号及总张数，在最后一张图的右下角绘制图标，如图 6-7 所示。

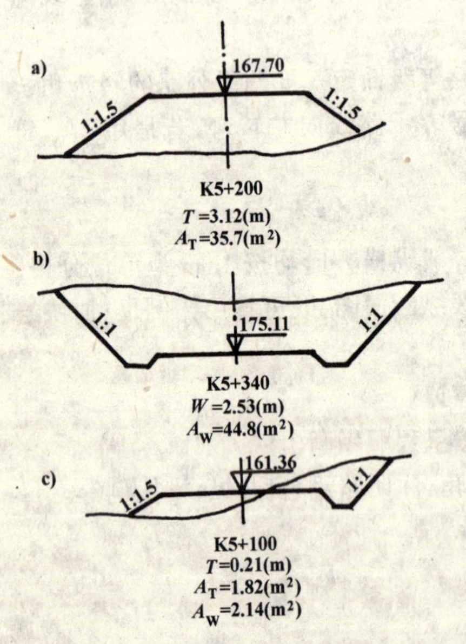

图 6-6　路基横断面图的基本形式

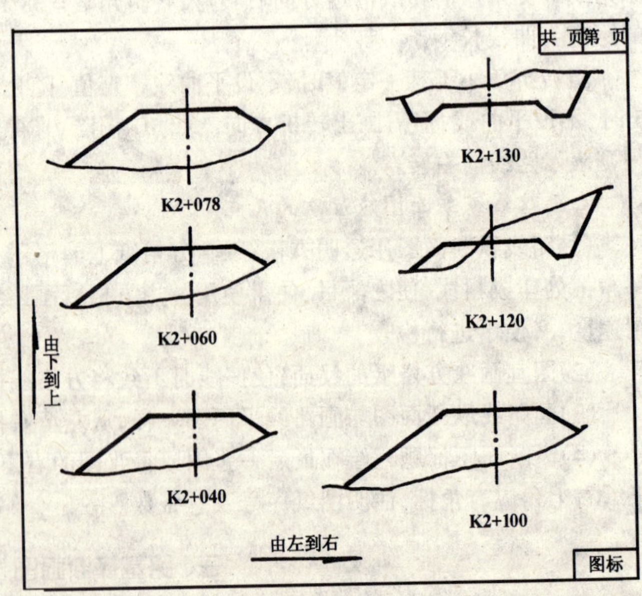

图 6-7　路基横断面图

第二节 公路路面结构层图

路面工程图与路线工程图有很大的不同，如路基横断面图除有标准横断面图之外，每个桩号处都有一个断面图；而路面工程图，只有路面结构图和结构类型图。具体采用哪种类型的路面结构图，则以表格的形式出现在图纸文件中。

1.路面结构类型(如图 6-8 所示)

1)路面结构类型表

(1)水泥混凝土路面

I_1 类型(E_0 = 50、45、40)

面层为 24cm 厚的水泥混凝土，基层为 20cm 厚的石灰稳定碎石土，总厚度为 44cm。

I_2 类型(E_0 = 35、30)

面层为 24cm 厚的水泥混凝土，基层为 25cm 厚的石灰稳定碎石土，总厚度为 49cm。

I_3 类型(E_0 = 20、15)

面层为 24cm 厚的水泥混凝土，基层为 30cm 厚的石灰稳定碎石土，总厚度为 54cm。

I_4 类型

面层为 5cm 厚的沥青碎石，基层为 30cm 厚的石灰稳定碎石土，总厚度为 35cm。

I_5 类型

面层为 12cm 厚的水泥混凝土，基层为 12cm 厚的级配砂砾，总厚度为 24cm。

(2)沥青混凝土路面

II_1 类型(E_0 = 40、35)

面层为 5cm 厚的沥青混凝土和 7cm 厚的沥青碎石，基层为 20cm 厚的石灰稳定碎石土，底基层为 30cm 厚的石灰处治泥质岩，总厚度为 62cm。

II_2 类型(E_0 = 30)

面层为 5cm 厚的沥青混凝土和 7cm 厚的沥青碎石，基层为 20cm 厚的石灰稳定碎石土，底基层为 34cm 厚的石灰处治泥质岩，总厚度为 66cm。

II_3 类型(E_0 = 25、20)

面层为 5cm 厚的沥青混凝土和 7cm 厚的沥青碎石，基层为 20cm 厚的石灰稳定碎石土，底基层为 38cm 厚的石灰处治泥质岩，总厚度为 70cm。

II_4 类型(硬路肩)

面层为 5cm 厚的沥青混凝土，基层为 15cm 厚的石灰稳定碎石土，底基层为 20cm 厚的石灰处治泥质岩，总厚度为 40cm。

E_0 是路基回弹模量。

2)水泥混凝土路面修整粗面大样图

此图的目的，是让施工人员明白施工时水泥混凝土路面修整粗面的具体要求，避免由于认识的不统一，而造成的质量问题。

2.水泥混凝土路面结构图(如图 6-9 所示)

1)路面结构图 A、B

在施工中，当采用图 A 或图 B 时，图中标注尺寸为 30cm，则表示路面基层的顶面的靠近硬

路面结构类型表
14
65
水泥混凝土路面
沥青混凝土路面
I1
24
20
44
E_0=50,45,40
I2
24
25
49
E_0=35,30
I3
24
30
54
E_0=20,15
I4
5
30
35
I5
12
12
24
II1
5
7
20
30
62
E_0=40,35
II2
5
7
20
34
66
E_0=30
II3
5
7
20
38
70
E_0=25,20
II4
5
15
20
40
（硬路肩）
水泥混凝土路面修整粗面大样图
18
16
20
23
15
25
22
17
4
3
3
(K2+800~K21+100)
注：1. 粗面大样尺寸以mm计，其余尺寸以cm计。
2. 修整粗面，纹理应与横缝方向一致，纹理宽3mm，深4mm，间距为15～25mm，随机排列，但平均间距应在18～20mm范围内。
3. 31+675～31+775（明洞）采用路面结构类型I2，表面不修整粗面。
×××设计院
××公路××合同段
路面结构类型
设计
复核
审核
图号

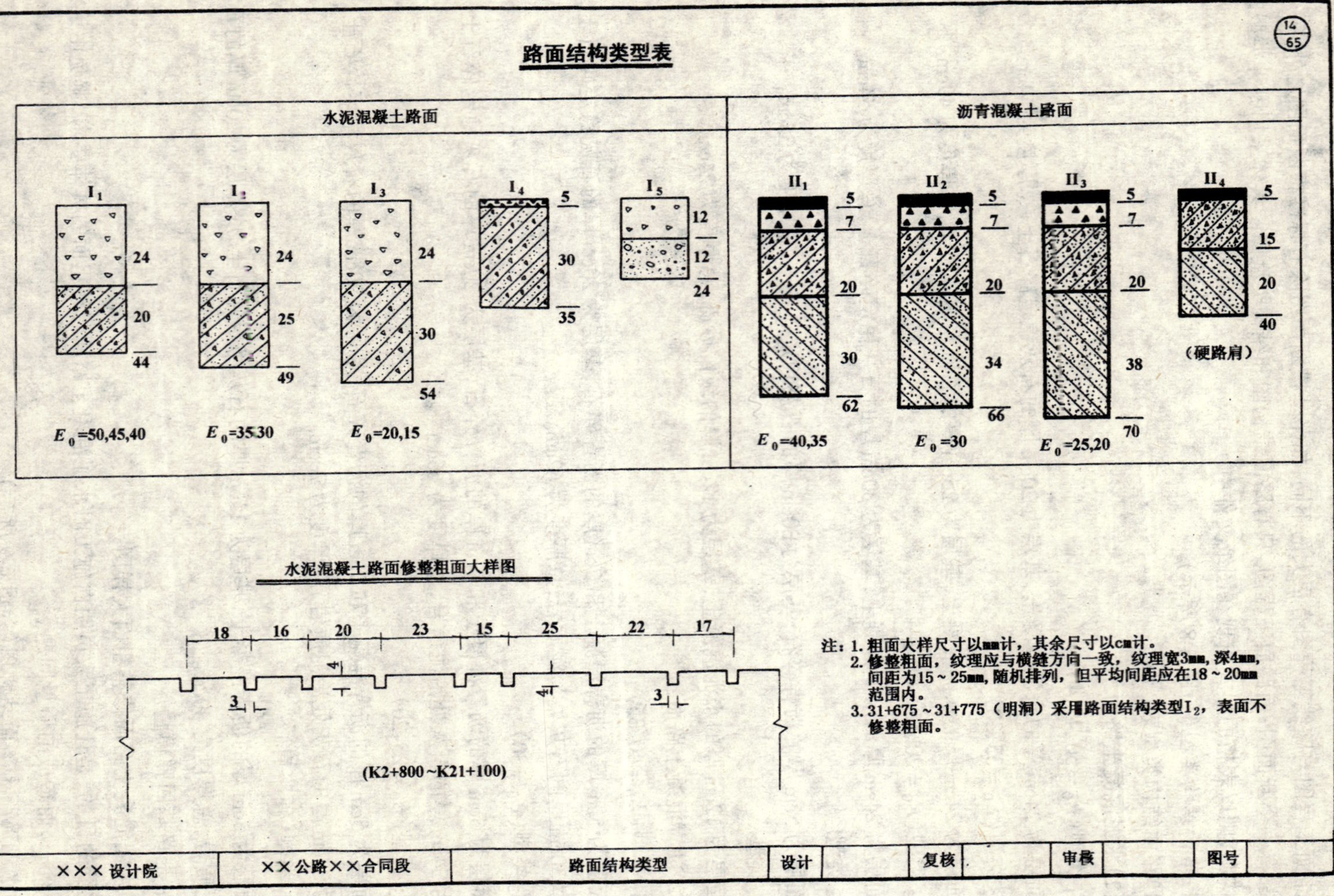

图 6-8　路面结构类型

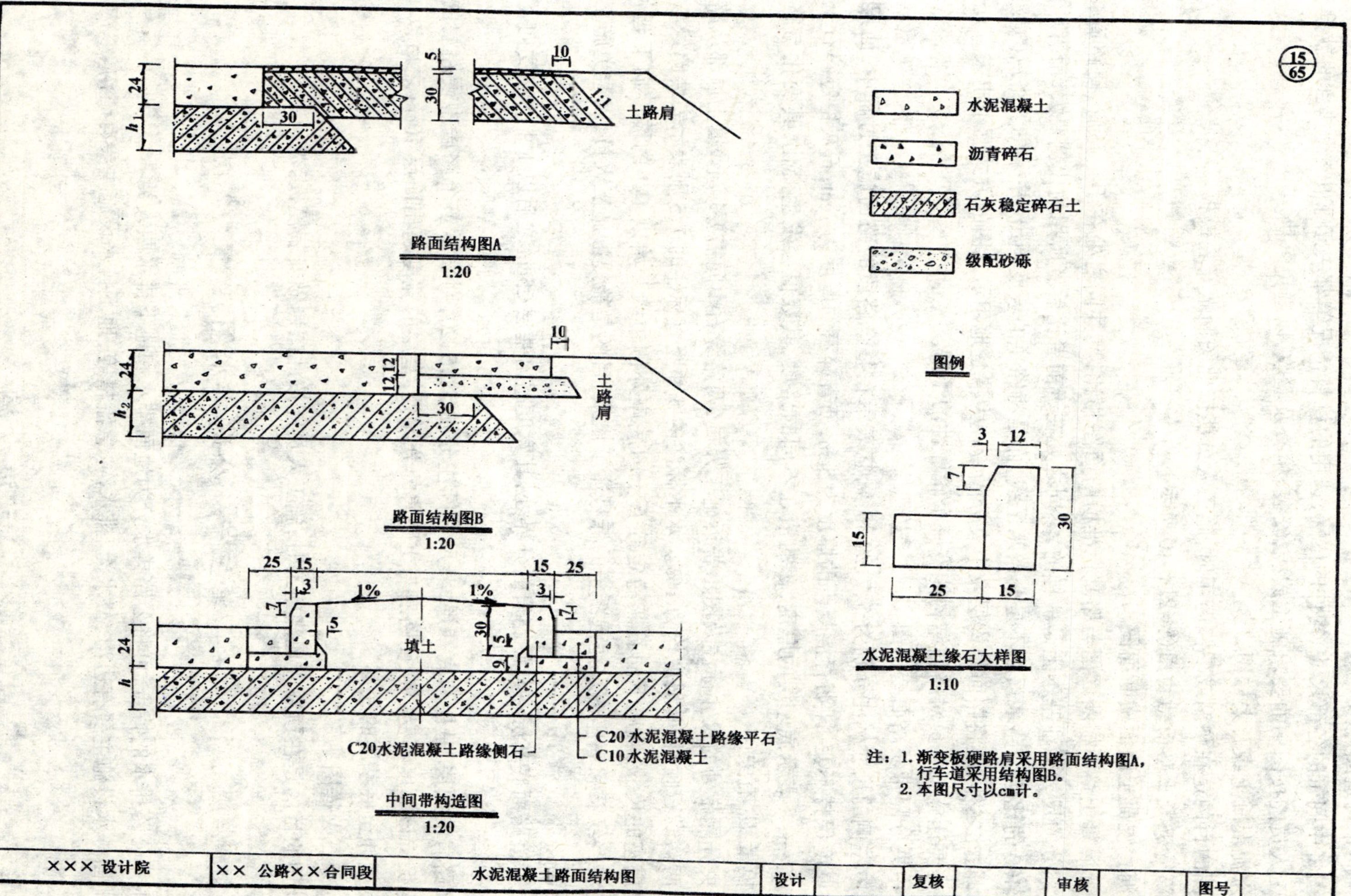

图 6-9 水泥混凝土路面结构图

路肩处比路面宽出30cm，并以1:1的坡度向下分布。标注尺寸为10cm，则表示硬路肩面层下的基层比顶面面层宽出10cm。

2)中间带构造图

此图将中间带的各部尺寸、构件的位置、选用的材料情况等都表示了出来，其目的就是让有关施工人员能按图中的要求施工放线，安装、检查及验收，以避免争执。

3)水泥混凝土缘石大样图

此图的目的是在预制或现浇施工时，施工人员能按此图制做安装模板。

3.沥青混凝土路面结构图(如图6-10所示)

1)沥青混凝土路面横断面图

沥青混凝土路面横断面图与路基标准横断面图相比，其共同之处在于土路肩、硬路肩、行车道等部分的尺寸标注基本上是一样的，不同之处在于前者比后者所用的比例要大，前者一般采用1:100的比例。路基顶面不是一条水平线，而是将路拱的坡度画出，并标注了路拱的坡度及方向，除此之外，还将路面结构层及中央分隔带较为清楚地用示意图的方式画了出来。此图的目的是要让施工人员对路面结构能有一个轮廓性的了解。

2)中央分隔带及路面结构图

图中左侧的尺寸标注分别为5、7、20和h，它表示在整个路段的路面施工过程中，面层和基层的厚度保持不变，即沥青混凝土的厚度为5cm，沥青碎石的厚度为7cm，石灰稳定碎石土的厚度为20cm，h表示底基层的厚度，h的值在不同的路段，其数值会发生变化，其变化与路基的回弹模量E_0有关。

中央分隔带处的尺寸标注及图示告诉施工人员，两路缘石中间需要填土，填土顶部从路基中线向两路缘石倾斜，其坡度均为1%。水平标注的5和竖直标注的7、5则表示安装路缘石的混凝土底座的尺寸，底座下的石灰稳定碎石土的底座外侧边缘开始以1:1的坡度向下延伸。图中还将路缘石和底座的水泥混凝土的标号注了出来，目的是能提醒施工人员，以避免施工中产生差错。

行车道路面底基层在与硬路肩的分界处，其宽度超出基层25cm之后以1:1的坡度向下延伸。

硬路肩的面层、基层和底基层，其尺寸标注分别5、15、20，则表示整个路段中硬路肩的结构层均保持该厚度不变。在硬路肩与土路肩的分界处，基层的宽度超出面层10cm之后以1:1的坡度延伸至底基层的底部。

3)缘石大样图

此图的目的是在预制或现浇施工时，施工人员能按此图制做安装模板。

第三节　公路排水图

根据公路排水的特点，可将公路排水分为地面排水和地下排水两大类。

地面排水设施主要有边沟、截水沟、排水沟、急流槽等；地下排水设施主要有暗沟、渗沟、渗井等。

一、边　沟

边沟一般设置在路堑、矮路堤、零填零挖路基及陡坡路堤边缘外侧或坡脚外侧，边沟的主

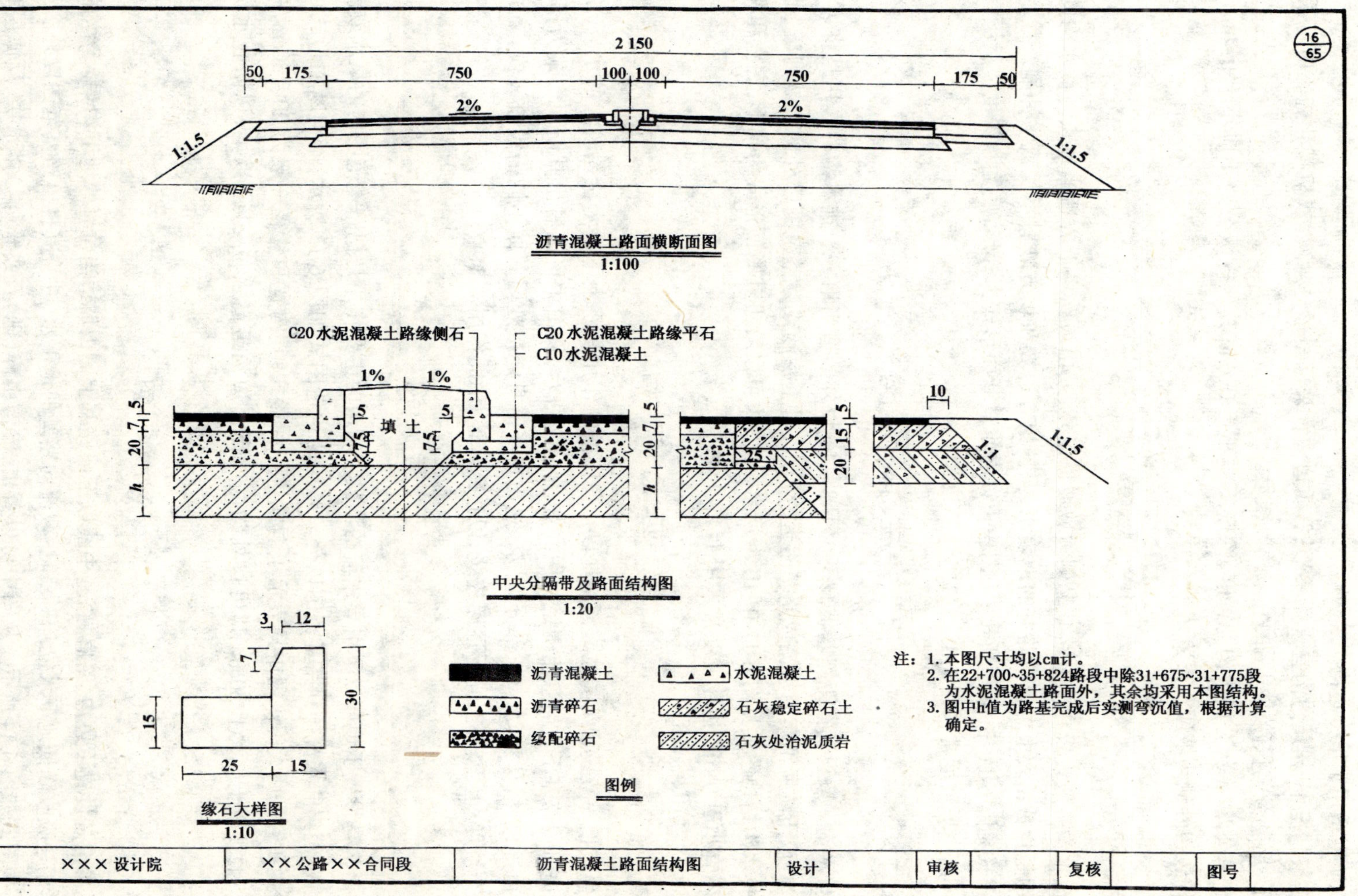

图 6-10 沥青混凝土路面结构图

要作用是汇集和排除路基范围之内和流向路基的少量地面水。边沟的横断面形状，主要有梯形、矩形、三角形和流线形几种。边沟结构图式如图 6-11 所示，图中 I、II、III、型适用于挖方边沟；IV、V 型适用于填方边沟。

一般情况下，土质边沟宜采用梯形；石质边沟宜采用矩形；矮路堤或机械化施工时可采用三角形；路基旁侧积砂或积雪的宜采用流线形。

高速公路、一级公路边沟的宽度、深度不应小于 0.6m；其他等级公路不应小于 0.4m。图中各种边沟外侧边坡应与挖方边坡一致。

二、截 水 沟

截水沟一般设置在挖方路基上侧边坡坡顶以外，或山坡路堤上方适当地点。截水沟的主要作用是拦截山坡上方流向路基的地表水，保护挖方边坡和填方坡脚不受流水冲刷。截水沟结构图式见图 6-11 中 III 型所示，从图中可以看出其断面形式为梯形，底宽和深度一般不宜小于 0.5m，边坡坡度常采用 1:1～1:1.5。

三、排 水 沟

排水沟一般设置在距路基坡脚不少于 3～4m 以外的适当地方。排水沟的作用是将边沟、截水沟、取土坑所汇集的水流或路基附近的积水，引至桥涵或路基范围以外的天然河流、低洼地。排水沟结构图式见图 6-11 中 III 型所示，从图中可以看出其断面形式为梯形，底宽和深度一般不宜小于 0.5m，边坡坡度常采用 1:1～1:1.5。

四、急 流 槽

急流槽一般设置于陡坡或深沟地段。急流槽的作用是将上下游水位差较大的水流，引至桥涵进口或路基下方。急流槽结构图式如图 6-12 所示，从图中可以看出其断面形式为槽形，一般由进口、槽身、出水口三部分组成。进出口与槽身连接处因断面不同需设过渡段；槽底可用几个坡度，上段较陡，向下逐渐放缓，以达到降速、消能作用。

五、暗 沟

暗沟是设置于地面以下引导水流的沟渠。暗沟的主要作用是把路基范围内的泉水或渗沟所拦截、汇集的水流排到路基范围以外。暗沟的构造图式如图 6-13 所示，暗沟断面形式可分为洞式和管式两大类。图中只表示了洞式这一种形式，其沟宽和管径一般为 20～30cm，高为 20cm；洞顶填土应大于 50cm；其出口处沟底应高出边沟最高水位 20cm 以上，以防止水流倒灌。

六、渗 沟

渗沟是设置于边沟、路肩、路基中线以下或路基上侧山坡适当位置的地下沟渠。渗沟的主要作用是吸收降低地下水位，汇集和拦截流向路基的地下水，并将其排出路基范围以外。渗沟的结构图式如图 6-14 所示。从图中可以看出，渗沟由碎（砾）石或管（洞）排水层、反滤层和封闭层所组成。按排水层的形式渗沟可分为三种：填石渗沟、管式渗沟和洞式渗沟。沟深在 2m 以内，宽度为 0.6～0.8m；沟深在 3～4m 以内，宽度为不小于 1m。洞式渗沟排水洞高度为 20～

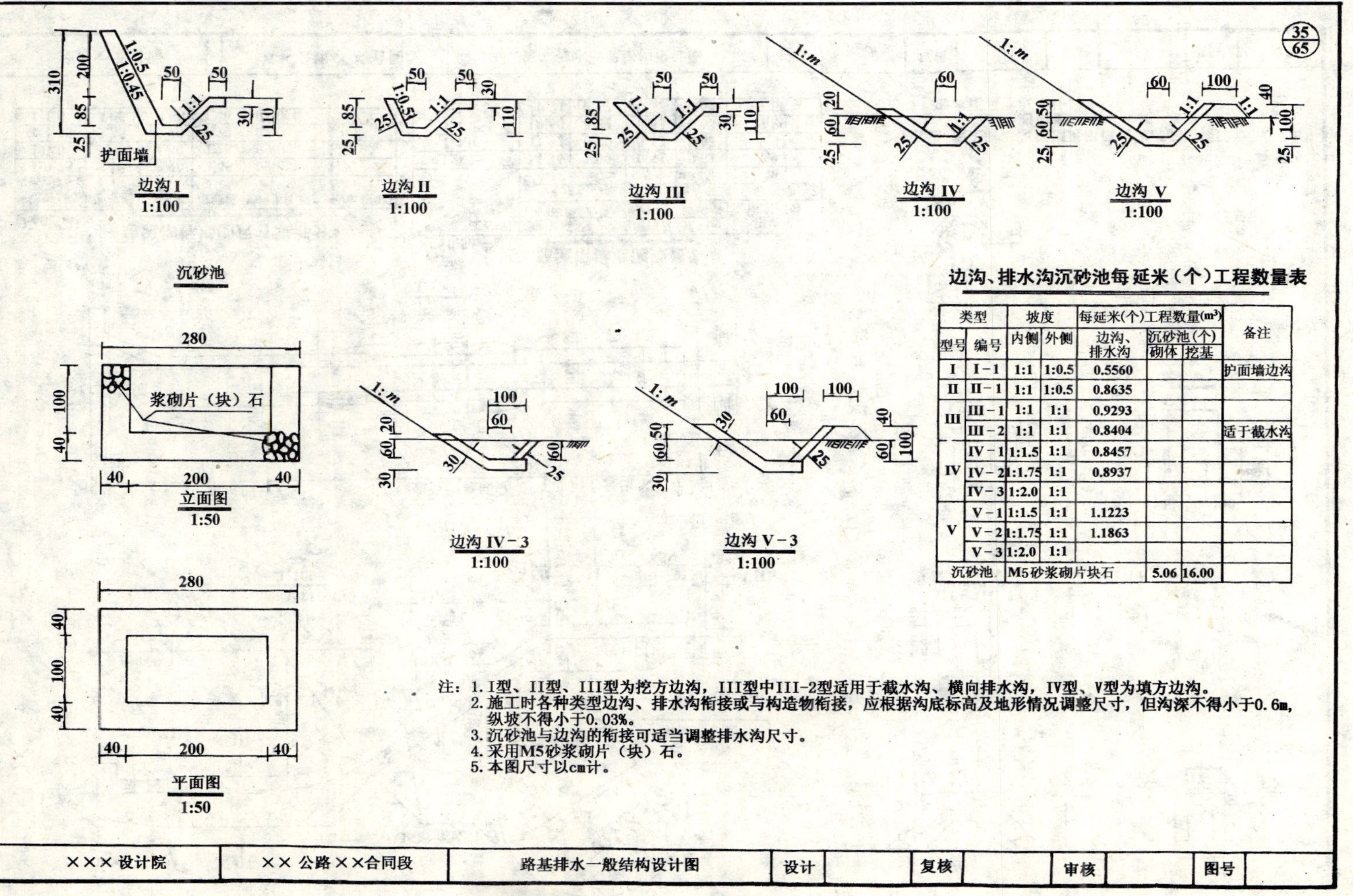

边沟、排水沟沉砂池每延米（个）工程数量表

类型		坡度		每延米(个)工程数量(m^3)			备注
型号	编号	内侧	外侧	边沟、排水沟	沉砂池（个）砌体	沉砂池（个）挖基	
I	I－1	1:1	1:0.5	0.5560			护面墙边沟
II	II－1	1:1	1:0.5	0.8635			
III	III－1	1:1	1:1	0.9293			
	III－2	1:1	1:1	0.8404			适于截水沟
IV	IV－1	1:1.5	1:1	0.8457			
	IV－2	1:1.75	1:1	0.8937			
	IV－3	1:2.0	1:1				
V	V－1	1:1.5	1:1	1.1223			
	V－2	1:1.75	1:1	1.1863			
	V－3	1:2.0	1:1				
沉砂池		M5砂浆砌片块石			5.06	16.00	

注：1. I型、II型、III型为挖方边沟，III型中III-2型适用于截水沟、横向排水沟，IV型、V型为填方边沟。
2. 施工时各种类型边沟、排水沟衔接或与构造物衔接，应根据沟底标高及地形情况调整尺寸，但沟深不得小于0.6m，纵坡不得小于0.03%。
3. 沉砂池与边沟的衔接可适当调整排水沟尺寸。
4. 采用M5砂浆砌片（块）石。
5. 本图尺寸以cm计。

图 6-11 边沟、截水沟和排水沟结构图

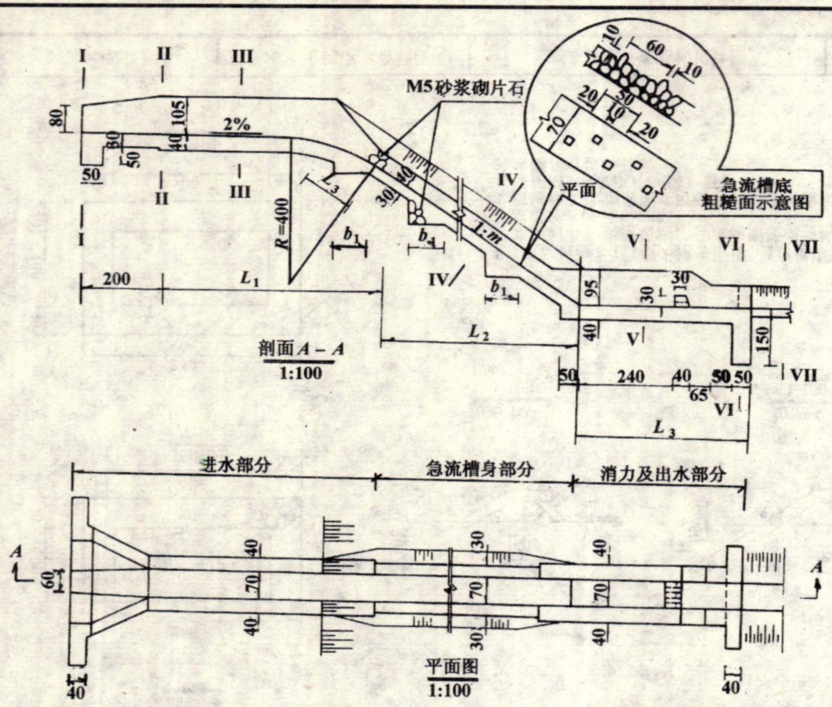

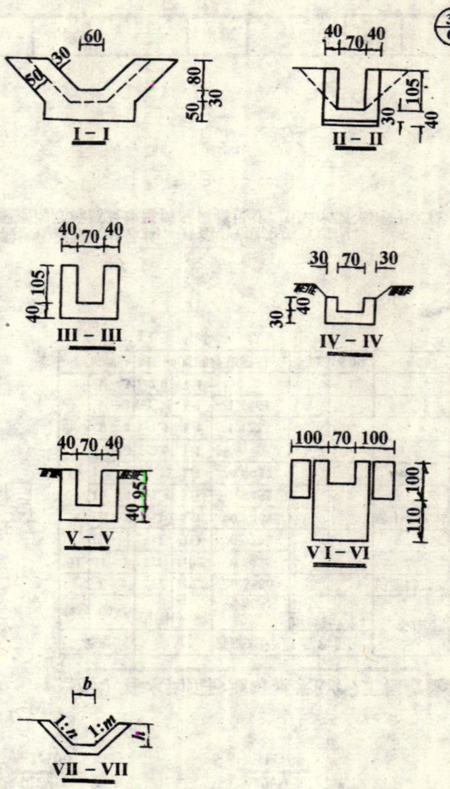

剖面 $A-A$
1:100

M5砂浆砌片石

急流槽底
粗糙面示意图

平面图
1:100

进水部分　急流槽身部分　消力及出水部分

急流槽标准图尺寸表部分

$Q=0.5m^3/s$

尺寸(m) 部位 / 沟底坡度	进水槽 L_1	急流槽 L_2	过渡段 L_3	防滑平台 b_1	每个平台水平间距 L_4
1:0.75	5.10	≥5.90	3.45	0.80	1.70
1:1.0	3.90	≥4.50	2.25	0.80	1.70
1:1.25	3.35	≥3.90	1.70	0.90	2.00
1:1.5	3.05	≥3.60	1.40	0.90	2.00

急流槽标准图数量表

$Q=0.5m^3/s$

工程项目	进水部分	急流槽身部分			消力及出水部分
		沟底	防滑平台	伸缩缝	
材料名称	5号水泥砂浆砌片石			沥青麻絮	5号砂浆砌片石
数量 单位 / 沟底坡度	m^3	m^3/m	m^3/个	m^3/处	m^3
1:0.75	14.84	1.06	0.55	0.63	7.94
1:1.0	11.92	0.90	0.42	0.63	7.91
1:1.25	10.50	0.82	0.42	0.63	7.89
1:1.5	9.71	0.77	0.35	0.63	7.88

注：1. 施工时，急流槽进出口与边沟的衔接，可作适当的调整。
2. 本图尺寸以cm计。

×××设计院	××公路××合同段	路基排水一般结构设计图	设计		复核		审核		图号	

图 6-12　急流槽结构图

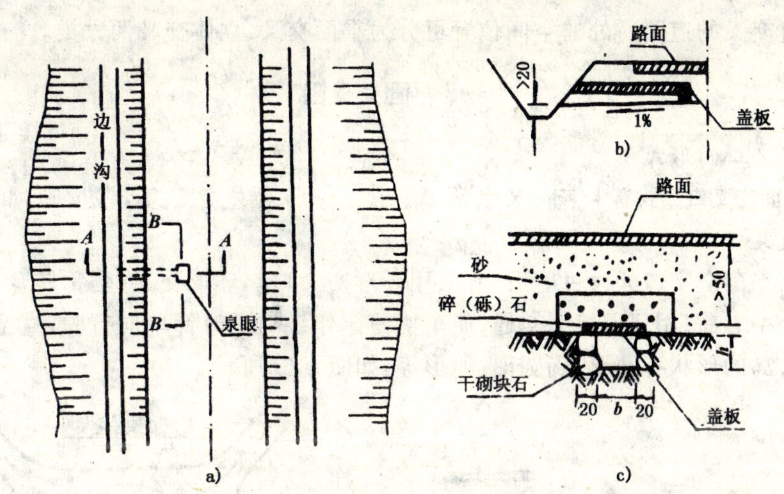

图 6-13　暗沟构造图（尺寸单位：cm）
a）平面；b）剖面 A-A；c）剖面 B-B

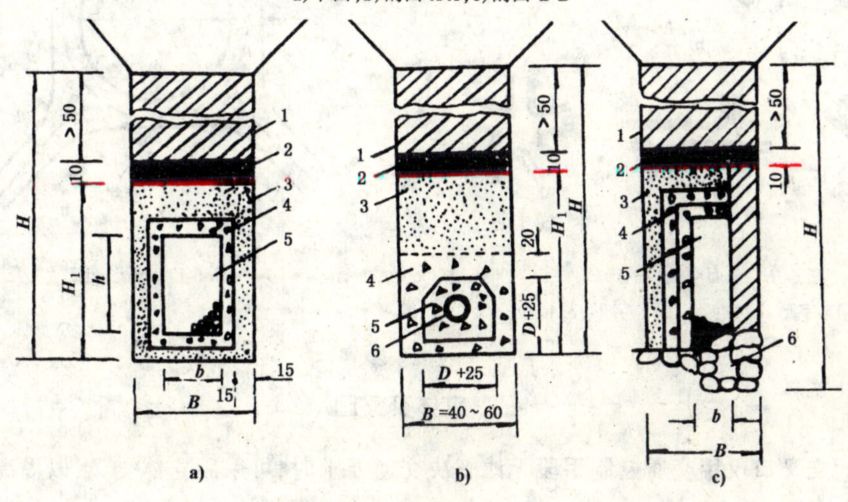

图 6-14　渗沟构造示意图（尺寸单位：cm）
a）填石渗沟；b）管工渗沟；c）洞式渗沟
1-夯实粘土；2-双层反铺草皮；3-粗砂；4-石屑；5-碎石；6-浆砌片石沟洞

40cm；管式渗沟直径 $D = 15 \sim 30$cm。

七、渗　井

渗井是设置于地面以下的排水沟渠。渗井的作用是汇集离地面不深处含水层中地下水，渗入下层，疏干路基土。渗井的结构图式如图 6-15 所示，从图中可以看出，渗井属于立式（竖向）排水设备，井内由中心向四周按层次分别填入由粗到细的砂石材料，粗料渗水、细料反滤。

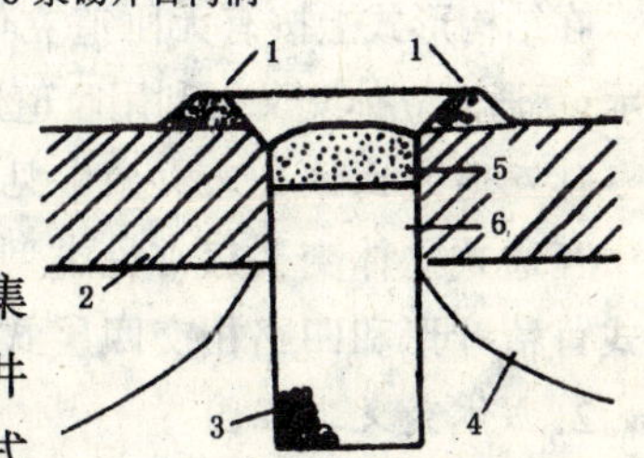

图 6-15　渗水井构造
1-防护土堤；2-不透水层；3-碎（砾）石；4-渗透扩散曲线；5-粗砂；6-砾石

第四节　公路交叉口

道路与道路（或铁道）相交时所形成的共同空间部分称为交叉口。

根据通过交叉的道路所处的空间位置可分为平面交叉、立体交叉两大类。

一、平面交叉口

1.平面交叉口的形式

常见的平面交叉口型式有十字形、X字形、T字形、Y字形、错位交叉、复合交叉等,如图6-16所示。

2.环形交叉口

为了提高平面交叉口的通过能力,常采用环形交叉口。环形交叉(俗称转盘)是在交叉口中央设置一个中心岛,用环道组织交通,使车辆一律作绕岛逆时针单向行驶,直至所去路口离岛驶出。中心岛的形状有圆形、椭圆形、卵形等,如图6-17所示。

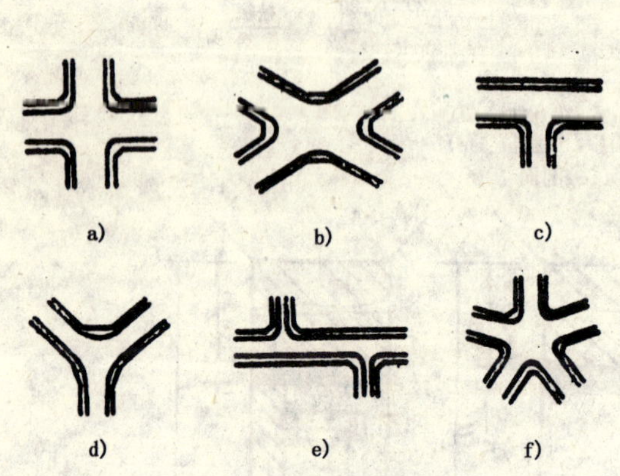

图6-16 平面交叉口的形式

a)十字形;b)X字形;c)T字形;d)Y字形;e)错位交叉;f)复合交叉

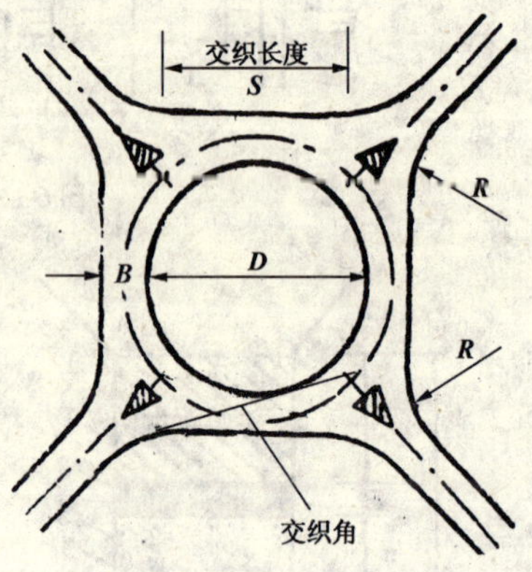

图6-17 环形交叉

二、立体交叉口

当平面交叉口仅用交通控制手段无法解决交通要求时,可采用立体交叉,以提高交叉口的通过能力和车速。

立体交叉主要有下穿式和上跨式两种基本类型,如图6-18所示。

在结构形式上按有无匝道立体交叉又分为分离式和互通式两种。分离式立体交叉如图6-19所示;互通式立体交叉可利用匝道连接上、下道路,因此在城市道路中多采用互通式立体交叉。

1.互通式立体交叉口的常见类型

互通式立体交叉口常见类型有:三路相交喇叭形、四路相交两层式苜蓿叶形、四路相交三层式苜蓿叶形和四路相交四层式环形,如图6-20所示。

2.立体交叉工程图

公路与城市道路立体交叉工程图的内容视分离式还是互通式类型的不同而有所不同。互通式立体交叉工程图主要有:

(1)平面设计与交通组织图

如图6-21所示为四路相交两层苜蓿叶形互通式立体交叉。它是由南北、东西两条主干道,四条匝道,跨路桥以及绿带和分隔带组成。图中还用实线箭头和虚线箭头分别表示机动车和非机动车的车流方向,以说明交通组织情况。

(2)纵断面图

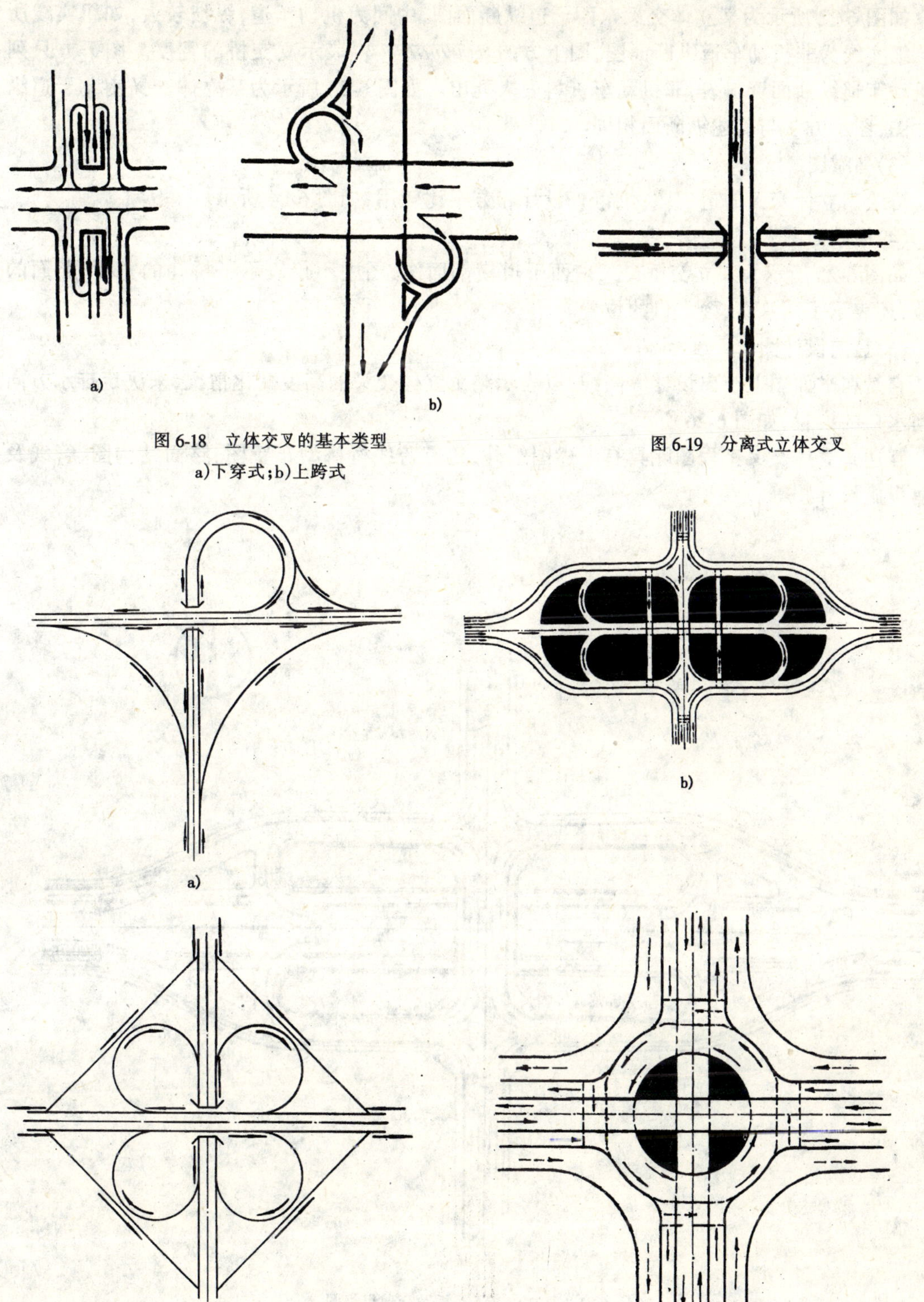

图 6-18　立体交叉的基本类型

a)下穿式；b)上跨式

图 6-19　分离式立体交叉

图　6-20

a)三路相交喇叭形；b)四路相交两层苜蓿叶形；

c)四路相交三层苜蓿叶形；d)四路相交四层环形

如图 6-22 所示为某立体交叉东西干道纵断面图，中间为机动车道，纵坡较大，如粗实线所示。细实线为非机动车道纵断面图，图上方的 表示立交桥的宽度。图下方只列出机动车道纵断面资料表，非机动车资料表未列出。如图 6-23 所示为某立体交叉南北干道纵断面图，图示方法与前述纵断面相同。

(3)鸟瞰图

可绘出立体交叉的透视图，供审查设计和方案比较用，如图 6-24 所示。

(4)横断面图

如图 6-25 所示为某立交桥交叉东西干道横剖面图，图中不仅表示了桥孔的宽度、路面的横坡，还表示了雨水管、雨水口的位置。

(5)竖向设计图

它是在平面图上绘出设计等高线，以表示整个立体交叉的高度变化情况，来决定排水方向及雨水口的设置，如图 6-26 所示。

互通式立体交叉工程图除具有上述图纸外，还有跨线桥桥型布置图、路面结构图、管线及附属设施设计图等。

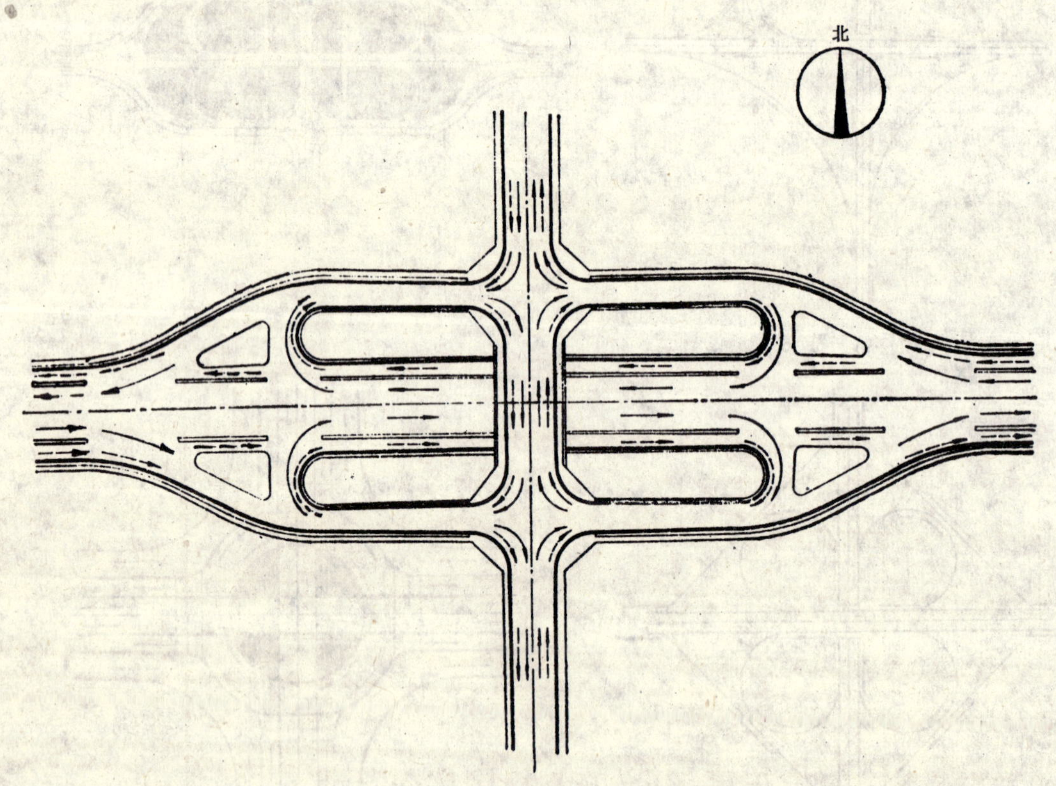

图 6-21 某立体交叉平面及交通组织图

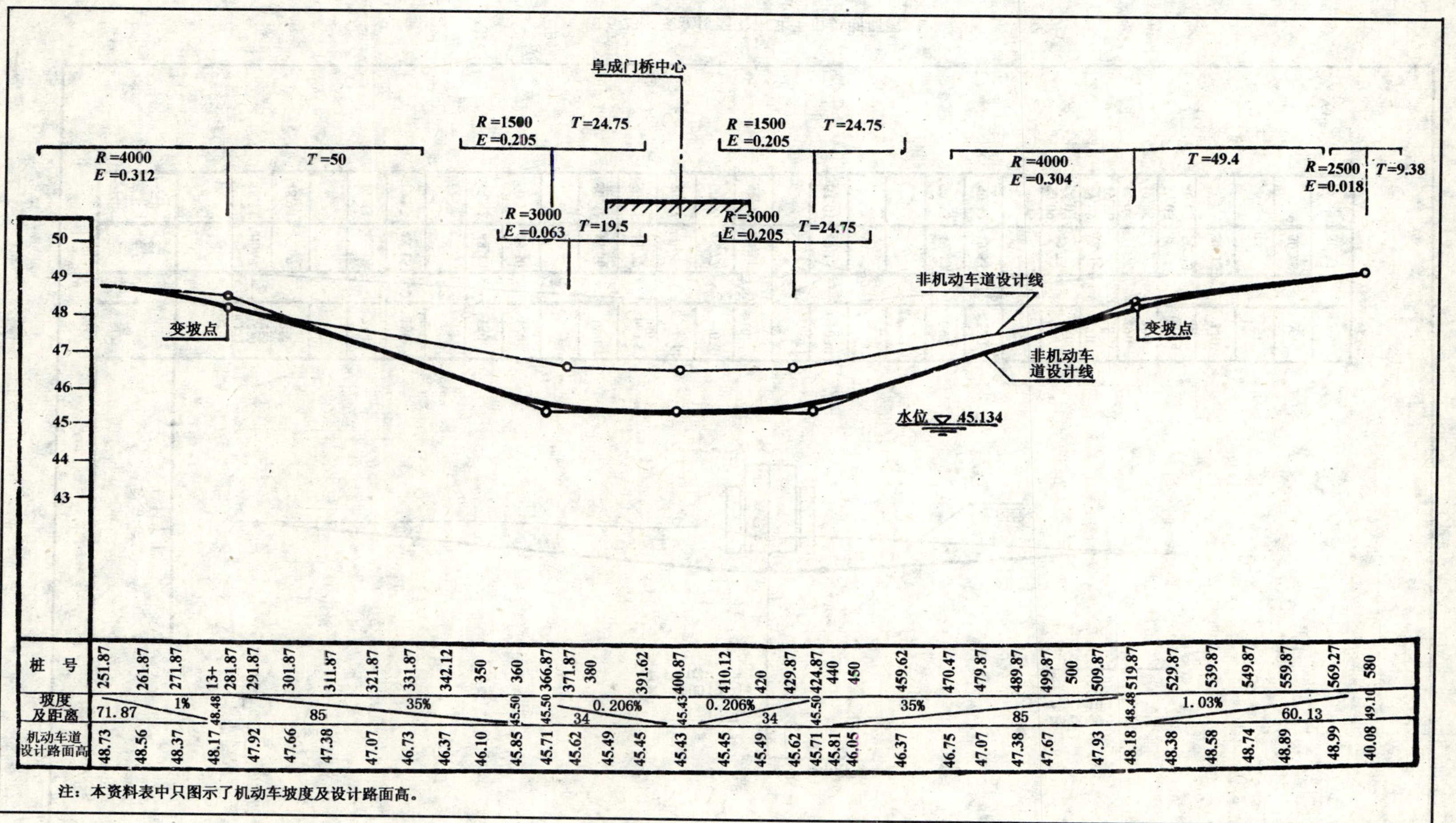

图 6-22　某立体交叉东西干道纵断面图

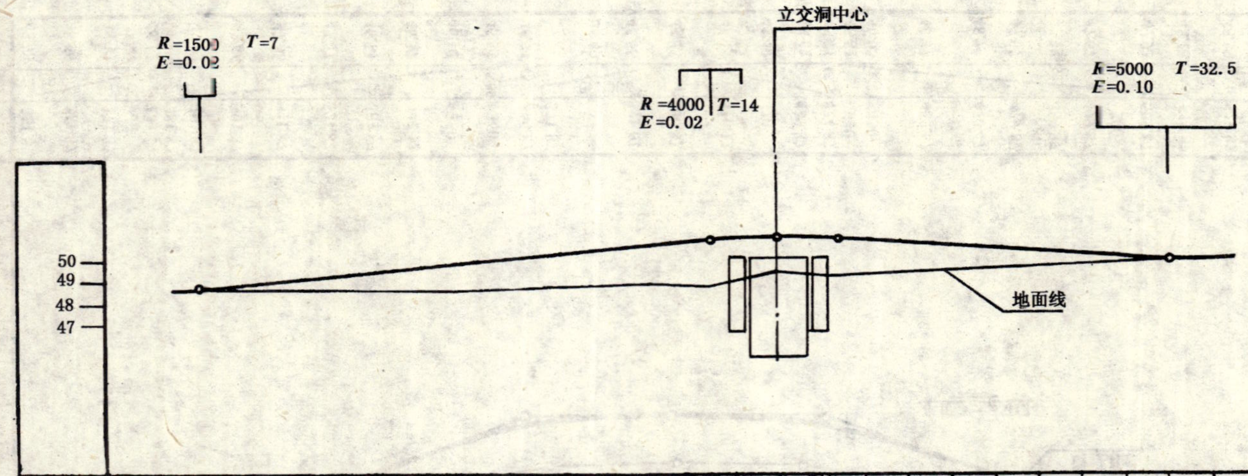

R=1500 T=7
E=0.02

R=4000 T=14
E=0.02

立交洞中心

R=5000 T=32.5
E=0.10

地面线

50
49
48
47

桩号	0.272 270 265	258 240		210	180		150	120		090	069.5 069.5 060	0 −044	−030	−016 0+000		0+030			090	120		150 160	170 180	190 200	210 212.5 220	240		270	300
地面高程	40.69	48.67		48.58	48.15		48.40	48.50		48.66	48.77		48.77	49.31		49.13			49.44	49.53		49.73	49.85		50.03	50.15		50.25	50.37
设计高程	40.71	48.94		49.23	49.53		49.82	50.12		50.42	50.71	50.87	50.99	51.03		51.01			50.55	50.32		50.09 50.03	49.99 49.96	49.96 49.98	50.03 50.03				

坡度与距离: 48.69 | 0.988% 235 | 51.01 | 0.30% 30 | 51.10 | 0.3% 30 | 51.01 | 0.7?7% 150 | 49.86

图 6-23 某立体交叉南北干道纵断面图

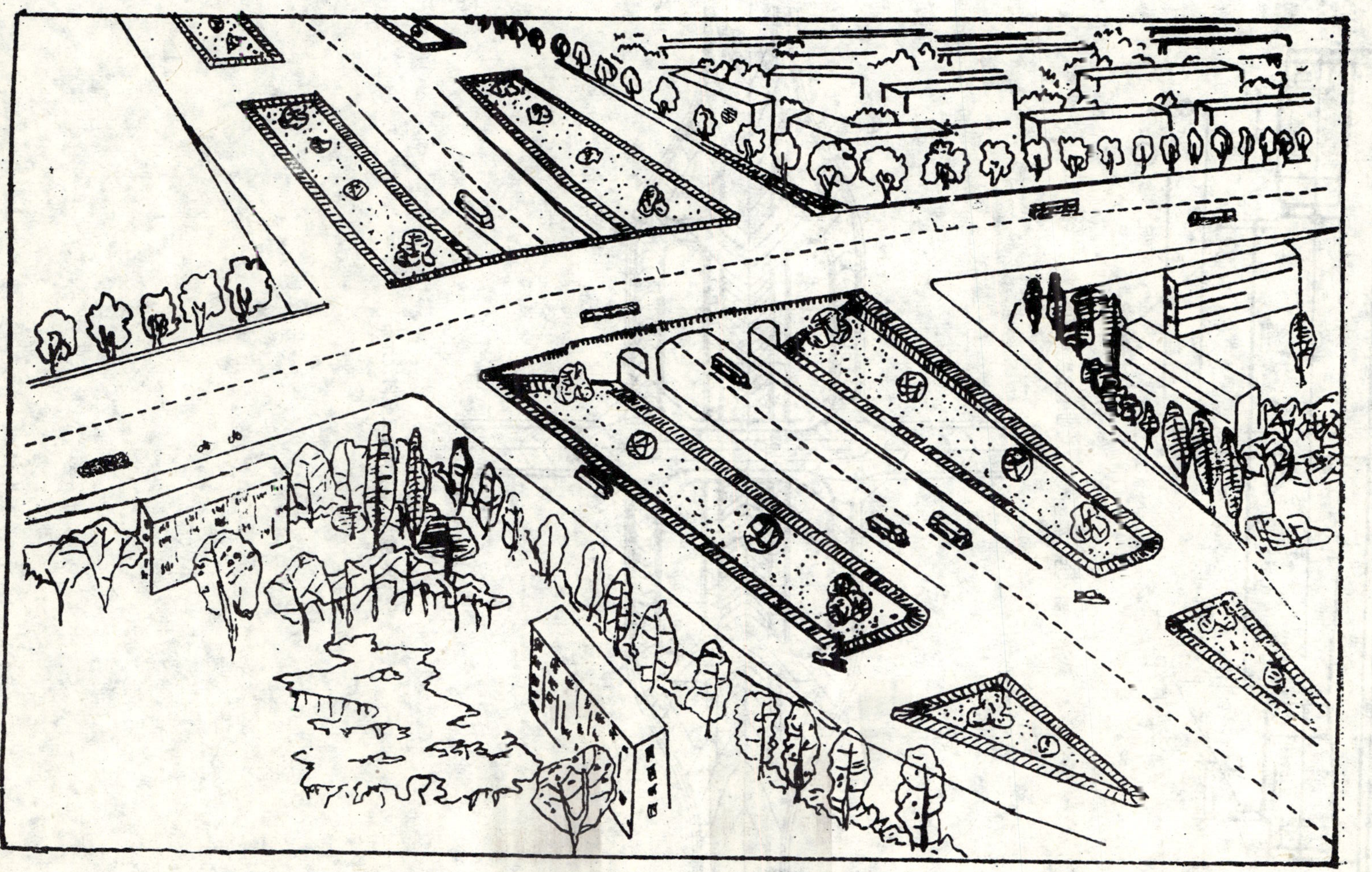

图 6-24　某立体交叉鸟瞰图

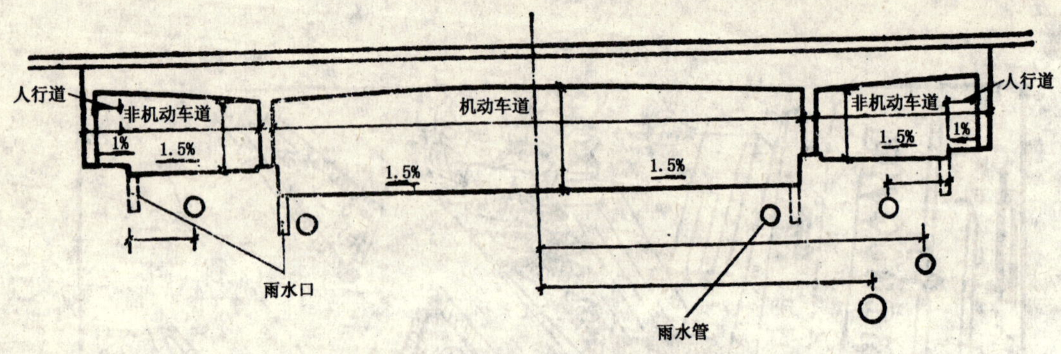

图 6-25 某立体交叉东西干道横断面图

图 6-26 某立体交叉竖向设计图

第七章　桥梁工程图的识读

当修筑道路通过江河、山谷和低洼地带时，需要修筑桥梁以保证车辆的正常行驶和渲泄水流，并要考虑船只通行。

本章介绍桥梁工程图。

当前桥梁工程中广泛应用钢筋混凝土作为建筑材料，故先介绍有关钢筋混凝土的基本知识及它的图示特点，为学习桥梁工程图打好基础。

第一节　钢筋结构图

用钢筋混凝土制成的板、梁、桥墩和桩等构件组成的结构物，叫做钢筋混凝土结构。为了把钢筋混凝土结构表达清楚，需要画出钢筋结构图，又称钢筋布置图，简称结构图或钢筋图。

钢筋结构图是表示钢筋布置情况，是钢筋断料、加工、绑扎、焊接和检验的重要依据，它应包括钢筋布置图、钢筋编号、尺寸、规格、根数、钢筋成型图和钢筋数量表及技术说明。

一、钢筋的基本知识

1. 钢筋符号

按照强度不同可把钢筋分为五个等级，它的牌号和符号如表 7-1 所示，其中 5 号钢筋现尚未列为国家正式产品，所以没有列入等级，但桥梁工程使用很多，因此把它附于表中，以供参考。

钢筋统一符号　　表 7-1

级别	牌　号	旧符号	新符号	钢筋形状
I	3 号钢	φ	φ	光圆
II	16 锰、16 硅钛、15 硅钒	Φ̂、Φ̲	Φ̲	人字纹
III	25 锰硅、25 硅钛、20 硅钒	Ծ	Φ̲	人字纹
IV	41 锰 2 硅、45 硅 2 钛、40 硅 2 钒、45 锰硅钒	Φ̄、Φ̄	Φ̲̄	光圆或螺纹
V	44 锰 2 硅、45 锰硅钒	Φ̲̄、Φ̄	Φ̲̄^{l}	光圆或螺纹
	5 号钢	Φ	Φ	螺纹
I	冷拉 3 号钢钢筋	φ^{L}	φ^{L}	光圆
II	冷拉 II 级钢筋	φ^{L}、Φ̲^{L}	Φ̲^{L}	人字纹
III	冷拉 III 级钢筋	Ծ^{L}	Φ̲^{L}	人字纹
IV	冷拉 IV 级钢筋	Φ̄^{L}、Φ̲^{L}	Φ̲̄^{L}	光圆或螺纹
	冷拉 5 号钢筋	Φ^{L}	Φ^{L}	螺纹

2.钢筋作用分类

根据钢筋在整个结构中的作用不同,如图 7-1、图 7-2 所示,可分为:

(1)受力钢筋(主筋):用来承受主要拉力。

(2)钢箍(箍筋):固定受力钢筋位置,并承受一部分斜拉力。

(3)架立钢筋:一般用来固定钢筋的位置,用于钢筋混凝土梁中。

(4)分布钢筋:一般用于钢筋混凝土板或高梁结构中,用以固定受力钢筋位置,使荷载分布给受力钢筋并防止混凝土收缩和温度变化出现的裂缝。

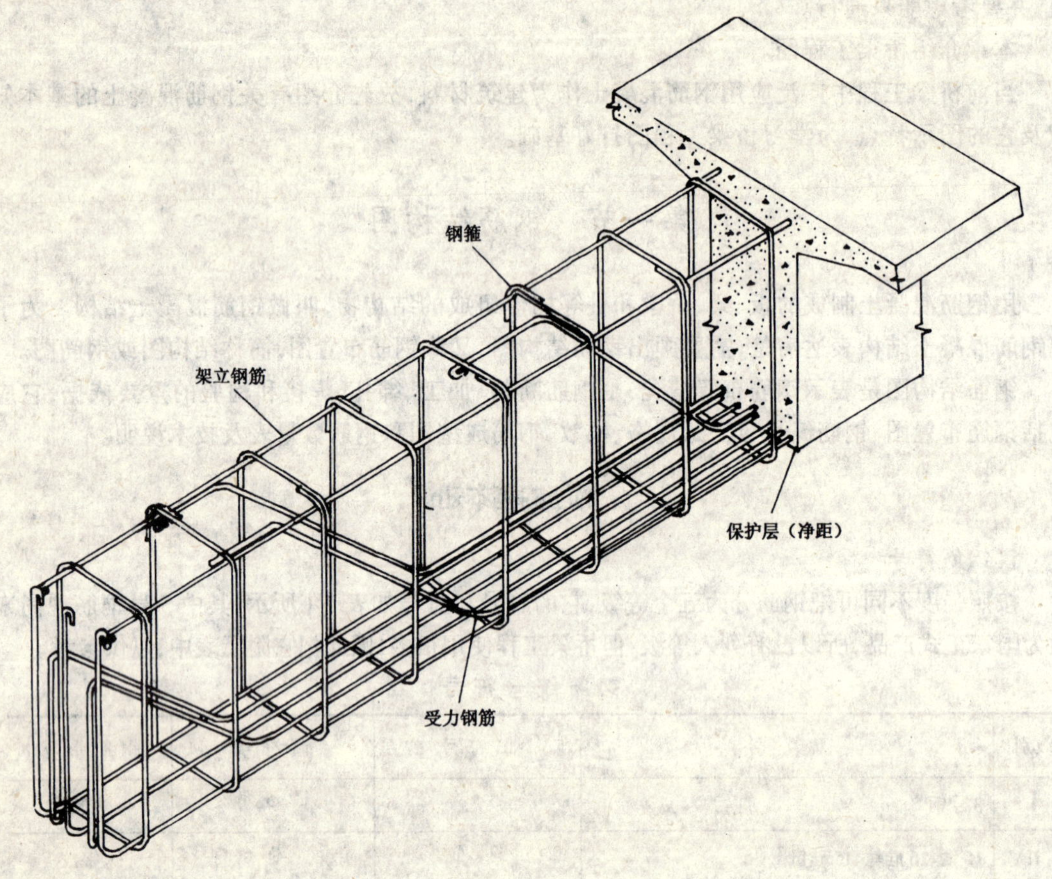

图 7-1 钢筋混凝土梁钢筋配置立体图

3.钢筋的弯钩和弯起

对于光圆外形的受力钢筋,为了增加它与混凝土的粘结力,在钢筋的端部做成弯钩,弯钩的形式有半圆、直弯钩和斜弯钩三种,如图 7-3 所示。根据需要,钢筋实际长度要比端点长出 $6.25d$、$4.9d$ 或 $3.5d$,这时钢筋的长度要计算其弯钩的增长数值。

如图 7-4 所示为受力钢筋中有一部分需要在梁内向上弯起,这时弧长比两切线之和短些,其计算长度应减去折减数值。

为了避免计算,钢筋弯钩的增长数值和弯起的折减数值均编有表格备查。如表 7-2 所示为光圆钢筋弯钩增长数值表;如表 7-3 所示为光圆钢筋弯起折减数值表。

图 7-2 中, 1 号 $\phi10$ 号钢筋两端半圆钩端点的长度为 126, 查表 7-2 得弯钩长度为 63 mm,即:

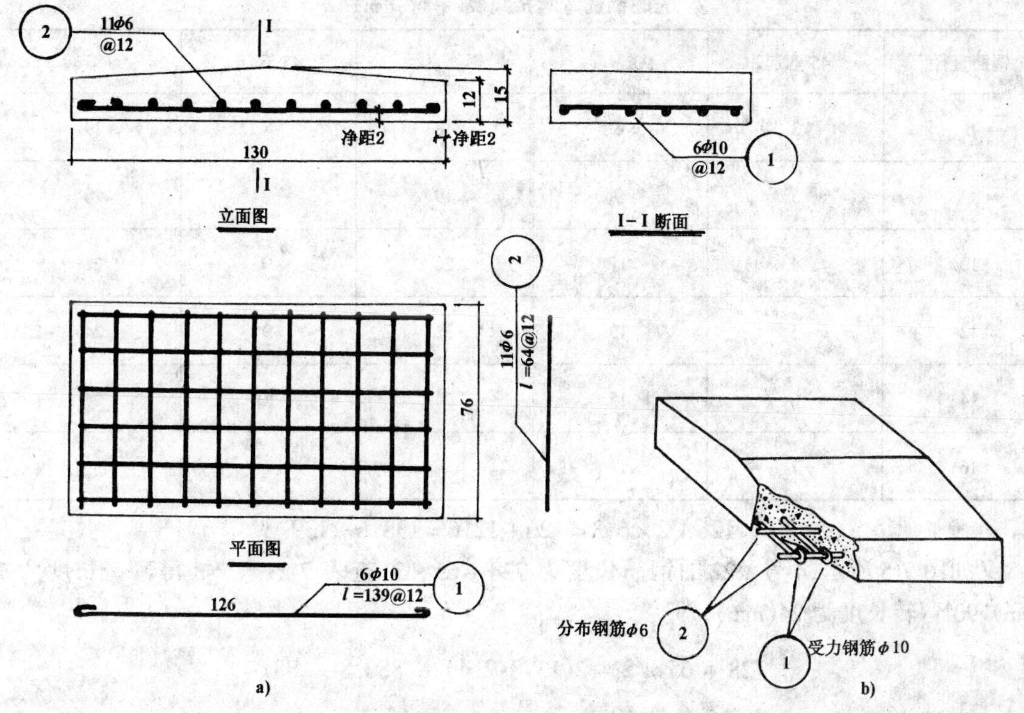

图 7-2　盖板钢筋布置图

a)投影图；b)立体图

光圆钢筋弯钩增长表　(单位：mm)　　表 7-2

钢筋直径	180°弯钩	135°弯钩	90°弯钩	钢筋直径	180°弯钩	135°弯钩	90°弯钩
6	38	29	21	18	113	88	63
8	50	39	28	19	119	93	67
10	63	49	35	20	125	98	70
12	75	59	42	22	138	107	77
14	88	68	49	24	150	117	84
16	100	78	56				

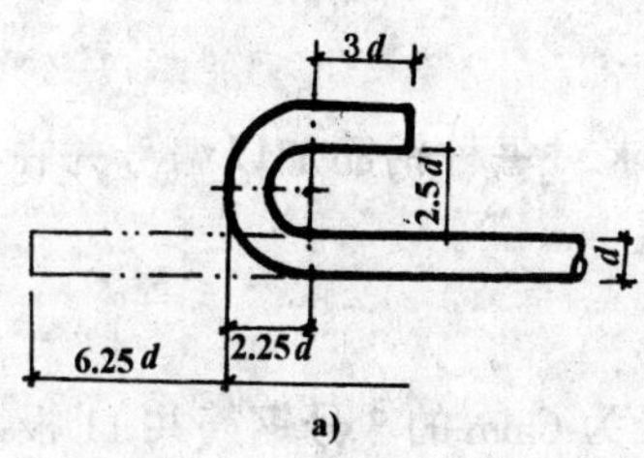

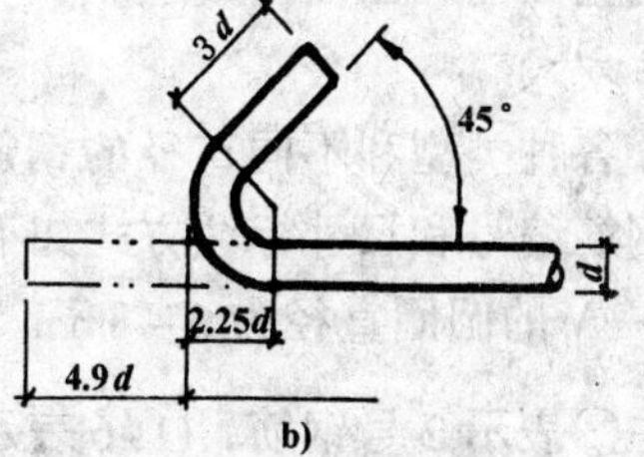

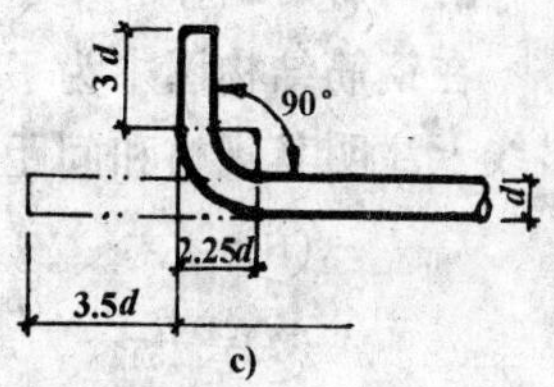

图 7-3　钢筋的弯钩

a)半圆形弯钩；b)斜弯钩；c)直角形弯钩

光圆钢筋弯起折减表(单位:mm)　　表 7-3

钢筋直径	45°弯起	90°弯转	钢筋直径	45°弯起	90°弯转
6	3	6	18	8	19
8	3	9	19	8	20
10	4	11	20	9	21
12	5	13	22	9	24
14	6	15	24	10	26
16	7	17			

$$126+2\times6.3=126+12.6=138.6\approx139$$

又如图 7-5 所示,4 号 $\phi22$ 的钢筋长度为 $728+65\times2$,查表 7-2、表 7-3 得弯钩长度为 138(mm)、90°弯转长度为 24(mm),即:

$$728+65\times2+2(13.8-2.4)=880.8\approx881$$

4.钢筋的保护层

为了防止锈蚀,钢筋必须全部包在混凝土中,因此钢筋边缘至混凝土表面应留有一定距离的保护层,此距离称为净距(详见图 7-2 的立体图)。

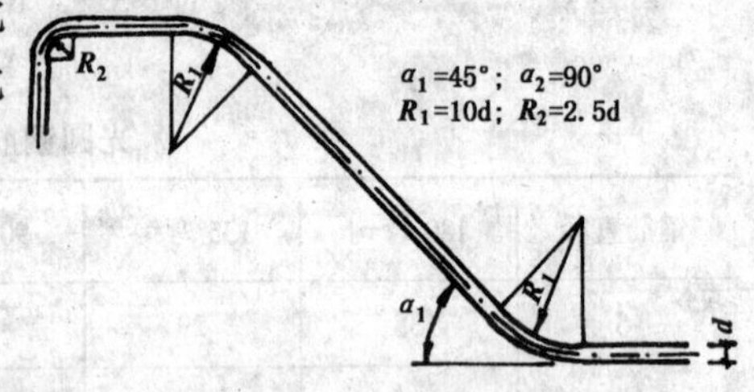

图 7-4　钢筋的弯起

二、钢筋结构图内容

1.钢筋结构图的图示特点

钢筋图主要是表达构件内部钢筋的布置情况,所以把混凝土假设为透明体,结构外形轮廓画成细实线,钢筋则画成粗实线(钢箍为中实线),以突出钢筋的表达。而在断面图中,钢筋被剖切后,用小黑圆点表示,钢筋重叠时可以小圆圈来表示。钢筋弯钩和净距的尺寸都比较小,画图时不能严格按照比例画以免线条重叠,要考虑适当放宽尺寸,以清楚为度,称为夸张画法。同理,在立面图中遇到钢筋重叠时,亦要放宽尺寸使图面清晰。

钢筋结构图,三个投影图不一定都画出来,而是根据需要来决定,例如画钢筋混凝土梁的钢筋图,一般不画平面图,只用立面图和断面图表示。

2.钢筋的编号和尺寸标注方式

在钢筋结构图中为了区分各种类型和不同直径的钢筋,要求对每种钢筋加以编号并在引出线上注明其规格和间距。钢筋编号和尺寸标注方式如下:

(N) $\frac{n\phi d}{l@s}$　其中 N 的圆圈直径为 6~8mm。

(2) $\frac{11\phi6}{l=64@12}$　其中②表示 2 号钢筋,$11\phi6$ 表示直径为 6mm 的 3 号钢筋共 11 根,$l=64$ 表示每根钢筋的断料长度为 64cm,@表示钢筋轴线之间的距离。

又如图 7-2 中注有 $\frac{6\phi10}{l=139@12}$ (1),其中①表示编号 1 的钢筋直径为 10mm 的 3 号

钢6根,断料长度为139cm。图7-5中2N3表示编号3的钢筋有2根。钢筋直径的尺寸单位采用mm,其余尺寸单位采用cm,图中无需注出单位。

3.钢筋成型图

在钢筋结构图中,为了能充分表明钢筋的形状以便于配料和施工,还必须画出每种钢筋加工成型图,详见图7-5。图上应注明钢筋的符号、直径、根数、弯曲尺寸和断料长度等。有时为了节省图幅,可把钢筋成型图画成示意略图放在钢筋数量表内。

4.钢筋数量表

在钢筋结构图中,一般还附有钢筋数量表,内容包括钢筋的编号、直径、每根长度、根数、总长及重量等,必要时可加画略图,如图7-5及表7-4所示。

钢筋混凝土梁钢筋数量表 表7-4

编号	钢号和直径(mm)	长度(cm)	根数	共长(m)	每米重量(kg/m)	共重(kg)
1	ϕ22	528	1	5.28	2.984	15.76
2	ϕ22	708	2	14.16	2.984	42.25
3	ϕ22	892	2	17.84	2.984	53.23
4	ϕ22	881	3	26.43	2.984	78.87
5	ϕ12	745	2	14.90	0.888	13.23
6	ϕ6	198	24	47.52	0.222	10.55
总计						213.89
绑扎用铅丝0.5%						1.07

三、钢筋结构图举例

图7-5为一根钢筋混凝土梁的钢筋结构图,从I-I断面图可以看出梁的断面为"T"形,称为T形梁,梁内有六种钢筋,它的形状和尺寸在钢筋成型图上均已表达清楚。

从立面图及I-I断面图中可以看出钢筋排列的位置及数量。I-I断面图的上方和下方画有小方格,格内注有数字,用以表明钢筋在梁内的位置及其编号。如立面图中的2*N*5是表示有两根5号钢筋,安置在梁内的上部,对应在I-I断面图中则可以看出两根5号钢筋在梁内上部对称排列。立面图中还设有II-II断面位置线,II-II断面图钢筋排列位置和I-I断面不同,请读者自行思考。

表7-4中所列"每米重量(kg/m)"一栏数字,可以从有关工程手册中查得。表中所列铅丝是用来绑扎钢筋的,铅丝数量按规定为钢筋总重量的5‰。如不用铅丝绑扎而采用电焊时,则应注出电焊长度和厚度。

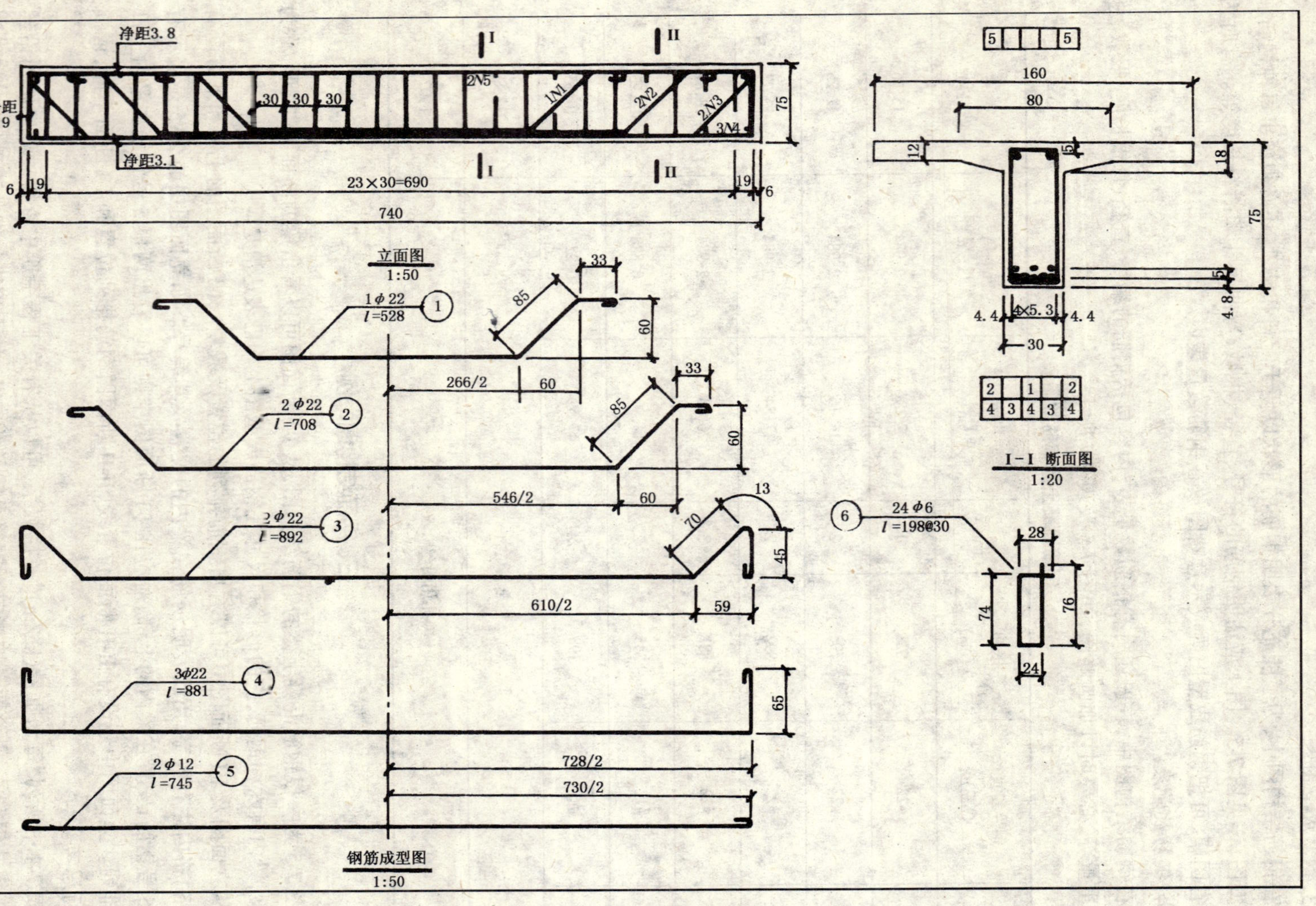

图 7-5 钢筋混凝土梁结构图

第二节　钢筋混凝土桥梁工程图

桥梁由上部结构(主梁或主拱圈和桥面系)、下部结构(桥台、桥墩和基础)及附属结构(栏杆、灯柱等)三部分组成。

桥梁的形式很多,常见到的有梁桥、拱桥、桁架桥等;采用的建筑材料有砖、石、混凝土、钢料和木料等多种。无论其形式和建筑材料如何不同,但在画图方面,均采用前面所讲的理论和方法,这一章我们运用这些理论和方法结合桥梁专业图的图示特点来阅读和绘制桥梁工程图。

建造一座桥梁需用的图纸很多,但一般可以分为桥位平面图、桥位地质纵断面图、总体布置图、构件图和大样图等几种。

一、桥位平面图

桥位平面图主要表明桥梁和路线连接的平面位置,通过地形测量绘出桥位处的道路、河流、水准点、钻孔及附近的地形和地物(如房屋、老桥等),以便作为设计桥梁、施工定位的根据。这种图一般采用较小的比例,如:1:500、1:1000、1:2000 等。

如图 7-6 所示,为××桥的桥位平面图。除了表示路线平面形状、地形和地物外,还表明了钻孔、里程、水准点的位置 和数据(BM)。

桥位平面图中的植被、水准符号等均应按照正北方向为准,而图中文字方向则可按路线要求及总图标方向来决定。

二、桥位地质断面图

根据水文调查和钻探所得的地质水文资料,绘制桥位所在河床位置的地质断面图,包括河床断面线、最高水位线、常水位线和最低水位线,以便作为设计桥梁、桥台、桥墩和计算土石方工程数量的根据。地质断面图为了显示地质和河床深度变化情况,特意把地形高度(标高)的比例较水平方向比例放大数倍画出。如图 7-7 所示,地形高度的比例采用 1:200,水平方向比例采用 1:500。

三、桥梁总体布置图

总体布置图主要表明桥梁的形式、跨径、孔数、总体尺寸、各主要构件的相互位置关系,桥梁各部分的标高、材料数量以及总的技术说明等,作为施工时确定墩台位置、安装构件和控制标高的依据。

如图 7-8 所示,为一总长度为 90m、中心里程桩 0+738.00 的五孔 T 形桥梁总体布置图。立面图和平面图的比例均采用 1:200,横剖面图则采用 1:100。

1.立面图

采用半立面图和半纵剖面图合成,可以反映出桥梁的特征和桥形,共有五孔,两边孔跨径各为 10m,中间三孔跨径各为 20m,桥梁总长为 90m。在比例较小时,立面图的人行道和栏杆可不画出。

(1)下部结构:两端为重力式桥台,河床中间有四个柱式桥墩,它是由承台、立柱和基桩共同组成。左边两个桥墩画外形,右边两个桥墩画剖面,桥墩承台的上、下盖梁系钢筋混凝土,在 1:200 以下的比例时可涂黑处理,立柱和桩按规定画法,即剖切平面通过轴的对称中心线时,

北
清
水
河
木桥
塘
塘
JD4
JD5
K1
孔1
孔2
孔3
BM1
5.10
BM2
8.25
0+738.00
ZY0+445.73
YZ0+543.00
ZY0+860.00
YZ0+938.63

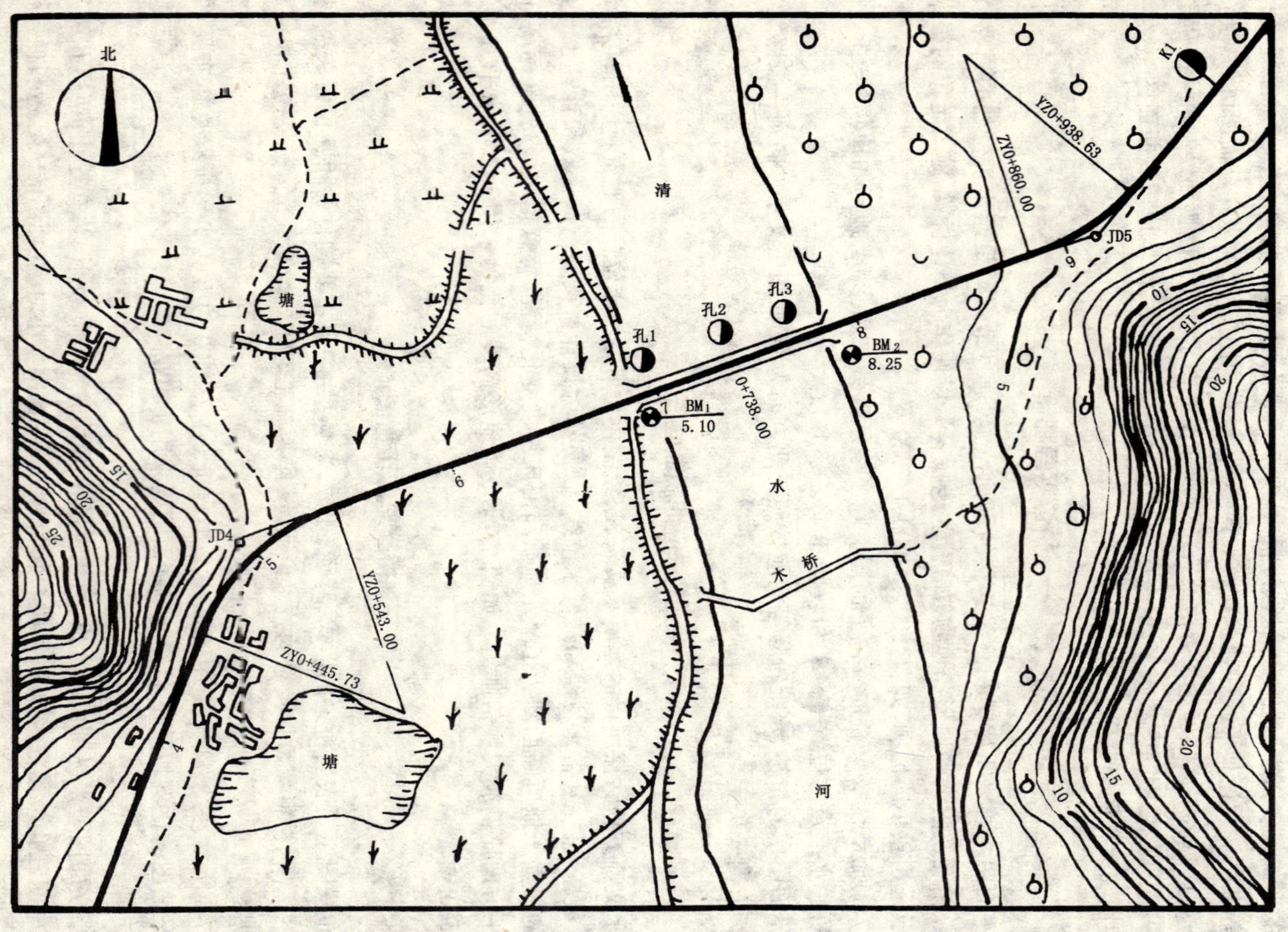

图 7-6 ××桥桥位平面图

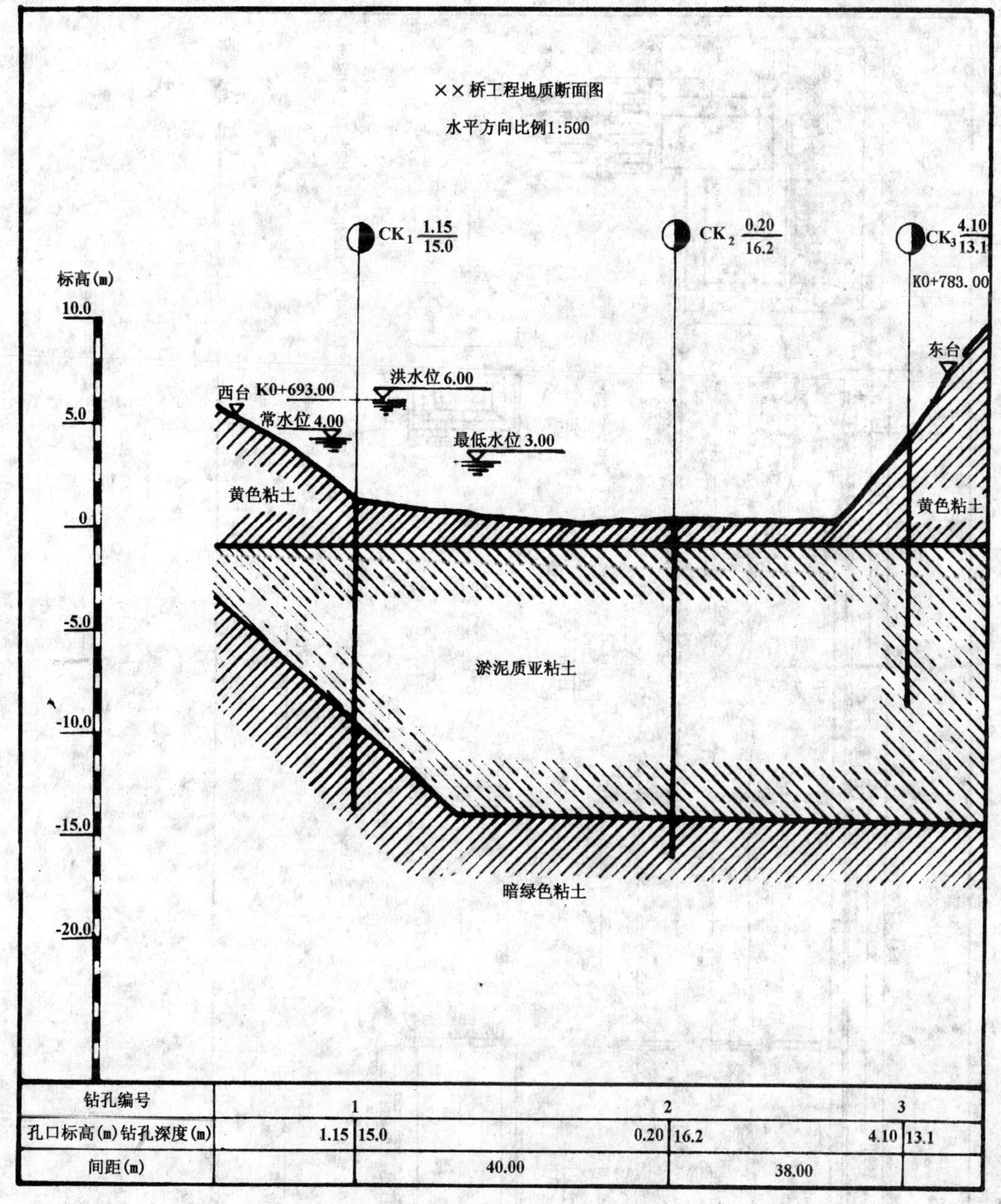

钻孔编号	1		2		3	
孔口标高(m)钻孔深度(m)	1.15	15.0	0.20	16.2	4.10	13.1
间距(m)		40.00		38.00		

图 7-7 ××桥桥位地质断面图

如不画材料断面符号则仅画外形,不画剖面线。

(2)上部结构:为简支梁桥,两个边孔的跨径均为 10m,中间三孔的跨径均为 20m。立面图的左侧设有标尺(以 m 为单位),以便于绘图时进行参照,也便于对照各部分标高尺寸来进行读图和校核。

立面图左半部分梁底至桥面之间,画了三条线,表示梁高和桥中心处的桥面的厚度,右半部分画剖面,把 T 形梁及横隔板均涂黑处理,并用剖面线把桥面厚度画出,剖面线方向与横剖面图是一致。

全桥总长9000
0+693.00
0+698.00
0+708.00
0+728.00
0+748.00
0+768.00
0+778.00
0+783.00
标高(m)
路肩标高8.66
桥面中心标高8.71
常水位4.00
洪水位6.00
黄色粘土
淤泥质亚粘土
暗条色粘土
35×35×1 250
预制钢筋混凝土桩9根
35×35×1 700
预制钢筋混凝土桩9根
半立面图
1:200
半纵剖面图
1:200
半平面图
1:200
支座
半墩台桩柱平面图
1:200
桩断面
35×35
I-I剖面
1:100
II-II剖面
1:100
注:本图尺寸除标高以m计外,其余均以cm计。

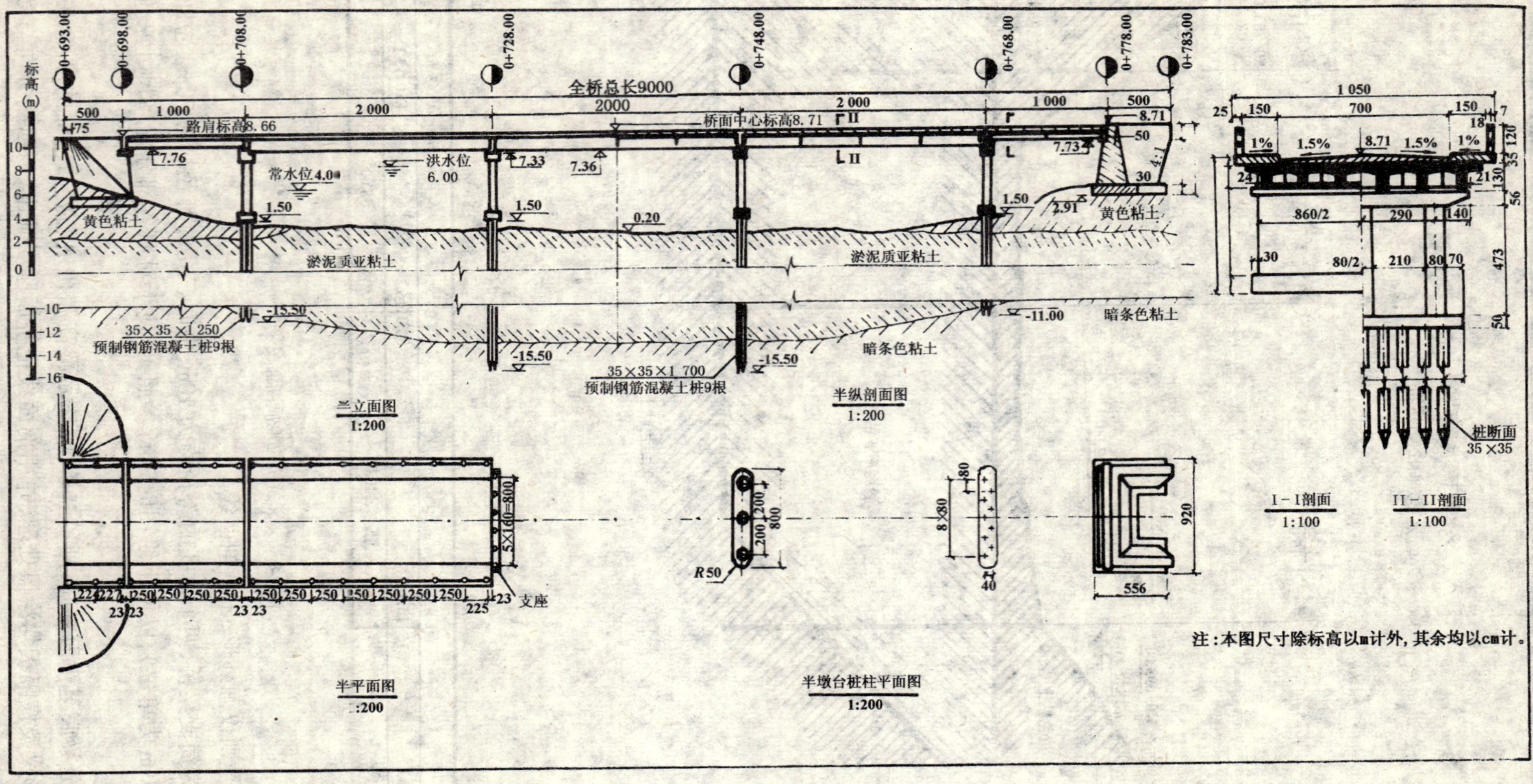

图 7-8 ××桥总体布置图

总体布置图还反映了河床地质断面及水文情况，根据标高尺寸可以知道，桩和桥台基础的埋置深度、梁底、桥台和桥中心的标高尺寸。由于混凝土桩埋置深度较大，为了节省图幅，连同地质资料一起，采用折断画法。图上方还把桥梁两端和桥墩的里程桩号标注出来，以便读图和施工放样之用。

2.平面图

对照横剖面图可以看出桥面净宽为7m，人行道宽两边各为1.5m，还有栏杆、立柱的布置尺寸。并从左往右，采用分段揭层画法来表达。

对照立面图0+728.00桩号的右面部分，是把上部结构揭去之后，显示半个桥墩的上盖梁及支座布置，可算出共有十二块支座，布置尺寸纵向为50cm，横向为160cm；对照0+748.00的桩号上，桥墩经过剖切(立面图上没有画出剖切线)，显示出桥墩中部是由三根空心圆柱所组成。对照0+768.00的桩号上，显示出桩位平面布置图，它是由九根方桩所组成，图中还注出了桩柱的定位尺寸。右端是桥台的平面图，可以看出是U形桥台，画图时，通常把桥台背后的回填土揭去，两边锥形护坡也省略不画，目的使桥台平面图更为清晰。这里为了施工时挖基坑的需要，只注出桥台基础的平面尺寸。

3.横剖面图

是由I-I和II-II剖面图合并而成，从图中可以看出桥梁的上部结构是由六片T梁组成，左半部分的T形梁尺寸较小，支承在桥台与桥墩上面，对照立面图可以看出这是跨径为10m的T形梁。右半部分的T形梁尺寸较大，支承在桥墩上，对照立面图可以看出这是跨径为20m的T形梁，还可以看到桥面宽、人行道和栏杆的尺寸。为了更清楚地表示横剖面图，允许采用比立面图和平面图放大的比例画出。

为了使剖面图清楚起见，每次剖切仅画所需要的内容，如II-II剖面图中，按投影理论，后面的桥台部分亦属可见，但由于不属于本剖面范围的内容，故习惯不予画出。

四、构件结构图

在总体布置图中，桥梁的构件都没有详细完整的表达出来，因此单凭总体布置图是不能进行制作和施工的，为此还必须根据总体布置图采用较大的比例把构件的形状、大小完整地表达出来，才能作为施工的依据，这种图称为构件结构图，简称构件图，由于采用较大的比例故也称为详图，如桥台图、桥墩图、主梁图和栏杆图等。构件图的常用比例为1:10~1:50。

当构件的某一局部在构件中如不能清晰完整表达时，则应采用更大的比例如1:3~1:10等来画局部放大图。

1.桥台图

桥台是桥梁的下部结构，一方面支承梁，另一方面承受桥头路堤填土的水平推力。

如图7-9所示，为常见的U形桥台，它是由台帽、台身、侧墙(翼墙)和基础组成，这种桥台是由前墙和两道侧墙垂直相连成“U”字形，再加上台帽和基础两部分组成。

(1)纵剖面图：采用纵剖面图代替立面图，显示了桥台内部构造和材料。

(2)平面图：设想主梁尚未安装，后台也未填土，这样就能清楚地表示出桥台的水平投影。

(3)侧面图：是由1/2台前和1/2台后两个图合成。所谓台前，是指人站在河流一边顺着路线观看桥台前面所得的投影图；所谓台后，是站在堤岸一边观看桥台背后所得的投影图。

2.桥墩图

桥墩和桥台一样同属桥梁的下部结构，如图7-10所示，为××桥立柱式轻形桥墩结构图，采用了立面、平面和侧面的三个投影图，并且都用半剖面形式。

从结构图可以看出，下面是九根35×35×1700(cm)的预制钢筋混凝土桩，桩的钢筋没有详细表示，仅用文字把柱和下盖梁的钢筋连接情况标注在说明栏内。

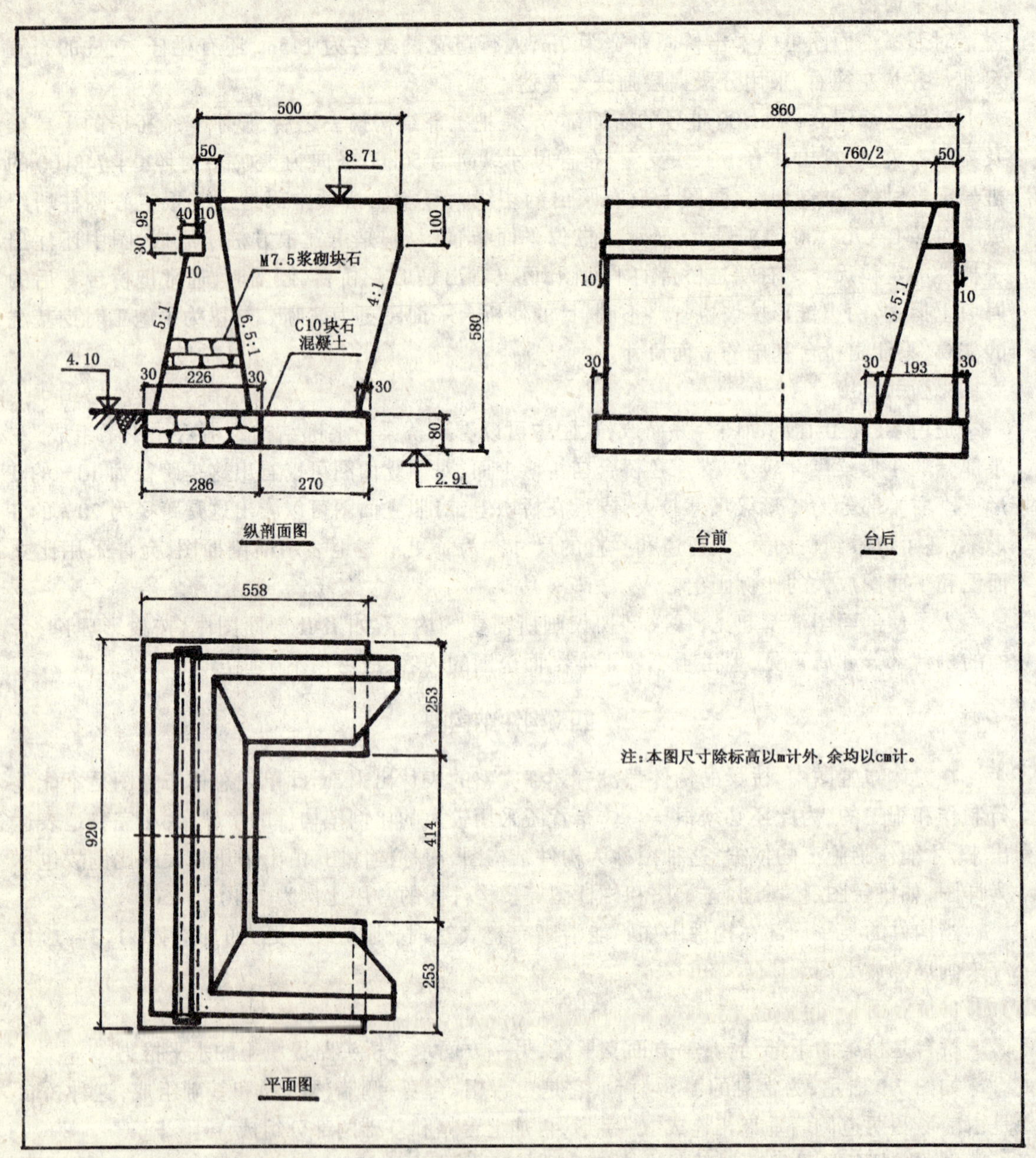

图7-9　U形桥台

平面图是把上盖梁移去，表示立柱、桩的排列和下盖梁钢筋网布置的情况，平面图中没有把立柱的钢筋表示出来，而另用放大比例的立柱断面图表示。

钢筋成型图在这里没有列出来，我们读图时可根据投影图、断面图和如表7-5所示的工程数量表略图对照来分析。例如立面图中编号为①的钢筋，可对照上盖梁断面图、侧面图和表7-5

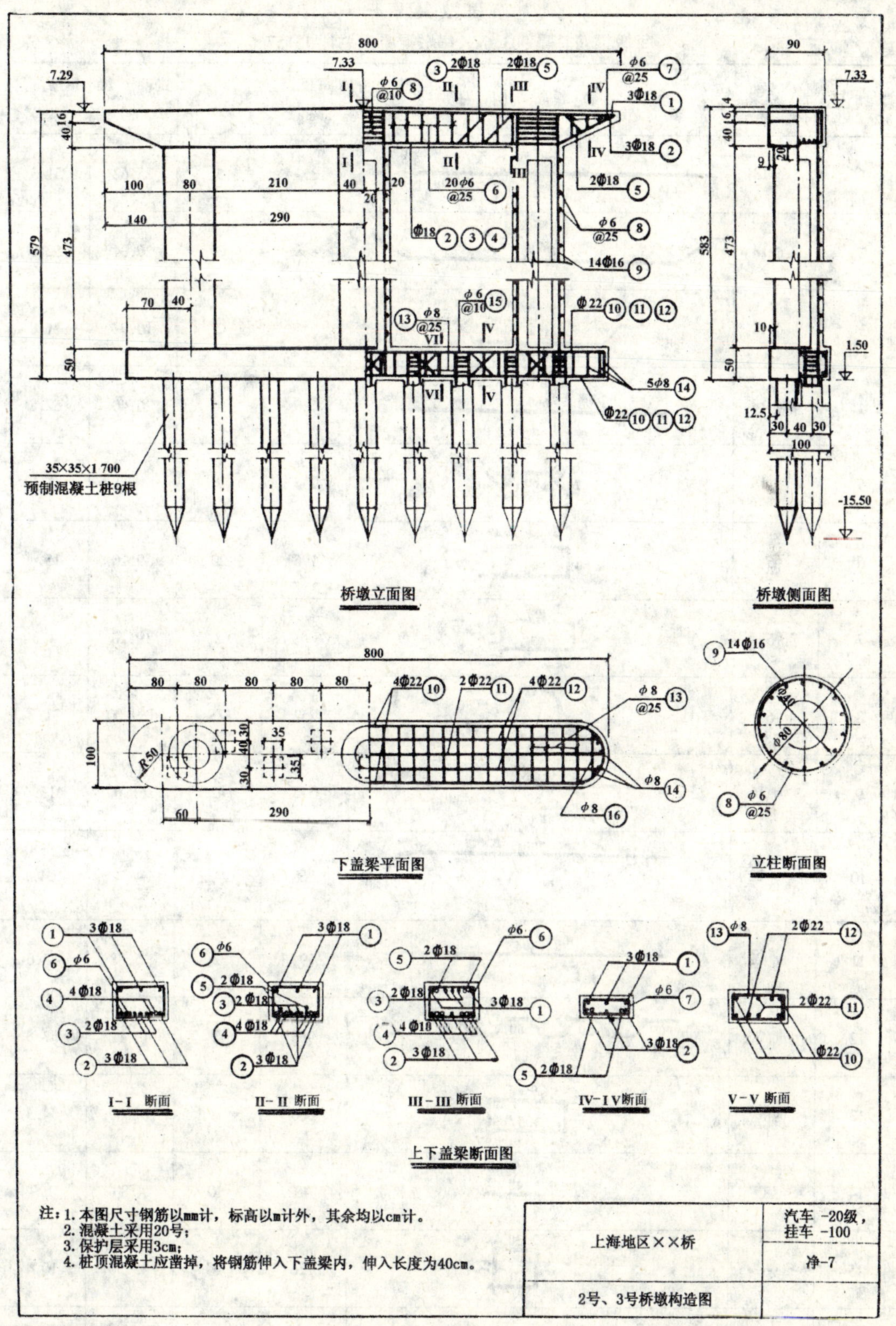

图 7-10 ××桥立柱式轻形桥墩构造图

工程数量表

每墩钢筋总重 903.6kg，每墩混凝土总计 13.57m³　　　表 7-5

编号	直径	略图	每根长 (cm)	根数	总长 (m)	钢筋重量 (kg)
1	ϕ18	 854	854	3	25.62	51.3
2	ϕ18	 104 660 104	868	3	26.04	52.0
3	ϕ18	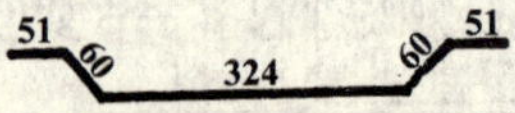 51 60 324 60 51	546	2	10.92	21.8
4	ϕ18	 660	660	4	26.40	52.8
5	ϕ18	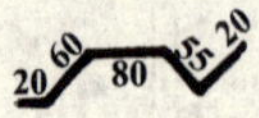 20 60 80 55 20	235	2	4.70	9.4
6	ϕ6	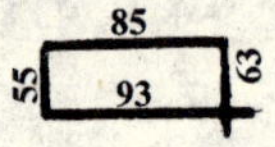 85 55 93 63	296	20	59.20	15.4
7	ϕ6	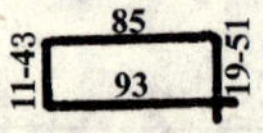 85 11-43 93 19-51	208 ~ 272	8	19.20	4.3
8	ϕ6	 252	252	75	189.00	31.8
9	ϕ16	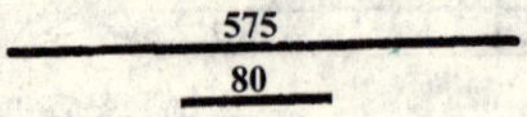 575 80	575	42	261.00	412.4
10	ϕ22	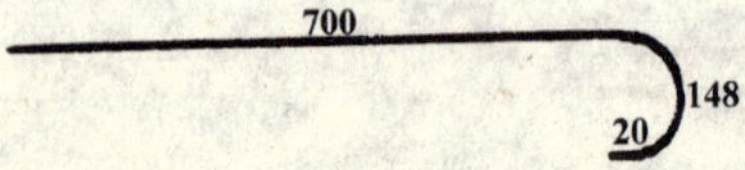 700 148 20	868	4	34.72	104.1
11	ϕ22	 794	794	2	15.88	47.6
12	ϕ22	 90 53 50 53 50 53 50 53 50 53 50 53 50 53 50 53 91	956	2	19.12	57.5
13	ϕ8	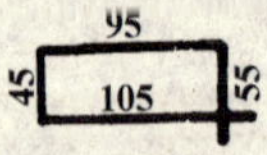 95 45 105 55	300	29	87.00	34.3
14	ϕ8	 48	48	10	4.80	1.9
15	ϕ6	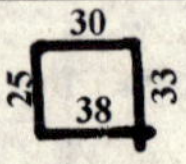 30 25 38 33	126	36	45.36	10.4
16	ϕ8	 80	80	4	3.20	12.6

的略图，知道是三根直径为 18mm 的 5 号螺纹钢筋，每根长度为 854cm。又如编号为②的钢筋，可对照立面图、断面图和略图，知道是三根直径为 18mm 的 5 号螺纹钢筋，每根长度为 868cm，两端弯起长度为 104cm。立面图中还设置 VI-VI 断面位置线，VI-VI 断面图的钢筋排列位置，请读者自行思考。

3.钢筋混凝土桩

如图 7-11 所示为一方形断面、长度为 17m、横截面为 35×35cm 的钢筋混凝土桩的结构图。桩顶具有三层网格，桩尖则为螺旋形钢箍，其他部分为方形钢箍，分三种间距，当中为 30cm，两端为 5cm，其余为 10cm，主钢筋①为四根长度为 1748cm 的 ϕ22 钢筋，除了钢筋成型图之外，还列出了钢筋数量一览表，以便对照和备料之用。

4.主梁图

(1)主梁骨架结构图：主梁是桥梁的上部结构，图 7-8 的钢筋混凝土梁桥分别采用跨径为 10m 和 20m 的装配式钢筋混凝土 T 形梁。如图 7-12 所示，即是跨径为 10m 的一片主梁骨架结构图。

图 7-12a)为主梁骨架图，其中③2ϕ22 和①2ϕ32 共四根组成架立钢筋，⑧8ϕ8 为纵向钢筋和箍筋⑦组成一起，以增加梁的刚度及防止梁发生裂缝。钢箍距离除跨端和跨中外，均等于 26cm。②、④、⑤、⑥均为受力钢筋。图中并注出各构件的焊缝尺寸如 8、16)，及装配尺寸如 60、78、79.7 等。

图 7-12b)为钢筋成型图，把每根钢筋单独画出来，并详细注明加工尺寸。在画图的时候，在跨中断面中可以看出钢筋②和①重叠在一起，为了表示清楚也可以把重叠在一起的钢筋用小圆圈表示。图 7-12a)主梁骨架图上钢筋③、①和②、④、⑤、⑥等钢筋端部重叠并焊按在一起，但画图的时候，故意分开来画使线条分清以便于读图。

(2)主梁隔板(横隔梁)结构图：有横隔板的 T 形梁能保证主梁的整体稳定性，横隔板在接缝处都预埋了钢板，在架好梁后通过预埋钢板焊接成整体，使各梁能共同受力。

如图 7-13 所示为土梁隔板结构图，为了便于读图，还列出了骨架 1、2、3、4 四种钢筋成型图。

如图 7-14 所示为隔板接头的构造，上缘接头钢板设在桥面上，下缘接头钢板设在侧面。在近墩台一面端隔板的外侧，因为不好焊接故没有做钢板接头，在中隔板内、外两侧均可布置接头。

投影图的处理，是先根据平面图作出 I-I 剖面图，然后再根据 I-I 剖面图作出 II-II 剖面和 III-III 剖面图，为了节省图幅，这里又分为端隔板和中隔板两种。

当 T 梁架好后，如图 7-14 所示，另用钢板将横隔板按缝处的预埋钢板焊牢连成整体，上面接头用两块□60×12×160 钢板，下面接头两侧各用两块□60×12×160 钢板，端横隔板外侧近墩台处，不好焊接，故只焊内侧一块，见图中的 II-II 剖面图。

(3)T 梁翼板结构图：如图 7-15 所示为 T 梁翼板钢筋图，纵方向的钢筋如③、④、⑦为受力钢筋，①、②为分布钢筋，⑤、⑥为预埋钢筋。当梁架好后，把⑤、⑥钢筋弯起和行车道铺装钢筋网连成整体。①、②和⑤、⑥钢筋系沿 T 梁全长进行配置，习惯上仅画两端部，当中空掉不画。

钢筋网 N_1 和钢筋网 N_2 是相互搭接的，为了便于读图，在平面图中故意把它们分开来画，而通过隔板轴线把两块钢筋网连系起来。

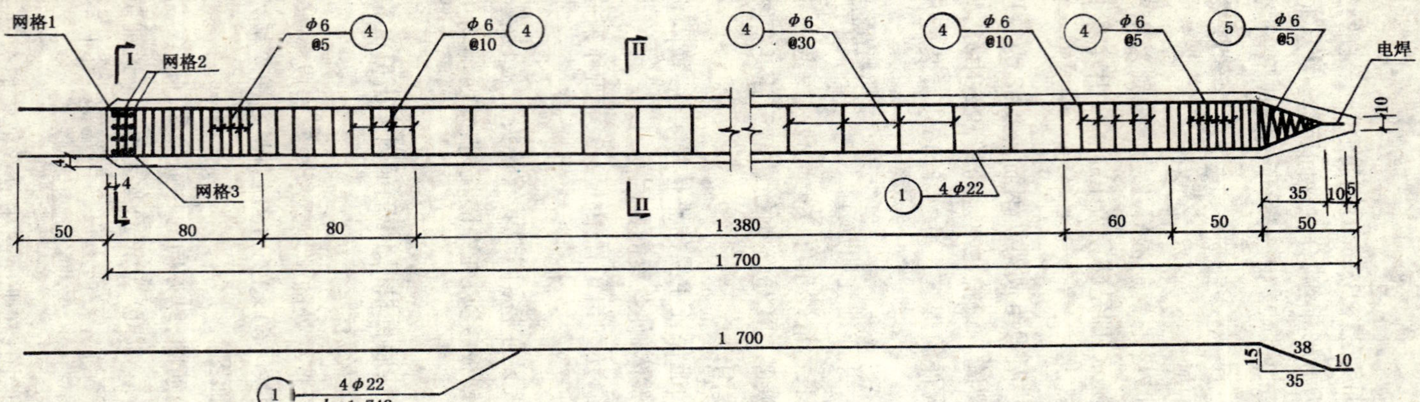

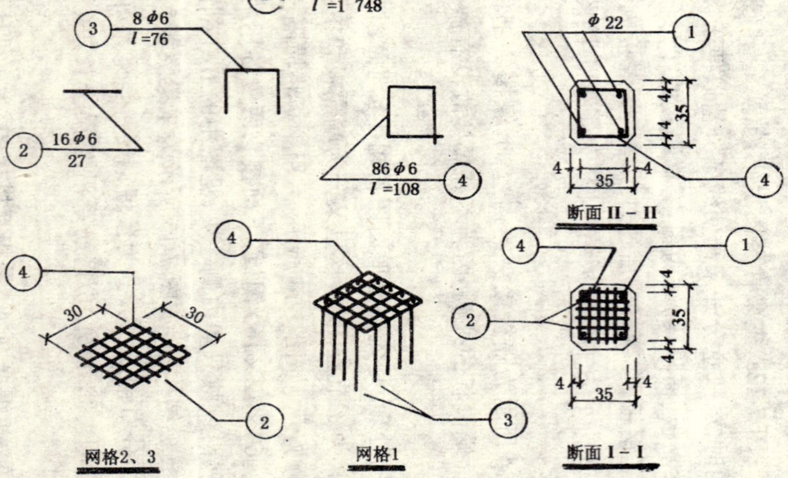

注：1. 图中尺寸除钢筋直径以mm计外，其余均以cm计。
2. 主筋保护层为5cm。

编号	钢筋示意图	直径	长度(m)	数量	每米重量(kg/m)	总重量(kg)
1		φ22	17.48	4	2.984	209.6
2		φ6	0.27	16	0.222	1.0
3		φ6	0.76	8	0.222	1.3
4		φ6	1.08	86	0.222	20.6
5		φ16	4.71	1	0.222	1

图 7-11　钢筋混凝土桩结构图

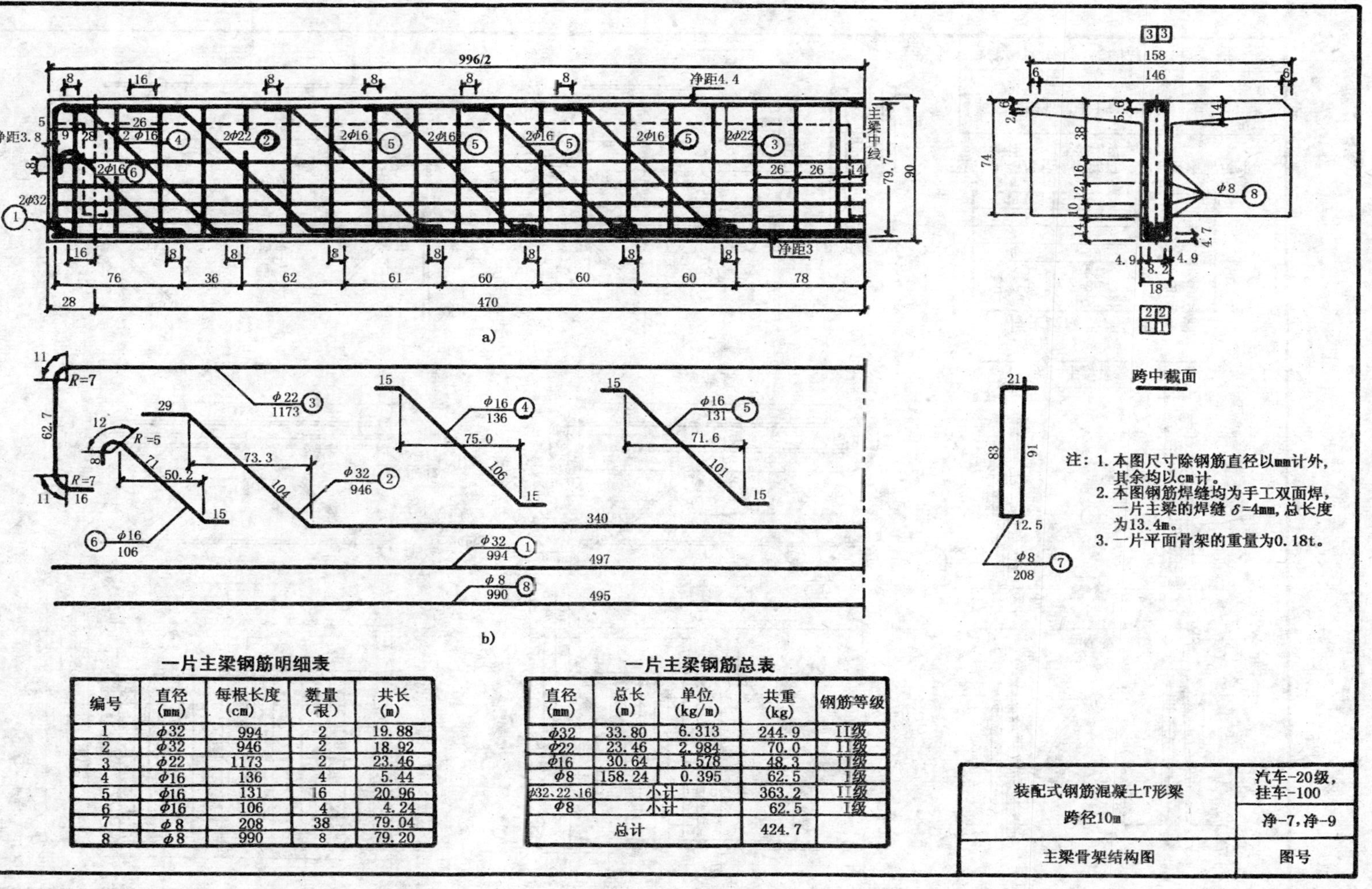

注：1. 本图尺寸除钢筋直径以mm计外，其余均以cm计。
2. 本图钢筋焊缝均为手工双面焊，一片主梁的焊缝 δ=4mm，总长度为13.4m。
3. 一片平面骨架的重量为0.18t。

一片主梁钢筋明细表

编号	直径(mm)	每根长度(cm)	数量(根)	共长(m)
1	φ32	994	2	19.88
2	φ32	946	2	18.92
3	φ22	1173	2	23.46
4	φ16	136	4	5.44
5	φ16	131	16	20.96
6	φ16	106	4	4.24
7	φ8	208	38	79.04
8	φ8	990	8	79.20

一片主梁钢筋总表

直径(mm)	总长(m)	单位(kg/m)	共重(kg)	钢筋等级
φ32	33.80	6.313	244.9	II级
φ22	23.46	2.984	70.0	II级
φ16	30.64	1.578	48.3	II级
φ8	158.24	0.395	62.5	I级
φ32、22、16	小计		363.2	II级
φ8	小计		62.5	I级
总计			424.7	

装配式钢筋混凝土T形梁 跨径10m	汽车-20级，挂车-100
	净-7，净-9
主梁骨架结构图	图号

图 7-12　主梁骨架结构图

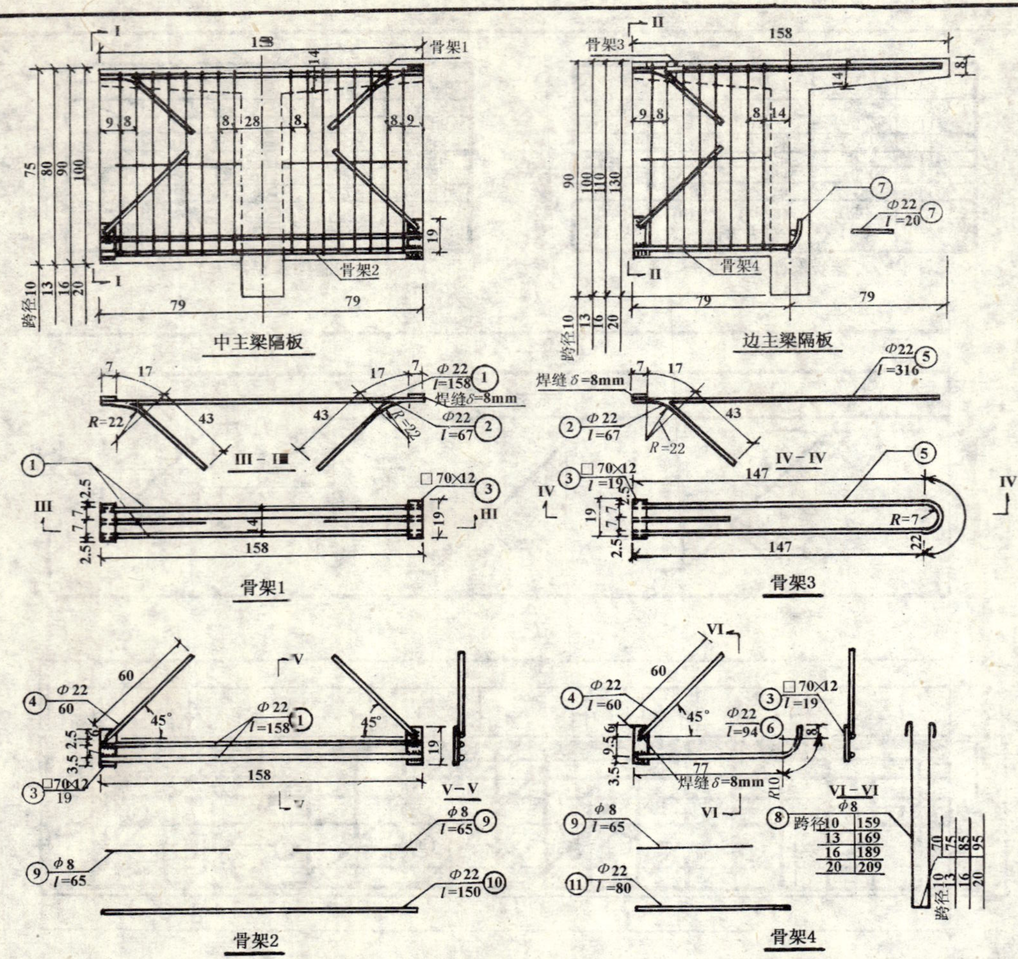

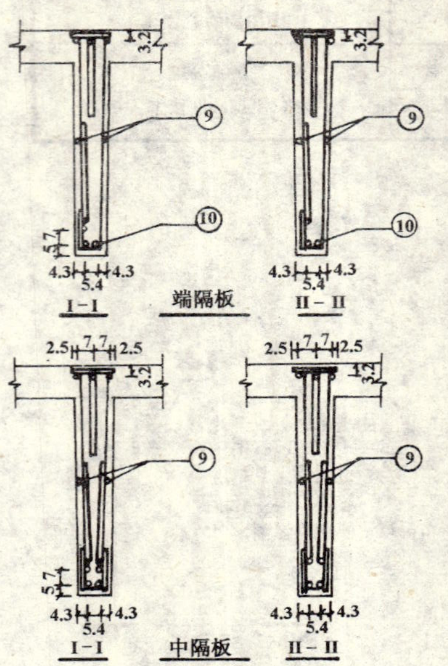

中主梁隔板

边主梁隔板

骨架1

骨架2

骨架3

骨架4

端隔板

中隔板

I－I　II－II

一片主梁隔板焊缝长度表

跨径 (m)	中主梁 δ=8mm (m)	边主梁 δ=8mm (m)
10	5.9	2.4
13	8.5	3.3
16	10.9	4.4
20	10.9	4.4

VI－VI

⑧ φ8

跨径	l
10	159
13	169
16	189
20	209

注：本图尺寸除钢筋直径和钢板断面尺寸以mm计外，其余均以cm计。

装配式钢筋混凝土T形梁桥 跨径10、13、16、20m	汽车-20级，挂车-100
	净-7，净-9
主梁隔板（横隔梁）结构图	图号

图 7-13　主梁隔板（横隔梁）结构图

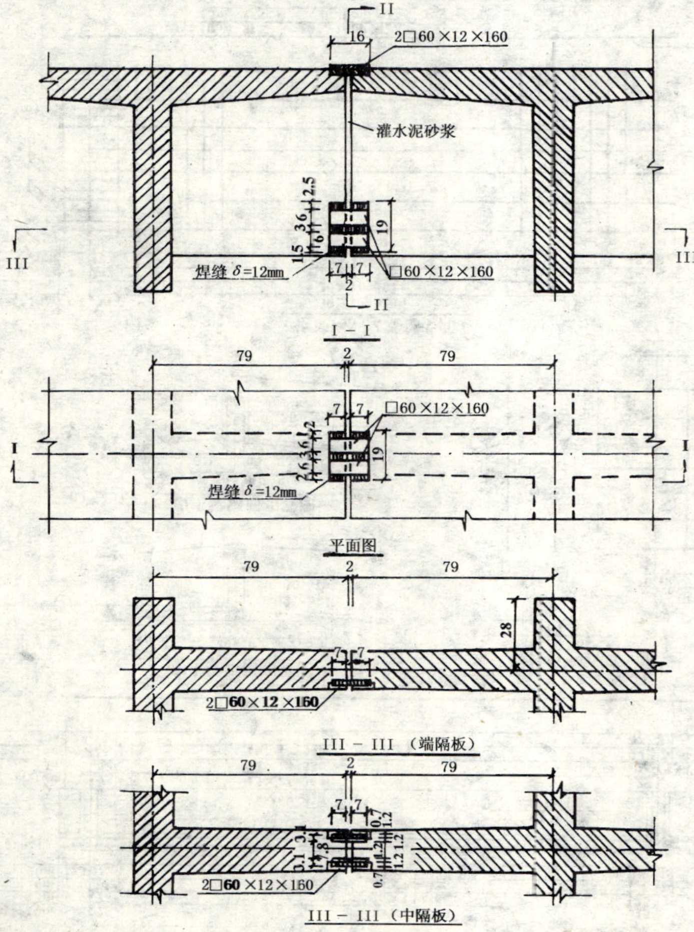

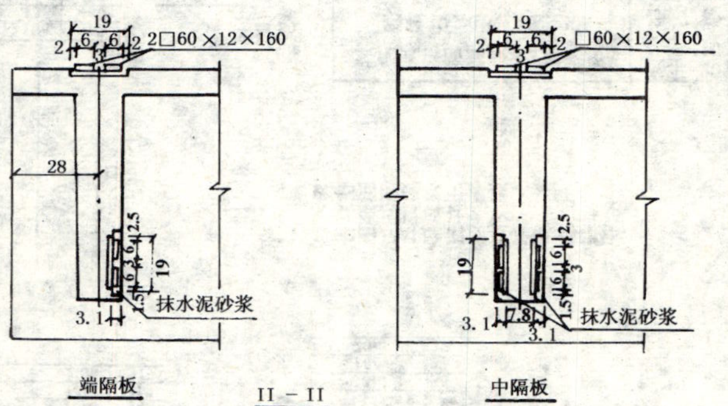

I－I

平面图

III－III（端隔板）

III－III（中隔板）

端隔板

II－II

中隔板

一个接头所需水泥砂浆用量

跨径 (m)	水泥砂浆 (m^3)	
	端隔板	中隔板
10	0.0026	0.0028
13	0.0027	0.0030
16	0.0030	0.0033
20	0.0033	0.0036

一个接头钢板明细表

接头位置	构件名称	断面尺寸(mm)	长度(mm)	数量(块)	共长(m)	单位重(kg/m)	共重(kg)	钢标号	焊缝长度 δ=12mm (m)
端隔板	钢板	□60×12	160	4	0.64	5.652	3.6	16锰	1.1
中隔板	钢板	□60×12	160	6	0.96	5.652	5.4	16锰	1.7

注：1. 本图尺寸除钢板以mm计外，其余均以cm计。
2. 接头钢板焊毕后，应将其表面锈渍除净，并抹以水泥砂浆。

装配式钢筋混凝土T形梁桥 跨径10、13、16、20m	汽车—20级，挂车—100 净-7，净-9
主梁隔板接头构造	图号

图 7-14　隔板接头构造图

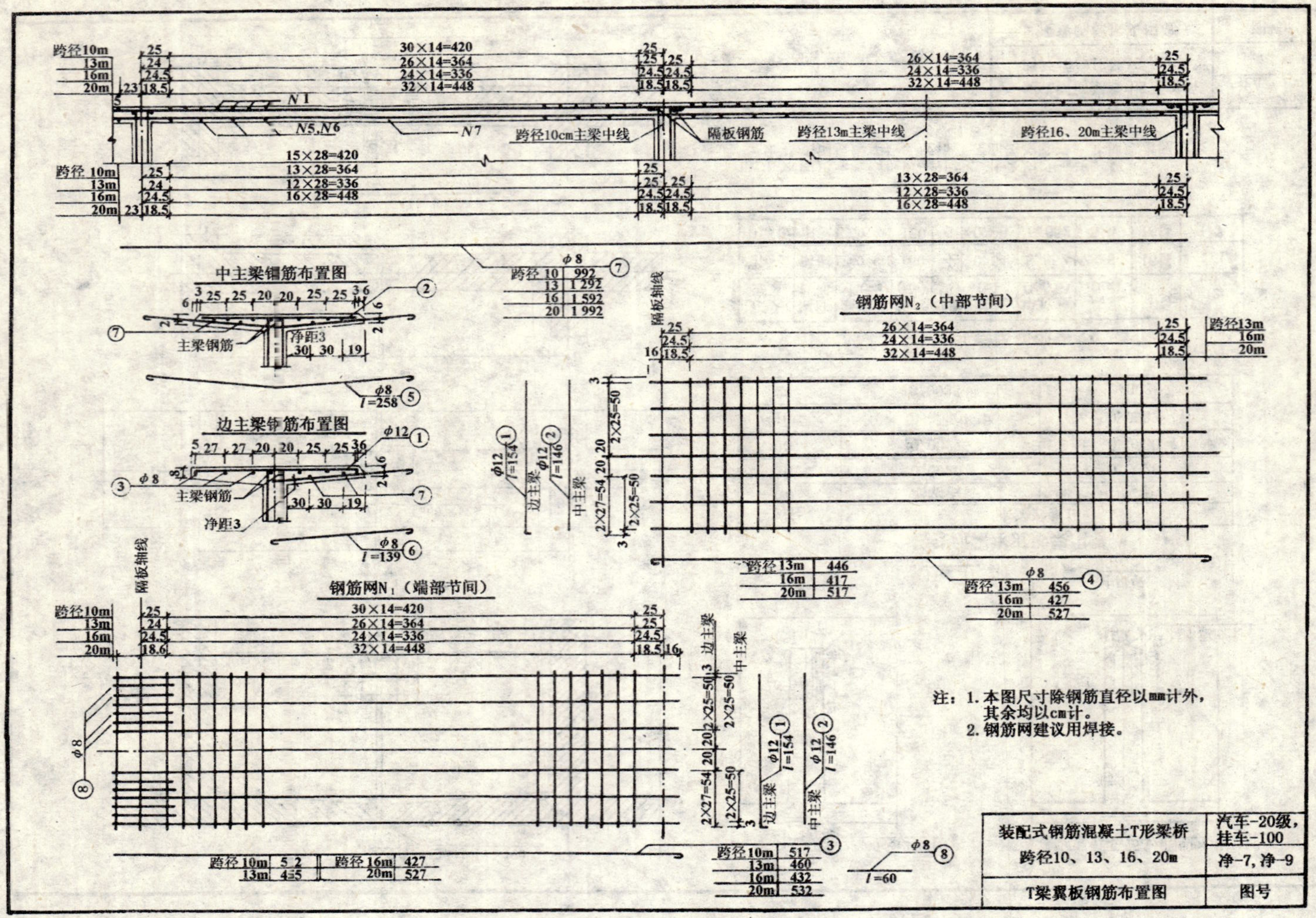

跨径10cm主梁中线

隔板钢筋

跨径13m主梁中线

跨径16、20m主梁中线

N1

N5,N6

N7

跨径				
10m	25	30×14=420	25	
13m	24	26×14=364	25	25 26×14=364 25
16m	24.5	24×14=336	24.5	24.5 24×14=336 24.5
20m	23 18.5	32×14=448	18.5	18.5 32×14=448 18.5

跨径				
10m	25	15×28=420	25	
13m	24	13×28=364	25	25 13×28=364 25
16m	24.5	12×28=336	24.5	24.5 12×28=336 24.5
20m	23 18.5	16×28=448	18.5	18.5 16×28=448 18.5

跨径	φ8 ⑦
10	992
13	1 292
16	1 592
20	1 992

中主梁钢筋布置图

6 3 25 25 20 20 25 25 36 6 ②

⑦ 主梁钢筋 净距3 30 30 19

φ8 l=258 ⑤

边主梁钢筋布置图

5 27 27 20 20 25 25 36 φ12 ①

③ φ8 主梁钢筋 净距3 30 30 19 ⑦

φ8 l=139 ⑥

φ12 l=154 ① 边主梁

φ12 l=146 ② 中主梁

隔板轴线

钢筋网N_2（中部节间）

跨径				
13m	16 25	26×14=364	25	
16m	24.5	24×14=336	24.5	
20m	18.5	32×14=448	18.5	

3 2×25=50 20 20 2×27=54 2×25=50 3

跨径	
13m	446
16m	417
20m	517

跨径	φ8 ④
13m	456
16m	427
20m	527

钢筋网N_1（端部节间）

隔板轴线

跨径				
10m	25	30×14=420	25	
13m	24	26×14=364	25	
16m	24.5	24×14=336	24.5	
20m	18.6	32×14=448	18.5	16

φ8 ⑧

3 2×25=50 20 20 2×27=54 2×25=50 3 边主梁 中主梁

φ12 l=154 ① 边主梁

φ12 l=146 ② 中主梁

跨径		跨径	
10m	5 2	16m	427
13m	435	20m	527

跨径	③
10m	517
13m	460
16m	432
20m	532

φ8 ⑧ l=60

注：1. 本图尺寸除钢筋直径以mm计外，其余均以cm计。
2. 钢筋网建议用焊接。

装配式钢筋混凝土T形梁桥 跨径10、13、16、20m	汽车-20级，挂车-100 净-7，净-9
T梁翼板钢筋布置图	图号

图 7-15　T梁翼板钢筋布置图

第三节　斜　拉　桥

斜拉桥是我国新发展的一种桥梁，它和上述钢筋混凝土梁桥外形的不同点是除了钢筋混凝土梁(连续梁)之外，还有主塔和形成扇状的拉索，三者形成一个统一体，并且可选用较大的跨度。

如图 7-16 所示为一座双塔单索面钢筋混凝土斜拉桥总体布置图，主跨为 165m，两旁边跨各为 80m，两边引桥部分断开不画。

1.立面图

由于采用较小的比例 1:2000，故仅画桥梁的外形，不画剖面。梁高仍用两条粗线表示，最上面加一条细线表示桥面高度，横隔梁、人行道和栏杆省略不画。

桥墩是由承台和钻孔灌注桩所组成，它和上面的塔柱固结成一整体，使荷载能稳妥地传递到地基上。

立面图还反映了河床起伏(地质资料另有图，此处从略)及水文情况，根据标高尺寸可知桩和桥台基础的埋置深度、梁底、桥面中心和通航水位的标高尺寸。

2.平面图

以中心线为界，左半画外形，显示了人行道和桥面的宽度，并显示了塔柱断面和拉索；右半是把桥的上部分揭去后，显示桩位的平面布置图。

3.横剖面图

采用较大的比例 1:60 画出，从图中可以看出梁的上部结构，桥面总宽为 29m、两边人行道包括栏杆为 1.75m、车道为 11.25m、中央分隔带为 3m、塔柱高为 58m。同时还显示了拉索在塔柱上的分布尺寸、基础标高和灌注桩的埋置深度等。

对箱梁剖面，另用更大的比例 1:20 画出，显示单箱三室钢筋混凝土梁的各主要部分尺寸。

图 7-16 为方案比较图，仅把内容和图示特点作简要的介绍，许多细部尺寸和详图均没有画出。

第四节　桥梁图读图和画图步骤

一、读　　图

1.方法

应用以前讲过的形体分析方法来分析桥梁图。桥梁虽然是庞大而又复杂的建筑物，但它总是由许多构件所组成，我们了解了每一构件的形状和大小，再通过总体布置图把它们联系起来，弄清彼此之间的关系，就不难了解整个桥梁的形状和大小了。因此必须把整个桥梁图由大化小、由繁化简、各个击破、解决整体，也就是先由整体到局部，再由局部到整体的反复过程。

看图的时候，决不能单看一个投影图，而是要同其他有关投影图联系起来，包括总图或详图、钢筋明细表、说明等；再运用投影规律、互相对照、弄清整体。

2.步骤

(1)先看图纸右下角的标题栏和附注，了解桥梁名称、种类、主要技术指标、施工措施、比

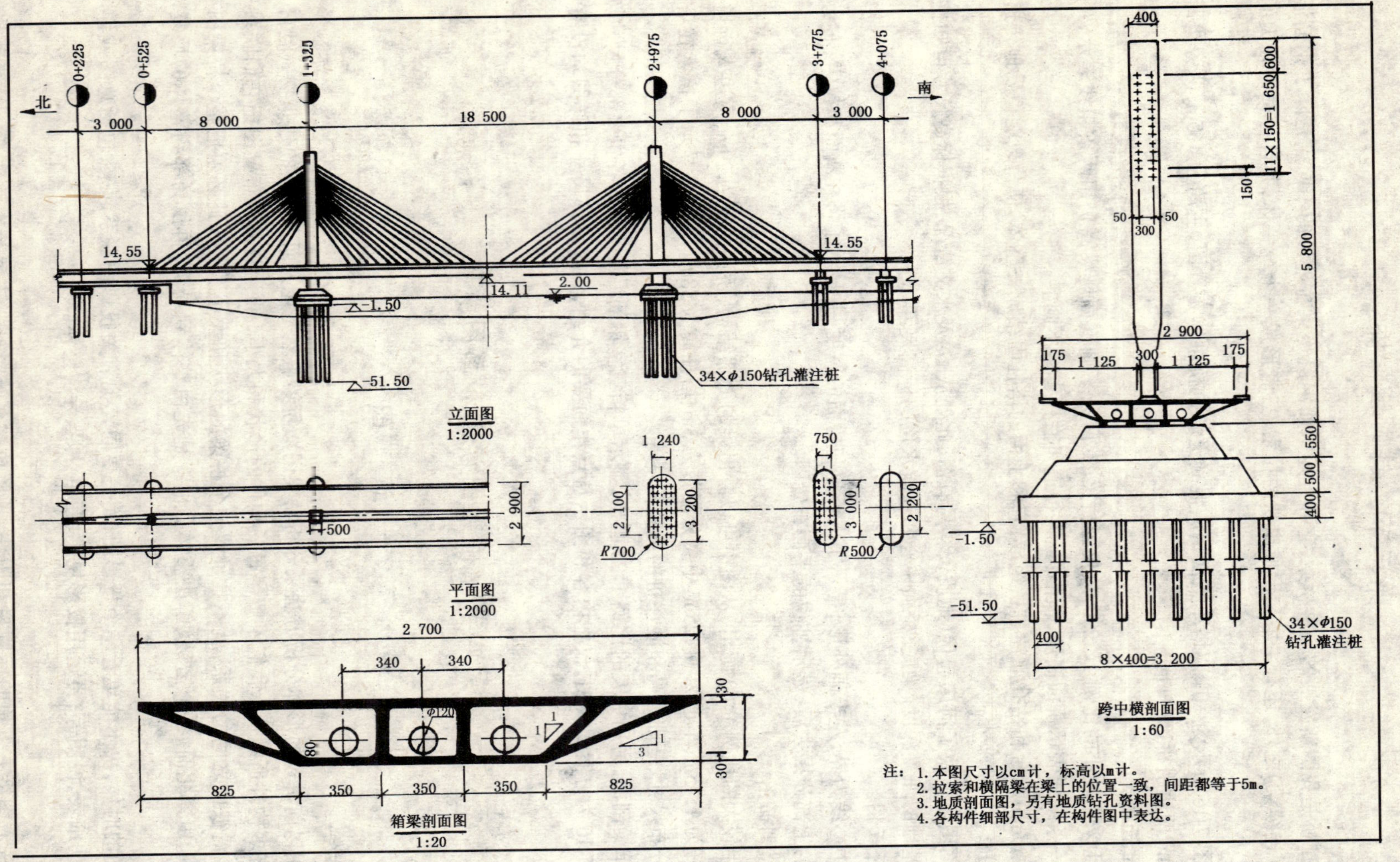

图 7-16　斜拉桥总体布置图

例、尺寸单位等。

(2)看总体图,弄清各投影图关系,如有剖、断面,则要找出剖切线位置和观察方向。看图时,应先看立面图(包括纵剖面图),了解桥型、孔数、跨径大小、墩台数目、总长、总高,了解河床断面及地质情况,再对照看平面图和侧面、横剖面等投影图,了解桥的宽度、人行道的尺寸和主梁的断面形式等。这样,对桥梁的全貌便有一个初步的了解。

(3)分别阅读构件图和大样图,搞清构件的全部构造。

(4)了解桥梁各部分所使用的建筑材料,并阅读工程数量表、钢筋明细表及说明等。

(5)看懂桥梁图后,再看尺寸,进行复核,检查有无错误或遗漏。

(6)各构件图看懂之后,再回过头来阅读总体图,了解各构件的相互配置及装置尺寸,直到全部看懂为止。

二、画　　图

绘制桥梁工程图,基本上和其他工程图一样,有着共同的规律,现以如图 7-17 所示的桥梁总体布置图为例说明画图的方法和步骤。

1.确定投影图数目(包括剖面、断面)、比例和图纸尺寸

按规定画立面、平面和横剖面三个投影图,立面图和平面图一半画外形,另一半画剖面;横剖面图则由两个半剖面图合并而成。

各类图样由于要求不一样,采用的比例也不相同,如表 7-6 所示为桥梁图常用比例参考。图 7-17 采用 1∶100 比例,横剖面图采用 1∶50 比例。

桥梁图常用比例参考表　　表 7-6

项　目	图　名	说　　明	比　　例	
			常用比例	分　　类
1	桥位图	表示桥位及路线的位置及附近的地形、地物情况。对于桥梁、房屋及农作物等只画出示意性符号	1∶500～1∶2000	小比例
2	桥位地质断面图	表示桥位处的河床、地质断面及水文情况,为了突出河床的起伏情况,高度比例较水平方向比例放大数倍画出	1∶500～1∶2000 (水平方向) 1∶100～1∶500 (高度方向)	小比例 / 普通比例
3	桥梁总体布置图	表示桥梁的全貌、长度、高度尺寸,通航及桥梁各构件的相互位置。横剖面图可较立面图放大 1～2 倍画出	1∶50～1∶500	普通比例
4	构　件构造图	表示梁、桥台、人行道和栏杆等杆件的构造	1∶10～1∶50	大比例
5	大样图(详图)	钢筋的弯曲和焊接、栏杆的雕刻花纹、细部等	1∶3～1∶10	大比例

注:上述 1、2、3、项中,大桥选用较小比例,小桥采用较大比例。

2.画图步骤:

(1)布置和画出各投影图的基线

根据所选定的比例及各投影图的相对位置把它们匀称地分布在图框内,布置时要注意空出图标、说明、投影图名称和标注尺寸的地方。当投影图位置确定之后便可以画出各投影图的基线,一般选取各投影图的中心线作为基线,图 a)的立面图是以梁标高线作为水平基线,其余

则以对称轴线作为基线。立面图和平面图对应的铅直中心线要对齐。

(2)画各构件的主要轮廓线

见图 b),以基线作为量度的起点,根据标高及各构件的尺寸画构件的主要轮廓线。

(3)画各构件的细部

根据主要轮廓线从大到小画全各构件的投影,画的时候注意各投影图的对应线条要对齐,并把剖面(I-I 剖面图中按习惯画法,后面的部分没有画出)、栏杆、坡度符号线的位置、标高符号及尺寸线等画出来,见图 c)。

(4)加深或上墨

并把断面符号、尺寸注解等一并画全,加深或上墨,见图 d)。

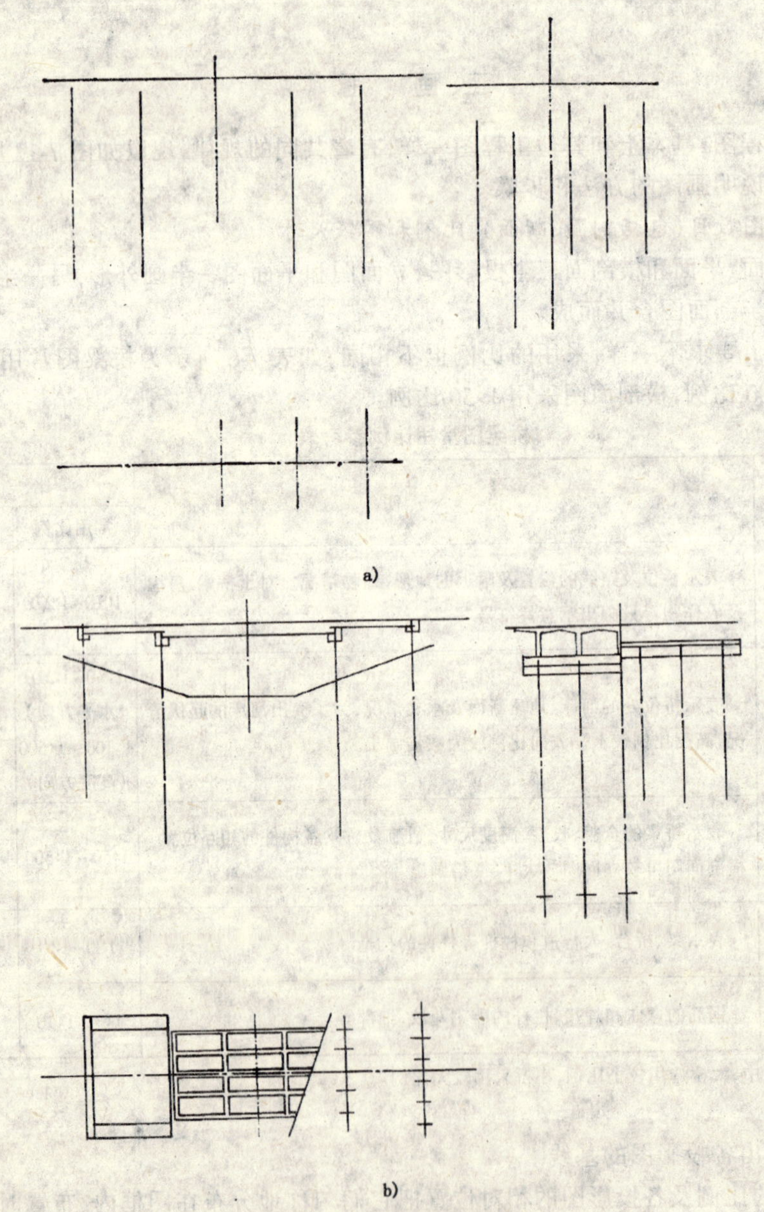

图 7-17 桥梁总体布置图的画图步骤(一)

a)布置和画出各投影图的基线;b)画各构件的主要轮廓线

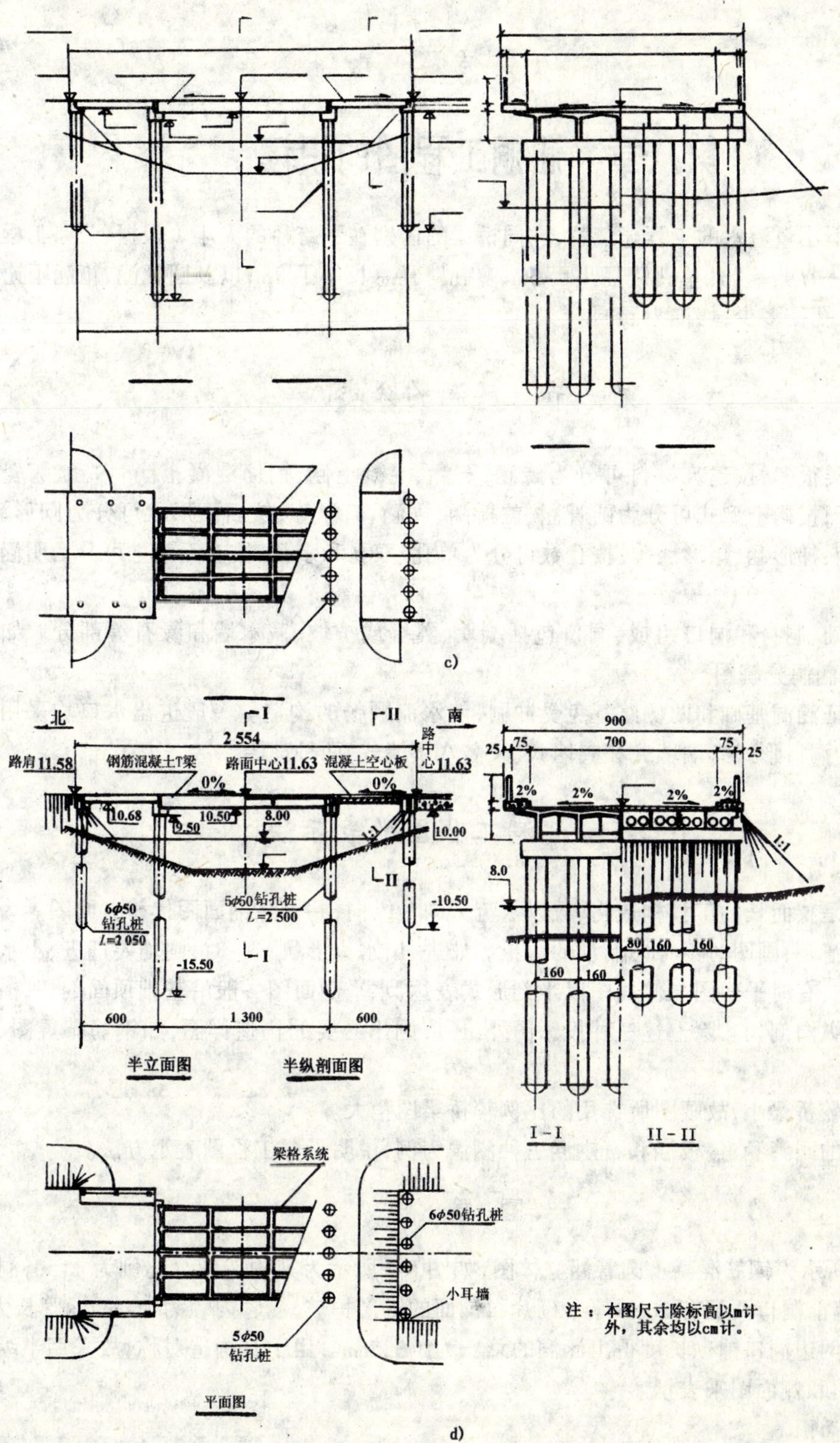

图 7-17　桥梁总体布置图的画图步骤(二)

c)画各构件的细部；d)加深或上墨

第八章　涵洞工程图的识读

涵洞是渲泄小量流水的工程建筑物，它同桥梁的区别在于跨径的大小。根据《公路工程技术标准》JTJ 01—97 规定，凡单孔跨径小于 5m、多孔跨径总长小于 8m；以及圆管涵、箱涵不论管径或跨径大小，孔径多少，均称为涵洞。

第一节　涵洞的分类

涵洞的种类很多，按建筑材料可分为砖涵、石涵、混凝土涵、钢筋混凝土涵、木涵、陶瓷管涵、缸瓦管涵等；按构造型式可分为圆管涵、盖板涵、拱涵、箱涵等；按断面形状可分为圆形涵、卵形涵、拱形涵、梯形涵、矩形涵等；按孔数可分为单孔、双孔和多孔；按有无覆土可分为明涵和暗涵。

涵洞由基础、洞身和洞口组成，洞口包括端墙、翼墙或护坡、截水墙和缘石等部分。如图 8-1所示为圆管涵洞分解图。

洞口是保证涵洞基础和两侧路基免受冲刷，使水流顺畅的构造。一般进出水口均采用同一形式，常用的洞口形式有端墙式和翼墙式（又名八字墙式）两种。

第二节　涵洞工程图的表示法

由于涵洞是狭而长的工程构造物，故以水流方向为纵向，并以纵剖面图代替立面图。为了使平面图表达清楚，画图时不考虑洞顶的覆土。如进、出水口形状不一时，则均要把进、出水口的侧面图画出。有时平面图与侧面图以半剖形式表达，水平剖面图一般沿基础顶面剖切，横剖面图则垂直于纵向剖切。除上述三种投影图外，还应画出必要的构造详图，如钢筋布置图、翼墙断面图等。

涵洞体积较桥梁小，故画图所选用的比例较桥梁图稍大。

现以常用的圆管涵、盖板涵和石拱涵三种涵洞为例，说明涵洞工程图表示方法。

一、圆　管　涵

如图 8-1 所示为钢筋混凝土圆管涵立体图，如图 8-2 所示为其构造图。比例为 1∶50，洞口为端墙式，端墙前洞口两侧有 20cm 厚干砌片石铺面的锥形护坡，涵管内径为 75cm，涵管长为 1 060cm，再加上两边洞口铺砌长度得出涵洞的总长为 1 335cm。由于其构造对称，故采用半纵剖面图、半平面图和侧面图来表示。

1.半纵剖面图

由于涵洞进出洞口一样，左右基本对称，所以只画半纵剖面图，以对称中心线为分界线。纵剖面图中表示出涵洞各部分的相对位置和构造形状，如管壁厚 10cm、防水层厚 15cm、设计流水坡度 1%、涵身长 1 060cm、洞底铺砌厚 20cm 和基础、截水墙的断面形式等，路基覆土厚度

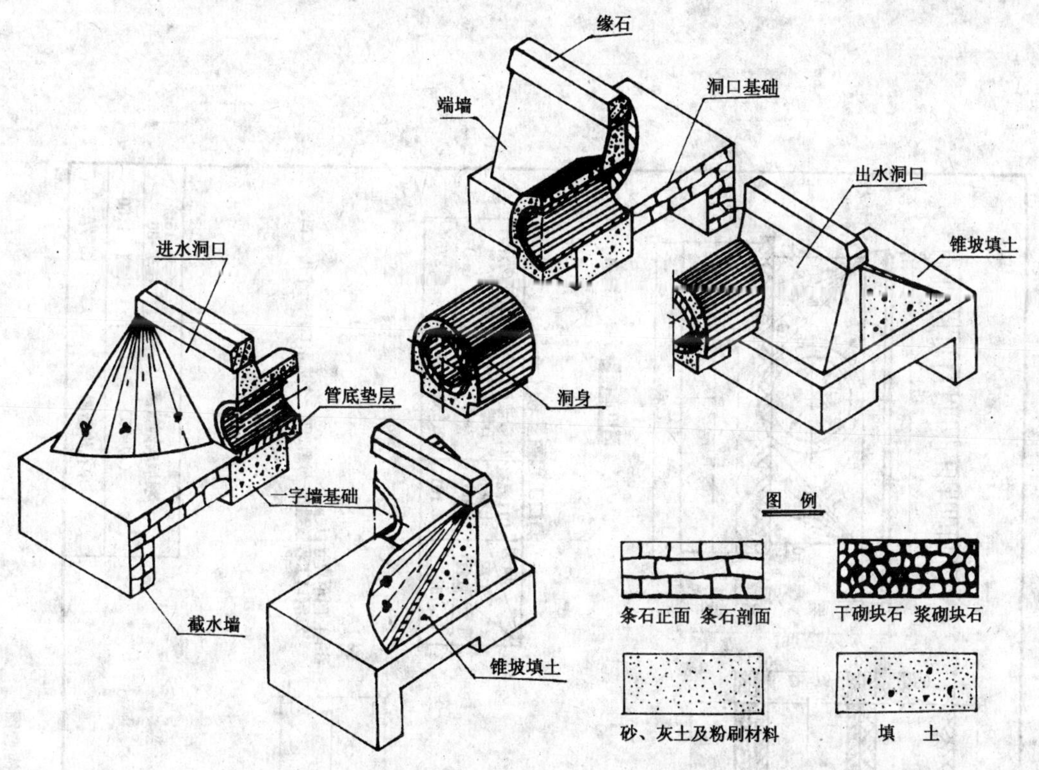

图 8-1 圆管涵洞分解图

大于 50cm，路基宽度 800cm、锥形护坡顺水方向的坡度与路基边坡一致，均为 1:1.5。各部分所用材料均于图中表达出来，但未示出洞身分段。

2.半平面图

为了同半纵剖面图相配合，故平面图也只画一半。图中表达了管径尺寸与管壁厚度，以及洞口基础、端墙、缘石和护坡的平面形状和尺寸。涵顶覆土作透明体处理，但路基边缘线应予画出，并以示坡线表示路基边坡。

3.侧面图

侧面图主要表示管涵孔径和壁厚、洞口缘石和端墙的侧面形状及尺寸、锥形护坡的坡度等。为了使图形清晰起见，把土壤作为透明体处理，并且某些虚线未予画出，如路基边坡与缘石背面的交线和防水层的轮廓线等，图 8-2 中的侧面图，按习惯称为洞口正面图。

二、钢筋混凝土盖板涵

如图 8-3 所示为单孔钢筋混凝土盖板涵立体图，如图 8-4 所示为其构造图。比例为1:50，洞口两侧为八字翼墙，洞高 120cm，净跨 100cm，总长 1 482cm。由于其构造对称，故仍采用半纵剖面图、半剖平面图和侧面图等来表示。

1.半纵剖面图

本图把带有 1:1.5 坡度的八字翼墙和洞身的连接关系以及洞高 120cm、洞底铺砌 20cm、基础纵断面形状、设计流水坡度 1%等表示出来。盖板及基础所用材料亦可由图中看出，但未画出沉降缝位置。

2.半平面图及半剖面图

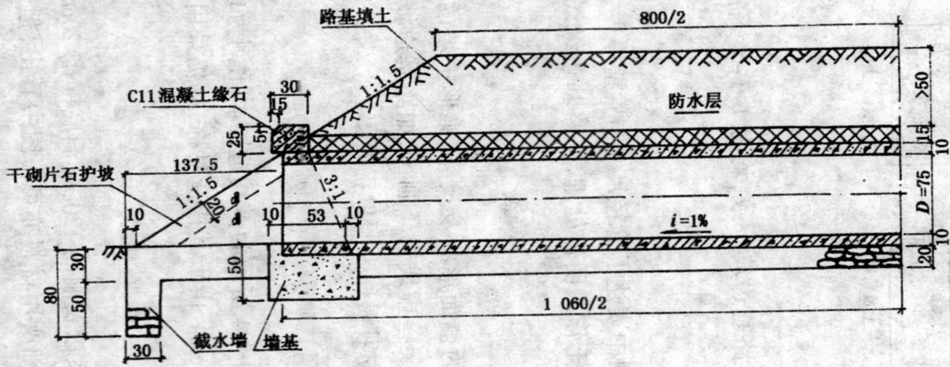
路基填土
800/2
C11混凝土缘石
30
15
1:1.5
防水层
>50
干砌片石护坡
137.5
25
5
15
10
3:1
D=75
1:1.5
20
10
10
53
10
i=1%
10
20
80
30
50
50
1 060/2
截水墙
墙基
30

半纵剖面图

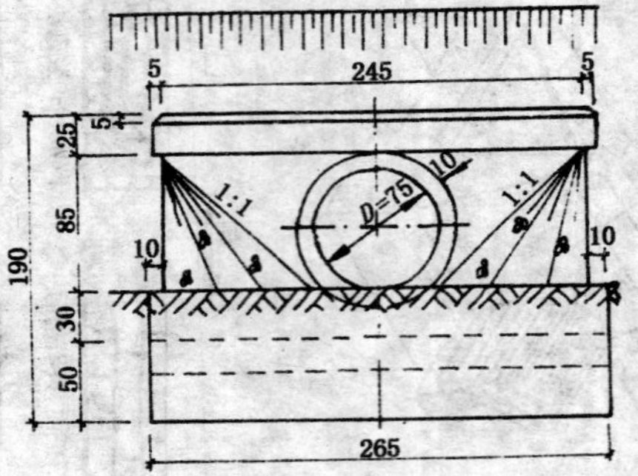
5
245
5
25
5
1:1
10
1:1
D=75
85
10
190
10
30
50
265

洞口正面图

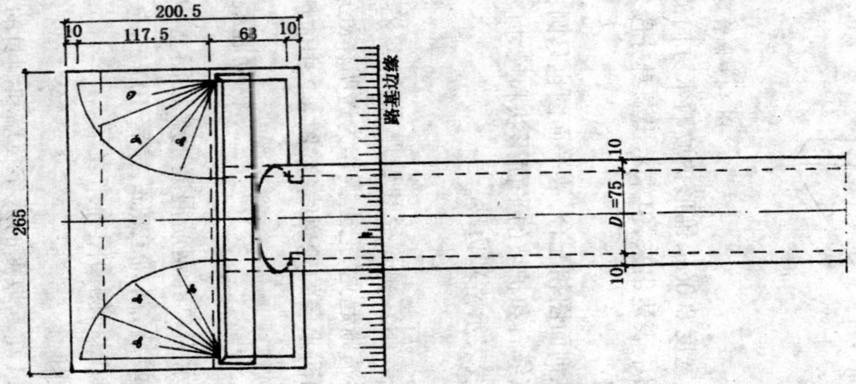
200.5
10
117.5
63
10
路基边缘
265
10
D=75
10

半平面图

洞口工程数量表（一端）

项别 / 工程数量 / 管径	C11混凝土缘石 (m³)	M3砂浆砌片石墙身 (m³)	M3砂浆砌片石基础 (m³)	干砌片石护坡 (m³)
75	0.191	0.552	2.200	0.275

注：1. 图中尺寸以cm计。
2. 洞口工程数量指一端，即一个进水口或一个出水口。

端墙式圆管涵		汽车-15级，挂车-80
（D=75）		比例　1:50
单孔构造图		图号

图 8-2　圆管涵端墙式单孔构造图

本图用半平面图和半剖面图能把涵洞的墙身宽度、八字翼墙的位置表示得更加清楚，涵身长度、洞口的平面形状和尺寸以及墙身和翼墙的材料均在图上可以看出。为了便于施工，在八字翼墙的 I-I 和 II-II 位置进行剖切，并另作 I-I 和 II-II 断面图来表示该位置翼墙墙身和基础的详细尺寸、墙背坡度以及材料情况。IV-IV 断面图和 II-II 断面图类似，但有些尺寸要变动，请读者自行思考。

3.侧面图

本图反映出洞高 120cm 和净跨 100cm，同时反映出缘石、盖板、八字翼墙、基础等的相对位置和它们的侧面形状。在图 8-4 中按习惯称洞口立面图。

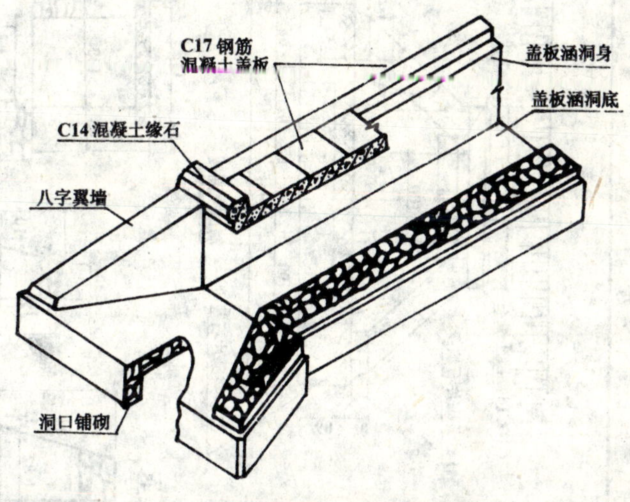

图 8-3 钢筋混凝土盖板涵立体图

三、石 拱 涵

如图 8-5 所示为单孔石拱涵立体图，如图 8-6 所示则为其构造图。洞身长 900cm，涵洞总长 1 700cm，净跨 $L_0=300$cm，拱矢高 $f_0=150$cm，矢跨比 $\frac{f_0}{L_0}=\frac{150}{300}=\frac{1}{2}$，路基宽度 700cm。比例选用 1:100。该图主要由下列图样组成：

1.纵剖面图

本图是沿涵洞纵向轴线进行全剖，表达了洞身的内部结构、洞高、洞长、翼墙坡度、基础纵向形状和洞底流水坡度。为了显示拱底为圆柱面，故每层拱圈石投影的厚度不一，下疏而上密。在路基顶部示出了路面断面形状，但未注出尺寸。

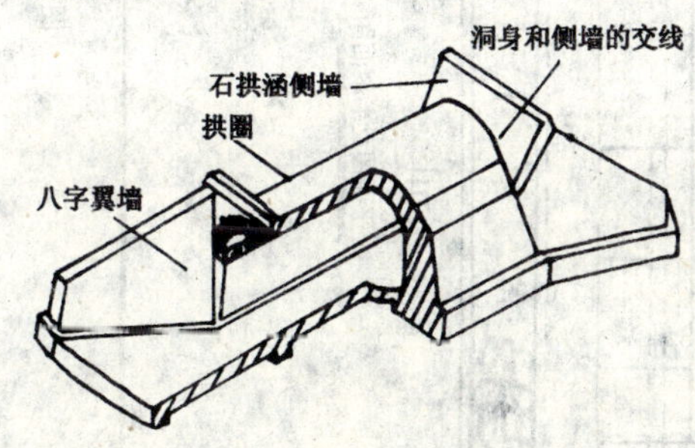

图 8-5 石拱涵立体图

2.平面图

本图的特点在于拱顶与拱顶上的两端侧墙的交线均为椭圆弧，画椭圆时，应按本书前面所讲述的原理与方法画出。从图上还可看出，八字翼墙与上述盖板涵有所不同，盖板涵的翼墙是单面斜坡，端部为侧平面，而本图则是两面斜坡，端部为铅垂面。

3.侧面图

本图采用了半侧面图和半横剖面图，半侧面图反映出洞口外形，半横剖面图则表达了洞口的特征和洞身与基础的连接关系。从图上还可看出洞口顶面的构造是一个曲面。

当涵洞在两孔或两孔以上或者跨径较大时，也可选取洞口作为立面图。

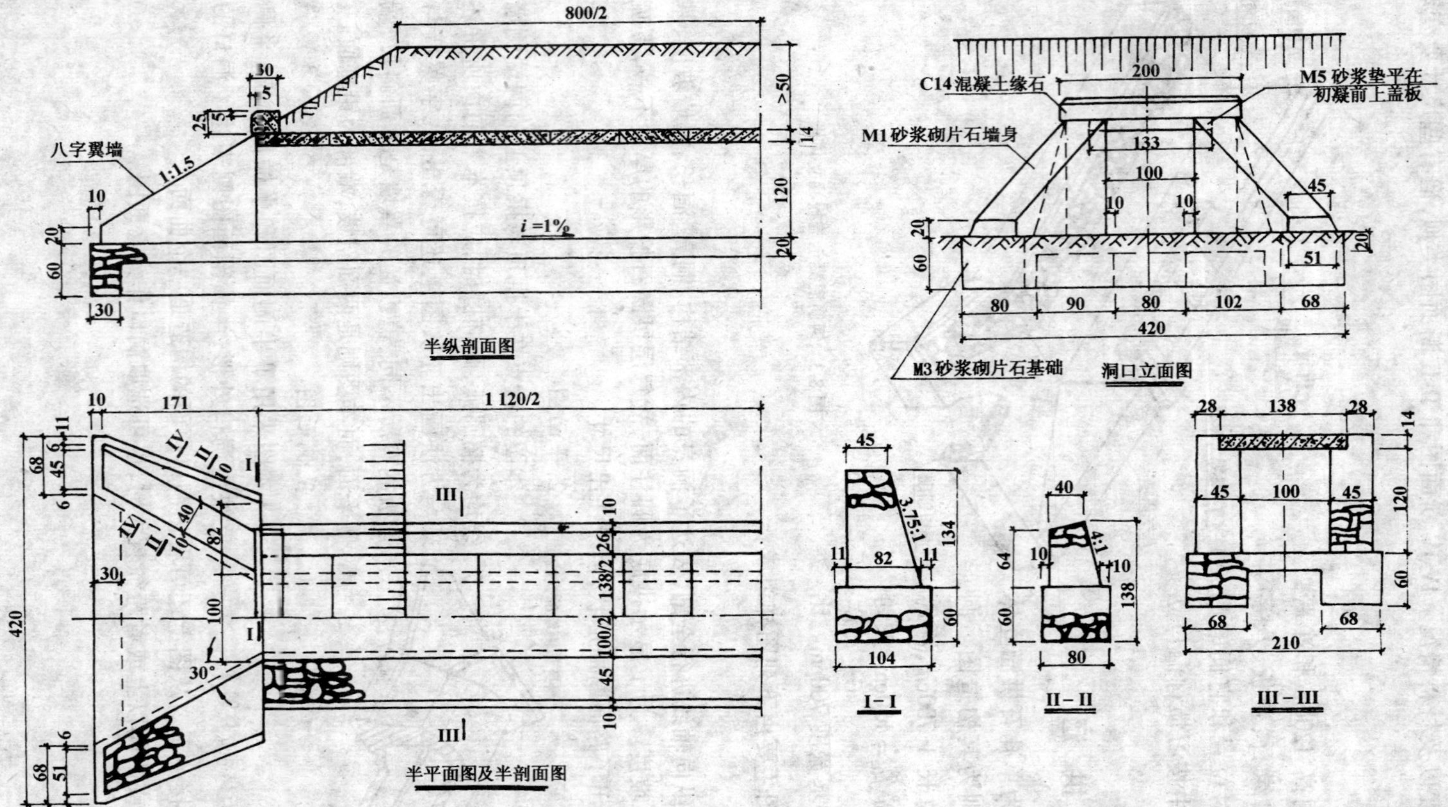
800/2
八字翼墙
1:1.5
i =1%
半纵剖面图
C14混凝土缘石
M5砂浆垫平在初凝前上盖板
M1砂浆砌片石墙身
M3砂浆砌片石基础
洞口立面图
1 120/2
半平面图及半剖面图
3.75:1
4:1
I-I
II-II
III-III

注：1. 本图尺寸均以cm计。
2. 洞底铺砌用M3砂浆砌筑，盖板用C17钢筋混凝土。
3. 基础深度应视实际情况确定，但最小不得小于60cm。
4. 本工程施工时，必须安装好上部构造后才能填土。

钢筋混凝土盖板涵	汽车-15级
（净跨×台高=100×120）	比例 1:50
单孔构造图	图号

图 8-4 钢筋混凝土盖板涵构造图

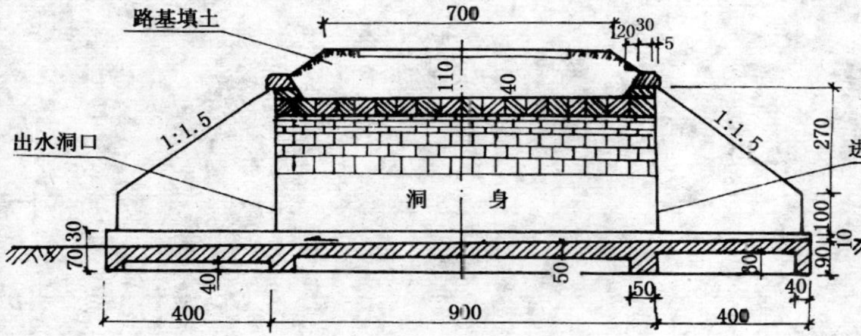

路基填土

出水洞口

进水洞口

洞　身

纵剖面图

八字翼墙

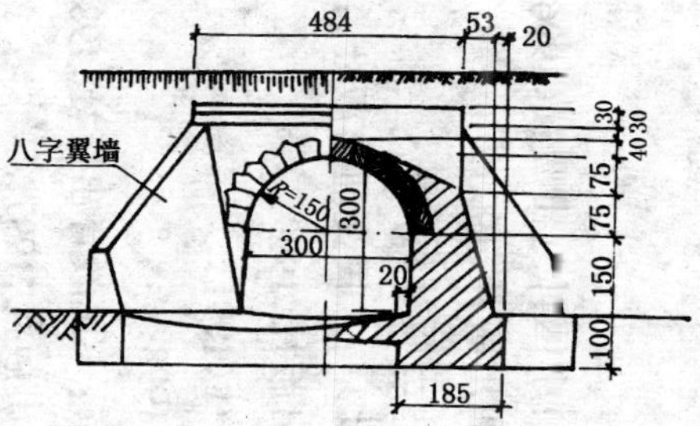

出水洞口立面图

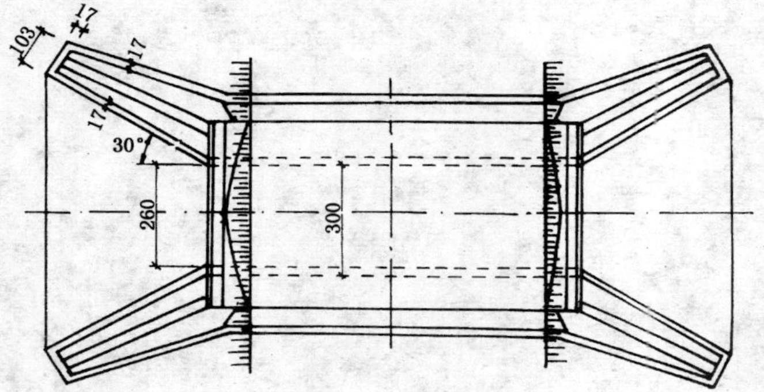

平面图

注：1. 本图尺寸以cm计。
　　2. 石料强度拱圈35号，其他均可用25号。

石　拱　涵 L_0=3.0m,f_0/L_0=1/2	汽车-15级，挂车-80
	比例　1:100
单 孔 构 造 图	图号

图 8-6　石拱涵构造图

参 考 文 献

1.中华人民共和国交通部编.道路工程制图标准.北京:中国计划出版社,1996.

2.郑国权主编.道路工程制图(第三版).北京:人民交通出版社,1996.

3.臧金玲主编.工程制图(第一版).北京:中国建筑工业出版社,1999.

4.和丕壮、刘岳军编著.交通土建工程制图(第一版).北京:人民交通出版社,1997.

5.孙建国主编.路桥施工图识读指南.北京:人民交通出版社,1999.

6.陈玉华、王德芳主编.土建制图.上海:同济大学出版社,1991.

7.钱志峰主编.工程图学基础教程.北京:科学出版社,1998.

8.方中庆、徐约素主编.画法几何及水利工程制图.北京:人民教育出版社,1983.

9.夏进学、赵卫平主编.路基路面工程.北京:人民交通出版社,1997.

10.北京建筑工程学院土建制图组编写.画法几何及土建制图.北京:中国建材出版社,1997.

11.公路工程国内招标文件范本(第二册第四卷)图纸.北京:人民交通出版社.